알기 쉽게 풀어쓴

최신 밸브 포켓북

Valve Pocket Book

K water 박한영 지음

공감북스

머리말

저자가 밸브 관련된 최초 국문 기술도서 "밸브핸드북"을 저술한지 벌써 15년이 되었다. 국내 처음 밸브 관련된 도서를 저술하면서 저자 개인의 불타는 학구열로 단순한 밸브 소개뿐만 아니라 밸브 설계자와 운영자가 반드시 알아야 할 각종 밸브의 구조, 기능, 사용한계 등 많은 내용을 수록하기 위해 노력하였으며 특히, 체크밸브와 공기밸브 등 기술자가 소홀히 할 수 있는 경향이 있지만 간과하여서는 안될 내용을 수록하였다.

15년이 지난 지금도 유량제어밸브와 차수밸브의 구조와 기능의 차이, 밸브 종류마다 작동원리와 구성품의 명칭, 특히, 수자원 방류밸브 종류와 기능, 밸브 용어 혼돈은 저자 머릿속에 궁금증으로 남아 있었다.

이제 저자가 33년간 K-water에 몸담아 근무하면서 그동안 취득한 지식을 기반으로 상기 질문에 대한 해답을 정리하는 차원에서 본서를 발간하고자 한다. 밸브를 처음 접하는 기술자는 물론 경험이 있는 기술자에게 본서가 지침서가 되길 바라며 아울러 혼용하여 사용하고 있는 밸브 용어 통일의 기점이 되길 기원한다.

끝으로 본서가 발간되기까지 물심양면으로 도와주신 삼진정밀 정태희회장님께 감사드립니다.

2020년 8월

저자 박한영

목 차

제3장

버터플라이 밸브 37

제15장 검사 및 시험 지침 215

부록

약어

ASCE	American Society of Civil Engineers
ASME	American Society of Mechanical Engineers
AWWA	American Water works
C	Celsius degree
CCTV	Closed circuit television
CFD	Computational fluid dynamics
CFS	Cubic feet per second
EPDM	Ethylene propylene diene monomer
F	Fahrenheit degree
FEMA	Federal Emergency Management Agency
FERC	Federal Energy Regulatory Commission
FKM	Fluoro Rubber
GPM	Gallons per minute
HDPE	High density polyethylene
ID	Interior Diameter
JHA	Job Hazard Analysis
NBR	Acrylonitrile-Butadiene
NEMA	National Electrical Manufacturers Association
NFPA	National Fluid Power Association
NPSH	Net Positive Suction Head
O&M	Operation and maintenance
OSHA	Occupational Safety and Headth Administration
OTFE	Polytetrafluoroethylene
Reclamation	U.S. Bureau of Reclamation
ROV	Remotely Operated Vehicle
TADS	Training Aids for Dam Safety
USACE	U.S. Army Corps of Engineers
USSD	United State Society of Dams
U/S	Upstream
WES	USACE Waterway Experiment Station

제 1 장

소 개

1.1 배경

1.2 밸브기술및 연구현황

1장

소개

1-1 배경

본서의 목적은 수자원과 수도사업장에서 주로 사용할 수 있는 유량제어밸브와 방류밸브의 사용 배경, 현재 기술 수준, 설계시 고려사항 및 한계, 신뢰성, 성능 이력, 운영장비 등과 관련된 자료를 제공하는 것이다.

지난 100년간에 걸쳐 많은 댐과 수력발전소에서 여러 유량제어밸브가 설치되었다. 본서에서 토론할 밸브 형식은 버터플라이, 고정-콘(fixed-cone), 슬리브(sleeve), 구(spherical), 원뿔 플러그(conical plug), 플런저(plunger), 제트-플로우(jet-flow) 게이트, 교축용 나이프밸브를 포함한다. 관로시스템 내 밸브의 목적은 유량 조정, 제어, 가드(guard), 차수 또는 차단, 에너지 소산, 수차 바이패스, 비상정지를 포함한다. 밸브는 댐 방류시설 및 발전소 펜스톡과 같은 다양한 시설에서 사용되어왔다.

1-2 밸브 기술 및 연구 현황

미국 내 댐 용도 밸브 분야의 기술은 유럽과 일본과 비교하여 정체된 상태로서 이에 대한 원인은 다음과 같다.

· 미국 내 댐 건설사업의 감소
· 제어밸브 수요 감소
· 연구 및 혁신 기금 부족
· 세계적으로 통용되는 미터 체계에 대한 미적응으로 인한 수출 부진
· 수리 실험실 시험 장비 용량 한계

본서에서는 미국 내 댐 용도 밸브의 정체된 기술상태를 예증하는 여러 이유를 토론하고 필요한 연구 및 개발 내용을 알아본다.

예를 들어 버터플라이밸브는 통상적으로 유속이 약 4.6m/s를 초과하지 않는 수력발전소의 수차 상류측 펜스톡에서 가드 및 비상 차수밸브로서 수십년 동안 사용되어왔다. 또

한, 유속이 높은 강 유출부에서 가드밸브로서 사용되어왔다. 그러나 미국 밸브 제작사는 그들 밸브가 6m/s를 초과하는 유속에 노출되지 않도록 지속적으로 관리하였고, 일부 경우 이보다 낮은 유속으로 제한할 것을 제안하였다. 고성능, 금속-시트 밸브도 9m/s를 초과하는 유속에 적합하지 않을 수 있다. 따라서 설계자는 밸브를 통한 유속을 낮추기 위해 관로와 밸브 직경을 크게 설계한 결과 상류측과 하류측에서 유동변화가 발생하고 자본비용이 상당히 증가하였다.

저자의 견해로는 18m/s 정도의 높은 유속에서도 적합한 버터플라이밸브를 개발하는 것이 가능하다. 필리핀 Pantabangan 댐과 인도네시아 Wadaslintang 댐에 설치된 밸브는 21m/s를 초과하는 유속에 노출되었으나 지난 10년 동안 성공적으로 운영되어왔다.

최근에는 펜스톡과 관로에서 렌즈형상의 밸브 디스크에 비해 손실수두와 운영토크가 적은 플로우-스루(flow-through) 또는 바이플레인(biplane) 버터플라이밸브가 많이 사용되고 있다. 그러나 미국 수력산업은 자유 유동 고속 유출부에 이 밸브의 사용을 선호하지 않았다. 오스트리아 Graz 대학 수리실험실에서 수행한 인도네시아 수마트라 Batitegi 댐 유출부에 대한 수리시험은 결론적으로 바이플레인 밸브는 가드(guard) 밸브로서 높은 유속에서도 안전하게 사용된 것은 물론 표준 렌즈형상 버터플라이밸브와 비교하여도 수리적으로 우수한 성능을 보여주었다. 바이플레인 버터플라이밸브는 Wadaslintang 댐과 Batutegi 댐 방류시설에서 15m/s가 넘는 유속에서 운영 중이다. 밸브 설계자와 제작사는 밸브 유동 통로 개선 및 유동 장애를 최소화하는 적정 유선형 설계로 이와 같은 높은 유속에서의 운전을 만족시킬 수 있어야 한다.

또한, 미국 밸브 설계자와 제작사는 인라인, 높은 수두, 에너지 소산 밸브의 개발에서 유럽의 경쟁사보다 열등하다. 일반적으로 수두가 약 15m 이상이면 높은 수두로 간주된다. 다공 슬리브밸브는 유량을 제어하는 동시에 에너지를 소산하기 위해 개발되었다. 미국에서 사용되는 밸브와 비교할 때 유럽에서 개발된 밸브는 다소 간결하고, 공동현상이 없고, 운영인력이 적게 필요하다. 유럽에서 제작된 밸브는 미국 내 여러 곳에서 60m의 에너지를 소산하면서 만족스럽게 운영되고 있다. 그러나 상기 높은 수두에서 운영되는 버터플라이밸브는 모래 및 다른 거친 이물질로 인해 막힘 문제를 일으키는 경향이 있어 개선이 필요하다.

추가 연구가 필요한 분야는 버터플라이밸브 그리고 버터플라이밸브 하류측에 위치한 제어밸브 사이 최소 안전거리의 결정이다. Sager, Henry Falvey 박사의 경험 그리고 다른 저자의 문헌에 따르면 수십년 전 일부 현장에서 전통적인 버터플라이밸브의 하류측에 위치한 고정-콘밸브는 장기간 운영 후 베인 고장(vane failure)이 발생하였다(Falvey, 2004 and Gerbig, 2004). 이에 대해 가능성 있는 원인은 버터플라이밸브의 두께가 될 수 있으나 특정 고장(failures)은 버터플라이밸브의 위치에 기인하였다. 즉, 버터플라이밸브와 고정-콘밸브가 인접하여 버터플라이밸브의 하류측 난류 유동의 안정화에 필요한 충분한 거리가 확보되지 못하였다. 이 고장(failures) 이후 버터플라이밸브와 하류측 제어밸브 사이 최소 관로 직경의 5~6배 거리를 요하는 경험법칙이 확립되었다. 많은 밸브 제작사는 버터플라이 또는 게이트밸브의 형식 또는 하류측에 위치한 제어밸브의 형식과 무관하게 이 경험법칙을 고집한다. 이 경험법칙은 불필요하게 긴 유출관로, 과대한 밸브실 구조물, 상당한 잉여 비용을 초래할 수 있다.

최근에 Mercer 공식(Mercer, 1970)에 근거하여 고정-콘밸브의 베인 두께는 상당히 증가 되었고, 이후에는 고장(failure)이 보고되지 않았다. 바이플레인 버터플라이밸브를 통과한 유동은 렌즈형상 버터플라이밸브를 통과한 유동보다 상당히 짧은 하류측 거리에서 안정화되는 것으로 증명되었다. 또한, 버터플라이밸브를 통과한 유동은 명백하게 플러그밸브 또는 게이트밸브와 같은 강성체 밸브, 슬라이드 게이트 또는 제트-플로우(jet-flow) 게이트밸브를 손상시키지 않는다. 버터플라이밸브와 하류측 다양한 제어밸브형식 사이 최소 안전거리를 확립하여 불필요한 논쟁과 잉여 비용을 제거하기 위해서는 추가 연구가 필요하다.

다양한 운영 시나리오에서 밸브가 직면하는 문제는 관례적으로 문서화되거나 홍보되지 않았다. 이에 따른 결과로서 수리 유동 전문가와 밸브 공급자가 제시하는 의견은 빈번하게 반대가 되거나 인정되지 않았다. 다음 주장을 증명하거나 반증하기 위해서는 추가 연구와 실험이 필요하다.

· 수두가 15m 초과시 유량을 교축 또는 조정하기 위해서 버터플라이밸브를 사용하면 안 된다.
· 전통적인 고정-콘밸브는 심각한 공동화 손상을 야기하기 때문에 수중 유출에 적합하지 않다. 그러나 Michael Johnson 박사에 따르면 유타주 Logan 수력발전소와 캘리포니아 뉴캐슬 댐에서와 같이 수중 조건에서 고정-콘밸브가 설계된 일부 사례가 있다.
· 수두가 200m 초과시 가드밸브로서 반드시 버터플라이밸브가 아닌 구밸브를 사용하여야 한다.

밸브산업과 수리설계협회의 과학적인 연구로 상기 의견과 이론을 지원할 필요가 있으며 이는 밸브 성능 개선 및 유동문제에 대한 해결책으로 이어질 수 있다.

상기 내용은 밸브제작사와 설계협회의 도전과제이며 기술발전의 달성뿐만 아니라 현재 사용하고 있는 다양한 밸브 형식의 성능과 신뢰성을 개선하기 위해 현존하는 설계의 개선은 물론 활발한 연구와 개발에 대한 필요성을 강조한다.

제 2 장

밸브 형식

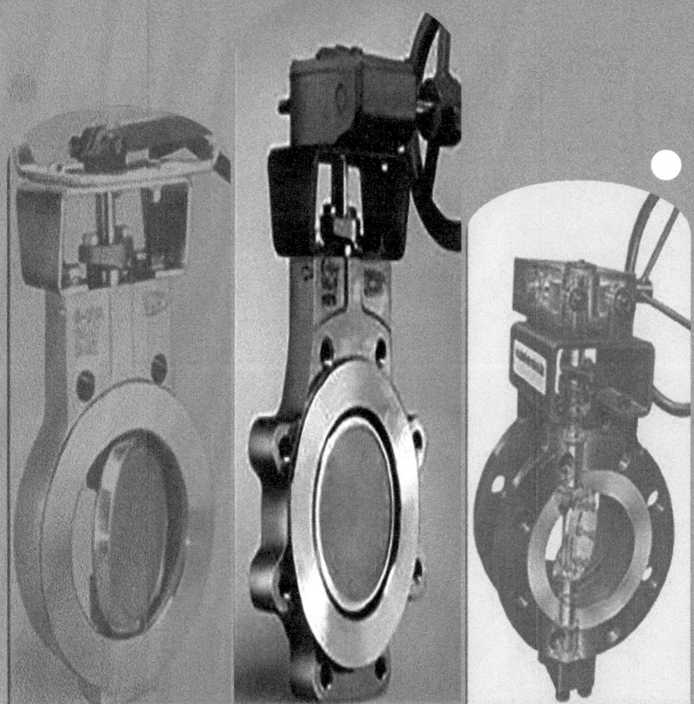

2장

밸브 형식

2-1 소개

오랜 기간 동안 전세계 수력발전소 댐의 방류시설에서 다양한 밸브 형식이 사용되어왔다. 유량제어에 적합한 밸브 선정시 수두, 유량, 비산, 조정 정밀도, 조정 지점 이후 필요한 에너지 소산 형식을 포함한 여러 요소를 고려할 필요가 있다. 밸브 선정에 영향을 미칠 수 있는 다른 고려사항은 관로 구조, 통기 요구조건, 방류시설 위치 규정에 의한 물리적 한계이다. 본장의 요점은 유량 조정, 유량 제어, 가드, 차수, 비상 폐쇄, 바이패스, 댐 또는 발전소에서 대기로의 자유방류와 같은 유량제어목적으로 가장 광범위하게 사용되는 밸브에 대해 전반적으로 기술하는 것이다.

2-2 광범위하게 사용되는 벨브

2.2.1 일반

밸브는 폐쇄된 관로를 통한 액체의 유동율을 제어하는 기계장치이다. 밸브는 유량 조정(교축), 유동 차수(가드 또는 차단 밸브), 에너지 소산, 또는 이들의 조합을 포함한 다양한 목적을 수행할 수 있는 능력을 갖는다. 이러한 목적의 조정밸브(regulating valve)는 유량제어 및 에너지 소산밸브, 차수밸브(shut- off valve)는 가드 및 비상폐쇄밸브를 포함한다. 가장 널리 사용되고 있는 그리고 본서에 포함된 가장 공통적인 조정밸브는 고정-콘밸브, 후드가 부착된 고정-콘밸브, 슬리브, 플런저, 제트-플로우, 교축용 나이프밸브를 포함한다. 현재 가장 공통적으로 사용되고 본서에 포함된 차수밸브는 버터플라이, 구, 나이프 게이트밸브, 원뿔 플러그밸브이다. 최근 밸브는 단순하면서 강인하게 설계되고, 역사적으로 신뢰성과 성능이 증명되었기 때문에 유량제어용도로 사용된다.

수력발전소와 댐에서 에너지 소산을 위한 밸브의 설계는 매우 복잡해질 수 있으며 광범위한 모델 시험을 요구할 수 있다. 국가적으로 인정된 기술인 그룹의 "Outlet Works Energy Dissipators-Best Pracices for Design, Construction, Problem

Identification and Evaluation, Inspection, Maintenance, Renovation, and Repair"기술매뉴얼은 방류시설에서 에너지 소산기(energy dissipators)에 대한 최상의 실무정보를 제공한다(FEMA, 2010). 이 기술매뉴얼은 유사한 프로젝트 설계의 일관성을 높이고, 제안된 설계를 효과적이고 일관성 있게 검토하며, 안전하고 신뢰성 있는 시설 설계를 지원한다.

다음 특징은 조정밸브에만 해당된다.

· 조정밸브는 관로의 유입 또는 유출 유량을 제어하고, 통상적으로 낮은 수두 또는 중간 수두의 관로와 펜스톡에서 사용되며, 직접 또는 바이패스관로를 통해 유출된다.

· 조정밸브는 유입부, 유출부, 공기 요구량이 만족되면 관로의 중간 위치에도 설치될 수 있다.

· 고정-콘밸브(fixed-cone valve), 슬리브밸브, 제트-플로우 게이트밸브는 통상적으로 공기 요구량이 커서 대기로 자유유출하는 방류시설의 말단부에 사용된다.

· 조정밸브는 완전개방, 부분개방, 완전폐쇄와 같은 임의 위치에서 운영하는 것이 가능하다.

· 조정밸브는 유동에 대해 개방 및 폐쇄가 가능하다.

다음 특징은 차수밸브에만 해당된다.

· 거의 완벽한 차수를 보장한다.

· 오직 완전개방 또는 완전폐쇄 위치에서만 운영된다.

· 유입부에서는 중간 개도에서 사용될 수 있고, 조정밸브의 직상류에 위치할 경우 가드밸브로 사용될 수 있다.

· 통상적으로 압력평형상태에서 개방되거나 폐쇄된다.

· 비상시 전체 수두·유량에서 폐쇄되도록 설계된다.

다음 특징은 조정밸브와 차수밸브 모두에 해당된다.

· 유체는 대기로 누출이 허용되지 않는다.

· 내부 누수가 존재하지 않는다. 밸브 폐쇄시 의도되지 않은 정상적인 유동 통로 또는 밸브 부품 사이 유동이 존재할 수 없다.

· 모든 밸브 말단부 연결형식은 그림 2.1~2.5와 같이 나사, 플랜지, 버트용접, 소켓용접, 홈-링연결과 같은 공통적인 배관 연결방법에 부합되도록 제작된다. 웨이퍼밸브(wafter valve)와 러그밸브(lug valve)는 말단부가 없으며 이 두 형식 모두 플랜지를

사용하도록 설계된다. 웨이퍼 형식은 연결되는 플랜지 사이에 사용되며 러그 형식은 원주 둘레에 나사 가공된 러그를 갖는다(그림 2.6과 2.7 참조).

· 이상적인 밸브에서는 완전개방시 등가관로길이 보다 작은 유동저항이 발생한다.
· 이상적인 밸브는 완전폐쇄시 유체를 더 이상 통과시키지 않는다.
· 내부 유체 압력 및 연결된 관로의 부하에 의한 뒤틀림(distortion)에 저항할 수 있다.
· 온도, 압력저하, 진동, 부식, 침식, 유체 유동 내 물체에 의한 손상과 같은 유체의 동적 효과에 저항할 수 있다.
· 밸브 운영 요소의 부드러운 운영과 이동

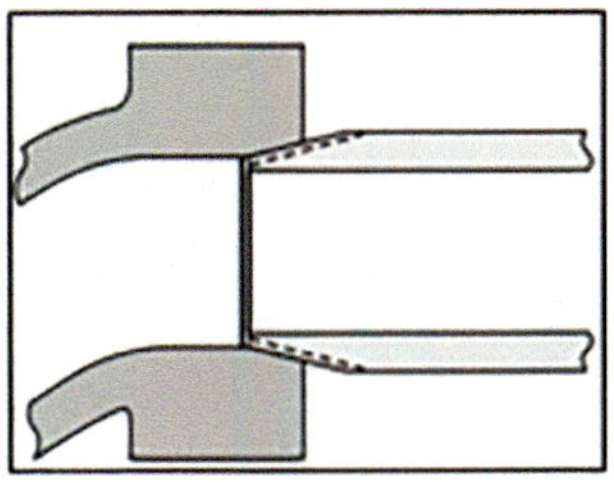
그림 2.1 나사 연결

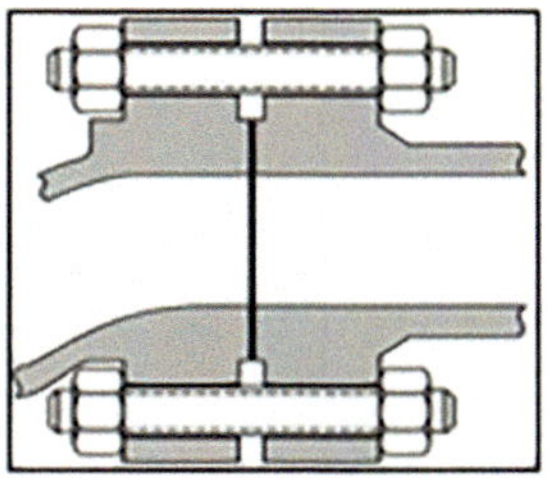
그림 2.2 플랜지 연결

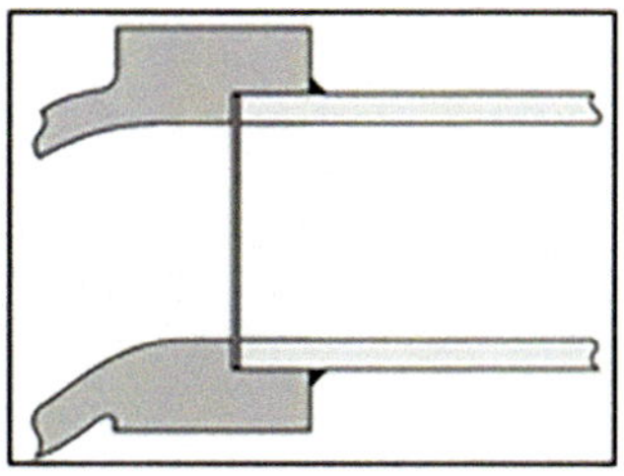
그림 2.3 소켓용접연결

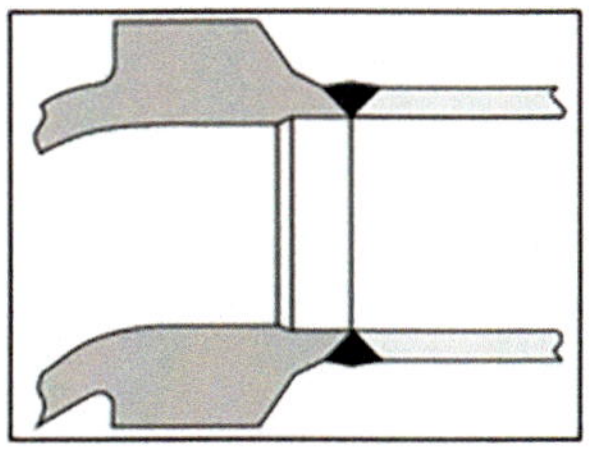
그림 2.4 버트용접연결

그림 2.5 홈-링 연결

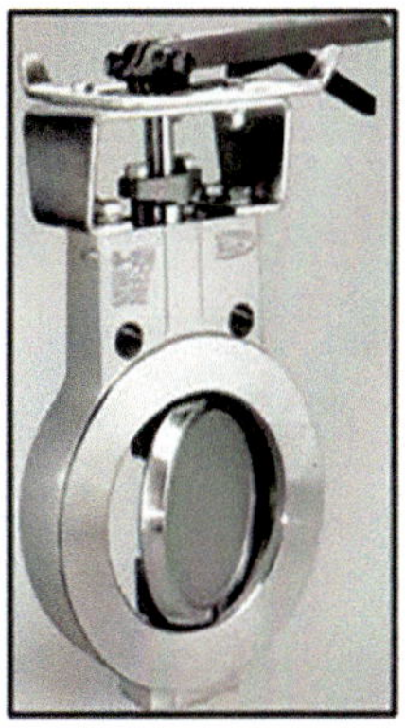
그림 2.6 웨이퍼형식

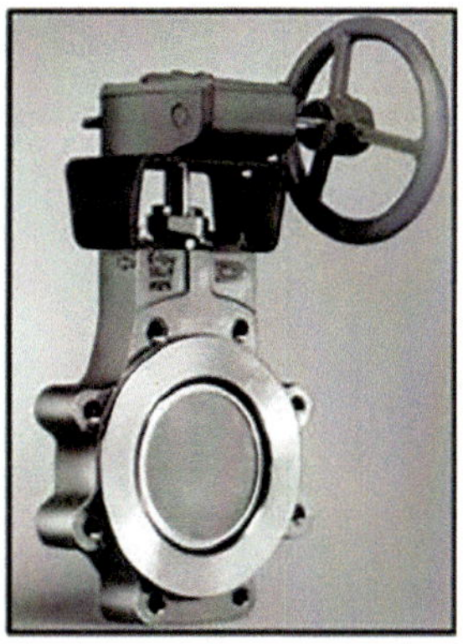
그림 2.7 러그형식

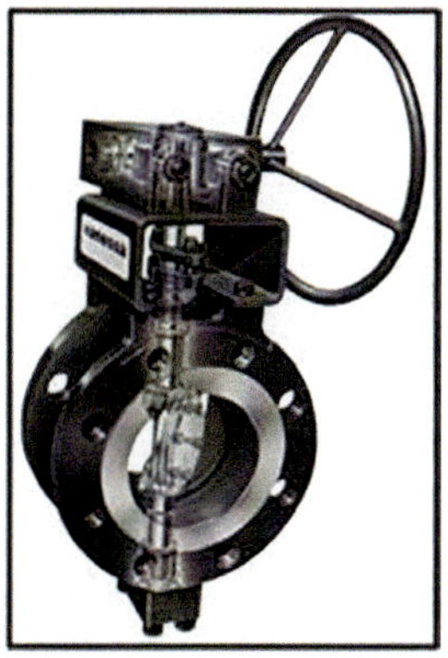
그림 2.8 플랜지형식

2.2.2 설계

밸브 설계는 반드시 유체로부터 유체 압력을 억제할 필요성을 고려하여야 하고 유체 힘과 물리적으로 적용된 하중으로부터 뒤틀림에 저항하여야 한다. 또한, 밸브는 반드시 내부 또는 외부 누수를 방지하여야 한다. 밸브는 금속 또는 비금속으로 분류된 여러 재질로 제작되며 산업 표준을 준수하여야 한다. 밸브 설계와 구성요소 재질 선정 및 강도는 수두와 필요한 압력설계에 종속된다. 일반적으로 밸브는 몸체(body), 본네트(bonnet), 스템(stem), 디스크 또는 웨지(disc or wedge), 작동기로 구성된다. 대표적인 수동식 밸브의 세부 구성요소는 그림 2.9와 같다.

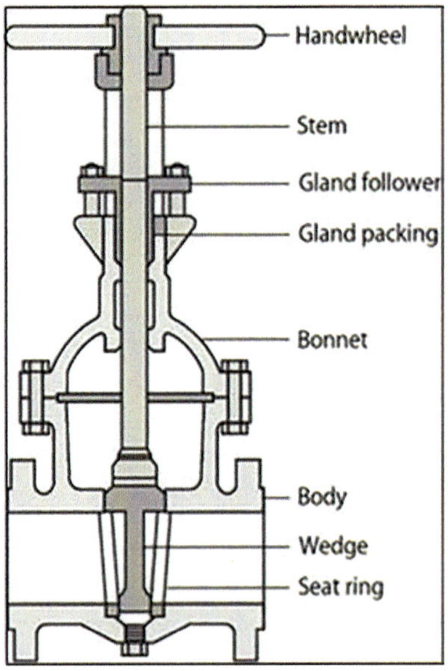

그림 2.9a 대표적인 밸브 구성요소

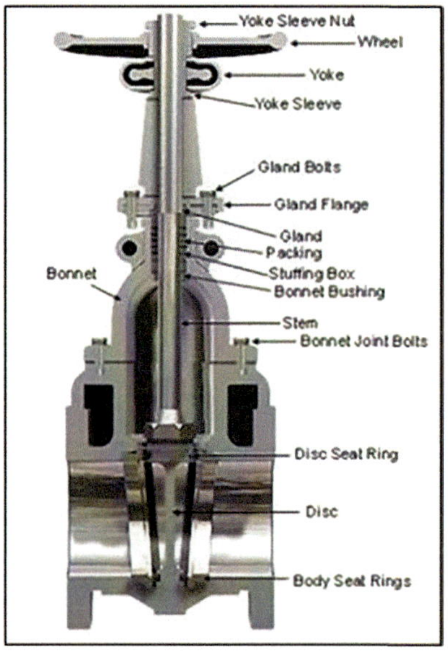

그림 2.9b 대표적인 밸브 구성요소

밸브 몸체는 유체 제어장치를 내장하는 기본 틀과 모든 부속품으로 구성된다. 몸체는 연결된 관로의 유체 압력을 견디고, 작동기를 지지하고, 밸브 운영 동안 작동기 힘을 지지하도록 설계된다. 몸체 형상은 밸브 형식과 용도에 따라 다르지만 반드시 밸브의 용이한 설치와 유지관리를 고려하여야 한다.

본네트는 밸브 몸체에 대한 차수 밀봉을 제공한다. 통상적으로 작동기 스템은 본네트를 관통하여 동작한다. 본네트는 다양한 방법으로 밸브 몸체에 장착된다. 가장 공통적인 장착 방법은 본네트를 몸체에 볼트로 조립하여 타이트한 밀봉을 형성하는 것이다. 고압 용도에서는 본네트는 밸브 몸체에 나사로 고정될 수 있다. 본네트의 핵심 요소는 패킹으로서 이는 본네트와 스템 사이 밀봉을 유지한다. 스템은 핸들 또는 제어 장치로부터 디스크로 운동을 전달한다. 스템에 의해 전달된 운동은 선형 또는 회전이 될 수 있다.

디스크(disc) 또는 웨지(wedge)는 유동 통로를 막고 방수 밀봉을 제공하기 위해 사용되는 밸브 구성요소이다. 디스크 형상은 밸브 형식에 따라 다르지만, 대표적으로 구(sphere) 또는 평판으로 구성된다. 디스크는 밸브 몸체 링 시트(body ring seat)와 접촉하여 방수 밀봉을 형성한다. 대표적인 버터플라이밸브와 밸브 몸체 단면은 그림 2.10 및 그림 2.11과 같다.

그림 2.10 버터플라이밸브

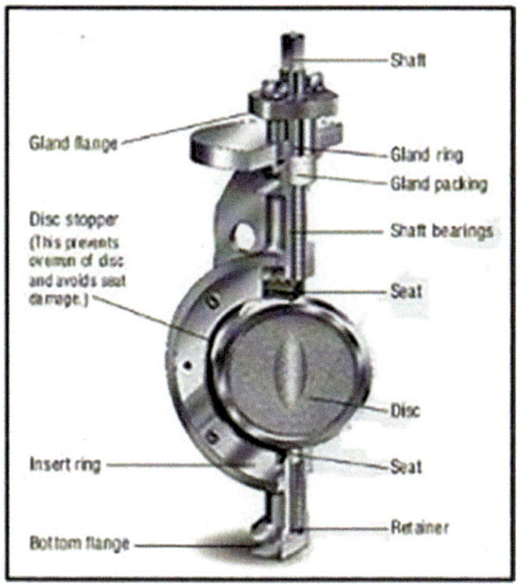

그림 2.11 플랜지 버터플라이밸브 단면

밸브 폐쇄시 디스크가 시트와 스템 사이에 있는 상태에서 스템이 밸브 내부 방향으로 이동하면 밸브는 정상 시트(normal seated) 또는 정면 시트(front seated)되는 반면 밸브 개방시 스템이 밸브의 외부 방향으로 이동하면 밸브는 역방향 시트(reverse seated) 또는 역시트(back seated)된다. 즉, 스템이 시계방향으로 회전하여 완전이동하면 밸브는 정면시트되며 밸브는 밸브의 정면 포트에서 시트되기 때문에 이 위치를 정면 시트라 부른다. 반면 역시트는 본네트 내부 시팅 배열로서 이 배열은 스템과 본네트 사이 밀봉(seal)을 제공하고 밸브가 완전개방시 시스템 압력이 밸브 패킹에 형성되는 것을 방지한다.

2.2.3 손실계수

밸브는 부분개방부터 완전개방까지 동작하여 유량과 압력을 조정하거나 제어하기 위해 사용된다. 방류시설 또는 펜스톡에 설치된 밸브의 내부 유동 영향은 밸브 형상과 유속

프로파일이 영향을 미치는 다양한 손실수두와 압력차이로 국부적인 유동 장애가 발생한다는 것이다. 수력 시스템에 대한 방류량 비율 곡선을 작성하고 수력 시스템 성능의 이해와 적정한 운영를 위해 관로 구성요소의 에너지 및 압력 손실을 이해할 필요가 있다. 밸브에서 발생하는 에너지 손실을 동일한 유량에서 배관 직경의 x 배의 직관인 이른바 "등가배관길이"에서 발생하는 손실인 시스템 손실로 표현할 수 있다. 예를 들어 완전개방된 밸브에서 손실계수 $K=0.2$ 인 경우 이를 마찰계수 $f=0.02$, 직경 $D=1000\,mm$인 직관의 등가배관길이로 환산하면 다음과 같다.

$$L=\frac{KD}{f}=\frac{0.2\times 1}{0.02}=10m$$

그러나 이 방법은 오직 근사치이고 마찰과 구성요소의 손실은 레이놀즈수에 따라 변화하므로 다르게 나타날 수 있다. 따라서 선호되는 방법은 다른 손실 요소가 없는 긴 직관의 양 말단부 사이 압력 차이로서 정의되는 다음 식의 무차원 시스템 손실계수이다(Miller, 1990).

$$h_L = K\frac{V^2}{2g} \qquad 2.1$$

여기서 K : 밸브 손실계수

V : 유입 배관 단면적 내 유속(m/s)

g : 중력가속도(m/s^2)

제작사가 밸브 손실계수를 제공하며 표 2.1은 설계시 참조할 수 있는 완전개방시 공통적인 밸브의 권장되는 무차원 에너지 손실계수 K 를 보여준다(Mays, 2010). 대표적인 완전개방된 밸브의 손실계수는 밸브 형식에 따라 밸브 시트/배관 직경에 대해 작성된다(Miller, 1990).

밸브 형식	손실계수 K	비고
볼밸브	0.04	
버터플라이밸브(150lb 클래스)	0.35	
Cone	0.04	
Diaphragm or Pinch	0.2~0.75	
Fixed-Cone(No Hood)	N/A(1)	
Fixed-Cone(With Hood)	N/A(1)	
Gate	01~0.3	
Knife Gate(metal/resilient seat)	0.2/0.3	
Plug	0.5~1.0	

표 2.1 대표적인 완전개방된 밸브의 에너지 손실계수

Note: (1) Miller, 1990은 고정-콘밸브를 인용하지 않았음

통상적으로 고정-콘밸브 제작사는 표 2.1과 같은 에너지 손실계수를 제공하지 않는다(Miller, 1990). 유타주 Johnson박사에 따르면 통상적으로 고정-콘밸브에 일정한 K 상수가 적용되지 않는다. 대표적으로 측정된 완전개방된 후드 일체형 고정-콘밸브의 손실계수는 0.78, 후드가 없으면 0.85이며 식 $Q=C_dA\sqrt{2gH_t}$ 에 이 수치를 사용한다. 고정식 고정 후드(Fixed stationary hood)는 유출계수를 감소시키지 않는다. 고정-콘밸브는 표 2.1에 열거된 다른 밸브와 같은 인라인 밸브가 아니다. 고정-콘밸브의 전체 운영 범위에서 밸브를 시험하고 유출계수를 작성하여야 한다. 유타주는 Hilton이 제작한 고정-콘밸브를 시험하였으며 그 결과 후드식 고정-콘밸브와 비후두식 고정-콘밸브의 C_d 수치는 변화하지 않는 것으로 증명되었다(Tullis, 1989).

2.2.4 작동기

작동기와 호이스트는 디스크의 위치를 제어하기 위해 사용되는 기계장치이다. 밸브 운영에 필요한 동력시스템은 수동, 전동, 유압, 공압이 될 수 있다. 작동기는 단순한 수동 핸들부터 전산기로 프로그램되어 자동제어하는 세련된 작동기에 이른다.

작동기는 에너지를 토크와 추력으로 변환하여 밸브 디스크를 동작시켜 밸브 내 유동을 제어하기 위해 사용되는 장치로 구성된다. 통상적으로 작동기는 기계식(수동), 유압

식, 전기식, 전기·유압식으로 분류된다. 기계식 작동기는 통상적으로 핸들과 레버로 구성된다. 스템에 연결된 핸들은 디스크를 개방 또는 폐쇄하기 위해 사용된다. 보조 작동은 유체 또는 전기 에너지를 변환하여 밸브 디스크를 운영할 수 있는 기계장치로 수행된다. 대형 용도(대형 밸브 또는 높은 압력) 또는 현장 조건이 기계식 작동기의 접근이 제한되는 경우 유압식 작동기를 사용할 수 있다. 유압식 작동기는 밸브 디스크를 개방 또는 폐쇄하기 위해 실린더를 사용한다. 전기식 작동기는 밸브 스템을 통해 밸브 개방과 폐쇄에 필요한 토크를 생성하기 위해 기어장치와 함께 전기 모터에 의해 구동된다. 전기·유압 작동기는 전기 모터, 유압식 펌프설비, 유압식 실린더를 포함한 전기와 기계 부품의 조합으로 구성된다.

2-3 선정

통상적으로 다음에 기초하여 밸브를 선정한다.

· 설계 목적
· 수력적 유동 문제
· 이전 성능
· 정상 및 비상 조건에서 운영성
· 압력 수두
· 유출량
· 허용할 수 있는 비산
· 허용된 조정 정밀도
· 에너지 소산 형식
· 생애주기비용

만일 밸브를 통과하면서 발생하는 큰 손실수두가 문제가 되지 않으면 가드 또는 비상 폐쇄밸브로서 구밸브 또는 플러그밸브 보다는 버터플라이밸브가 더 많이 사용된다. 고정-콘밸브는 유량 조정 및 에너지 소산을 위해 사용되어 온 가장 공통적인 밸브이다. 방류 비산을 포획하고 주변 구조물의 보호가 필요한 곳에는 고정-콘밸브에 직접 또는 별개 구조물에 후드를 부착할 수 있다. 수중으로 유출되어 후드가 불필요한 것을 제외하고 상기와 동일한 목적으로 슬리브밸브가 사용된다. 제트-플로우 게이트밸브 및 교축용 나이프 게이트밸브는 유동을 포획하기 위해 짧은 유출배관을 사용한다. 자유 유출 용도로 이

전에 사용된 니들밸브와 튜브밸브는 공동화 문제가 있어 더 이상 설치되지 않으므로 여기에서는 기술하지 않는다. 현재 설치된 니들 또는 튜브밸브는 고정-콘, 플러저, 슬리브 밸브로 대체되고 있다.

2-4 권장되지 않는 밸브

니들, 튜브, 할로우-제트밸브는 다음 이유로 더 이상 권장되지 않는다.

· 높은 생애주기비용
· 낮은 수력효율
· 폐쇄시 니들밸브 슬래밍과 수격
· 공동화 및 수격 문제
· 축적된 스케일 제거를 위해 수질 조건에 따라 2~6년 주기 분해 필요
· 밸브 운영 불가능을 방지하기 위해 일부 경우 밸브 제어 챔버로부터 완벽하게 물을 배수시키고 오일로 채워야 할 필요가 있다.
· 내부 부식, 시트 침식, 공동화 손상에 민감하고 일상적인 유지관리의 어려움
· 작은 개도에서 시트 침식
· 하류측 몸체 약간의 단차(offset)에서 공동화 손상의 가능성
· 니들 부분과 상류측 몸체에 사용된 복잡한 형상으로 인해 제작비용이 높다.

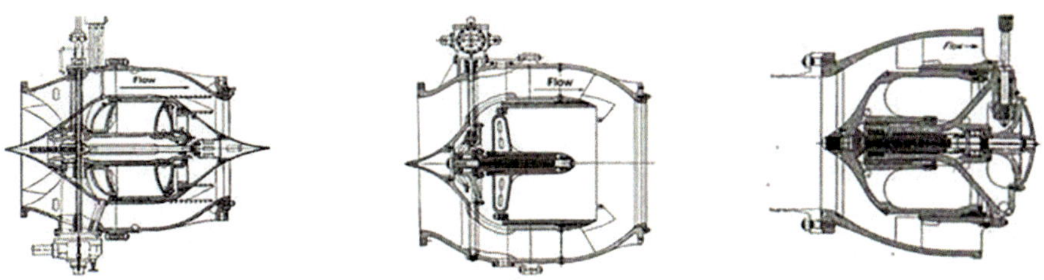

니들밸브 튜브밸브 할로우-제트밸브

그림 2.12 전형적인 실린더밸브 형식(개발된 년도 순서)

2-5 밸브 문제의 원인과 방지

2.5.1 일반

밸브 오작동과 고장 원인은 다양하므로 밸브와 시스템의 적정 운영과 밸브 문제를 최소화하기 여러 사항을 고려하여야 한다. 본절에서는 고장 횟수를 감소시키거나 방지하기 위해 고려할 수 있는 조치 그리고 밸브 설계와 유동 시스템 성능과 관련된 공동화 문제에 대해 토론한다. 상세한 토론은 적정한 밸브 및 시스템 운영을 위한 각 밸브의 특정 설계에서 기술한다.

밸브 오작동 및 고장 원인은 다음과 같다.

· 협잡물
· 공동화
· 아이스
· 운영자 오류 또는 훈련 부족
· 올바르지 않은 운영 기법
· 연습 부족
· 부식과 성능저하
· 구식 장비의 사용
· 불충분한 공기 공급
· 부적절한 설치
· 정식 검사 프로그램의 부족
· 불충분한 유지관리, 시험, 검사
· 운영 매뉴얼의 부족 또는 구식화
· 부적절한 용도의 밸브

2.5.2 유량제어점 이동(Shift in Point of Flow Control)

방류시설에서 밸브 운영의 주된 관심사는 유량제어점 이동(shift in point of flow control)이다. 유체가 밸브 디스크의 가장자리로부터 자유롭게 튀거나(spring) 또는 유출 관로 내 수축된 단면을 통과할 때 유량제어점(point of flow control)이 발생한다. 주어진 제어점을 통과한 유체 유동이 안정적이면 방류시설 운영에 특별한 문제가 없다. 만일 관로시스템 내 유체 유량 제어점이 한 지점에서 다른 지점으로 동요하면 유동 내 압력 동요 및 서지는 진동을 초래하여 방류시설의 장기운영이 문제가 될 수 있다. 실용적인 관점에서 가장 이로운 시스템 구성은 예상된 밸브 운영 범위에 걸쳐 제어점을 관로시스템의 하류측 말단부로 유지하는 것이다.

유량제어점 이동 사례는 콜로라도 Platoro 댐에서 발생하였다. 내경 1400㎜, 길이 118m 강관 관로는 하류측 말단부에서 Y-형상으로 분기되어 직경 1200㎜ 버터플라이밸브 두 대가 설치된다. 시스템 진동 시험시 82% 이상 개도에서 유량제어점이 상류측 관로로 이동한 것으로 증명되었다. 유동 단면적과 마찰이 지배적인 요소로 추정되었으며 내경 1400㎜ 관로의 유동 단면적은 $1.17m^2$ 이다. 버터플라이밸브를 통한 유동 단면적은 미지의 디스크-축-시트 구조에 종속된다. 공칭 직경 1200㎜인 각 밸브 단면적은 $1.17m^2$ 이고, 두 단면적의 합 $2.34m^2$ 은 직경 1400㎜ 관로보다 상당히 크다. 가속도계를 사용하여 측정한 개도는 82%였다. 초기에는 안전하게 74%로 선정되었고, 후속 시험은 개도를 안전하게 78%까지 증가할 수 있는 것을 보여주었다.

유동 단면적 이외에서 마찰과 미소 손실은 유량제어에 큰 영향을 미치며 유량 제어점 이동 및 이와 관련된 문제를 확인하기 위해 수리해석이 요구되었으며 제4장 고정-콘밸브에서 유량제어점 이동의 추가적인 예를 기술한다.

2.5.3 고장 방지 또는 제한 조치

고장(failure) 횟수를 방지하거나 감소시키기 위해 사용할 수 있는 조치는 다음과 같다.

· 적정한 용도의 밸브 선정
· 운영 및 유지관리 인원의 적정한 훈련
· 운영을 방해할 수 있는 시트 및 가동부에 침적되는 부식을 방지하기 위해 밸브의 정기적인 작동(최소 1년에 1회, 3~4회/년 선호)
· 장비 운영 동안 특이한 소음 또는 진동 기록
· 장비에 손상을 주거나 소음 또는 진동 원인을 결정하기 위한 모든 장비의 검사
· 정기적으로 전기 작동기의 전류 또는 유압 작동기의 유압 실린더 압력을 측정하고 이전 측정치와 비교하고 차이를 기록한다.
· 구식 및 신뢰성이 없는 밸브와 조작기를 최신 조작기로 교체한다.
· 중요 부품의 여유자재를 비축한다.

· 검사 프로그램을 개발하고 유지한다(제15장 참조).
· 엘보, 축소부, 확장부, 분지 등을 최소화하여 방류시설구조 설계를 단순화한다.
· 수격을 방지하기 위해 차수밸브의 급작스런 폐쇄를 제한한다.

새로운 방류시설 또는 기존 방류시설 개선 설계시 댐 방류시설의 밸브 및 기계 시스템의 경험이 있는 기계 또는 토목 기술자가 설계 결과를 검토하고 승인하여야 한다.

2.5.4 공동화(Cavitation)

과도한 공동화는 유동 불안정을 야기하고 유동 용량의 제약과 재앙적 관로시스템의 손상으로 이어질 수 있어 공동화는 밸브 설계 및 유동 시스템 성능의 주된 관심사이다. 통상적으로 질식 공동화가 발생하면 용량만이 감소되지만 이 현상이 발생하기 전에 밸브 또는 관련된 배관이 손상될 수 있다. 일부 밸브는 공동화 손상이 없다고 주장하지만, 통상적으로 밸브 구성요소 및 시스템 설계의 일부로서 모든 밸브의 공동화 조건을 평가할 필요가 있다. 본절에서는 선정된 밸브 구성요소의 공동화 가능성을 평가할 때 반드시 고려하여야 할 공동화와 관련된 기술적인 배경을 제공한다. 각 밸브 형식에 대한 임계 공동화 토론은 본서의 해당 장에 제공된다.

공동화는 급격한 기화(vaporization) 및 밸브를 통한 큰 압력저하로 인해 밸브 하류측에서 액체가 응축하는 현상으로, 대표적으로 관로시스템의 유출부에서와 같이 국부 유속이 높아져 압력저하가 큰 곳에서 발생한다. 국부 압력이 낮아져 액체의 증기압 이하로 떨어지면 액체는 기화하고 물-증기포켓(기포 또는 공동)이 형성된다. 이 증기포켓이 압력이 회복되는 정압력이 높은 영역인 하류측 관로로 이동하면서 불안정하게 되고 격렬하게 응축되어(기포와 공동의 붕괴) 터지거나(popping) 또는 울리는(rumbling) 소리가 발생한다. 여러 문헌에서 공동화 개시 때 간헐적인 "터지는(popping)"소리부터 공동화가 성장하면서 베이컨 프라이할 때 발생하는 소리와 유사한 소리, 공동화가 더욱 강력해지면서 전체 관로에 걸쳐 자갈 구르는 소리가 발생한다고 기술한다.

통상적으로 공동화는 해롭지만, 공동화로 인해 형성된 유체 유동 내 난류는 유체혼합 또는 내부 관로 표면 세척시 이로울 수 있다. 통상적으로 공동화는 과도적인 현상으로 초기 크랙(crack) 개방된 밸브에서 발생하고 시스템 전체수두를 받는 상태에서 이 현상은 불가피하며 짧은 기간 동안 발생한다. 따라서 약간의 공동화 및 이에 상응하는 유동 영향을 견딜 수 있도록 밸브 및 관련 관로시스템을 설계하여야 한다. 수용할 수 있는 공동화 대책은 증기 공동이 배관, 밸브 또는 시트와 같은 고체 경계로 이동하여 침식시키기 전에 용액 내에서 붕괴되는 것이다. 만일 시스템 내 침식 손상을 발생시킬 수 있는 공동화가 발생하면 국부 유속이 증가하면서 침식 손상은 급속하게 증가한다.

관로에서 수주분리영역이 형성되면 밸브, 관로, 불균일한 관로 단면의 경계벽에서 작은 공동 기포가 형성될 가능성이 있으며, 정압력이 회복되는 배관 시스템 분절이 뒤따르면 국부 높은 유속 영역에서 수증기 기포가 용액으로부터 확산될 가능성이 있다. 가끔은 이 영역에서 대형 기포가 형성되어 전술한 공동화 소리를 발생시킬 가능성이 있다. 이 과정은 가스 공동화 과정에 중요한 액체 내 용존 가스(자유 가스)의 존재여부에 따라 결정된다. 이 용존가스가 없으면 액체는 파열되지 않고는 큰 장력을 견디는 것이 불가능하며 이를 "가스 공동화(gaseous cavitation)" 라 한다. Tullis에 따르면 액체 내 상당한 양의 자유 공기가 떠 다니거나 또는 공동화 과정이 충분히 완만하여 액체로부터 빠져나와 증기 공동 내 공기량이 증가할 때 발생한다(Tullis, 1989). 증기 공동화는 액체 내 공기가 거의 없고 공동이 거의 독단적으로 증기로 구성될 때 발생한다. 이 과정에서 공동의 성장과 붕괴 비율 및 공동 붕괴시 발생하는 압력은 극단적으로 높을 수 있어 심각한 손상을 야기할 수 있다. 가스 공동화의 경우 자유 공기가 존재하면 공동의 성장과 붕괴 비율은 완만하여 공동붕괴과정은 격렬하거나 손상을 초래하지는 않는다. 자유 가스는 액체 내 미세 기포 형태로 존재할 수 있고, 유체 내 운반된 입자의 틈새 사이에 존재할 수 있다(Miller, 1990).

방류시설 관로시스템은 밸브 몸체, 관로 벽, 부속 장치 내부 표면에 공기 공극 또는 기포로 채워지는 피트(pits) 또는 표면 편차의 결점을 갖는다. Henry T. 박사는 수리 구조물에서 기포 동역학과 공기-물 유동 상관관계를 광범위하게 평가하였고 개방 및 폐쇄 관로 유동조건에서 흡기(air entrainment)와 공기수요(air-demand)에 대한 관계를 확립하였다. 추가 수리연구분야를 지원하고 방류시설과 여수로(spillways)에서 통기량을 결정하기 위한 절차를 개발하기 위해 연구를 수행하였다(Falvey, 1980). Falvey 박사는 수리구조물 설계자에게 공동화의 이해, 공동화로 인한 손상의 감소 또는 제거에 필요한 설계 도구를 제공하기 위한 목적으로 추가 문헌을 전개하였다(Falvey, 1990).

관로시스템 내에서 공동화를 발생시키는 요소는 다음과 같다.

· 밸브 내부 제어 점

· 관로 확대부, 곡관부, 특별 배관, 슬롯

· 관로 내부 표면 공동/불연속

· 오리피스/노즐

밸브에서 발생하는 공동화는 관로시스템 내 유동 용량을 상당히 감소시키고, 밸브의 운영 범위에 영향을 미치고, 밸브와 관로시스템에 재앙적인 손상을 야기할 수 있으므로 밸브 설계시 반드시 공동화를 고려하여야 한다. 공동화 정도는 밸브 형식, 규격, 운영압력, 상세한 배관 구성에 따라 변화한다. 밸브 설계자는 반드시 밸브의 전체 운영 범위에 걸쳐 공동화 정도를 고려하고, 공동화가 침식 손상을 유발하기에 충분한지 결정하고, 만일 충분하면 설계 해법을 결정하여야 한다. 공동화 가능성을 정량화하는 다음 중요한 정의를 사용하여 공동화 매개변수, 밸브 구성요소의 형상과 규격, 손실계수와 같은 밸브와 관로시스템 구성요소를 설계한다(Miller, 1990).

- 초기 공동화(Incipient Cavitation. 간헐적인 공동화 개시)-작은 단차 또는 거친 요소와 같은 국부적인 영역을 제외하고 주목할 만한 소음 및 손상이 발생하지 않는다.
- 지속적인 또는 임계 공동화(Constant or critical cavitation, 가벼운 공동화의 지속적인 발생)-소음과 진동은 수용할 수 있고, 오랜 운영(수 개월에서 수 년) 후 오직 미소한 손상이 예상된다. 대표적인 설계기준으로 채택되며 대부분 임계 공동화는 상대적으로 안전한 운영 한계로 간주된다(Johnson, 2000 and Tullis, 1993).
- 초기 손상(짧은 운영 후 표면 피팅 개시)-불쾌한 소음수준이 될 수 있다.
- 질식 공동화(Choking Cavitation)-이는 구성요소의 유출 압력이 증기압 이하인 조건에서 발생하며 구성요소를 통과하는 유동은 하류측 압력조건에 의해 영향을 받지 않아 정상유동시 압력, 유량, 압력손실관계는 더 이상 적용되지 않는다. 소음과 진동은 질식(choking)에 인접할 때 최대가 되고 이후 감소한다.
- 초공동화(Supercavitation)-만일 질식공동화 이후 상류측 압력이 증가되거나 또는 하류측 압력이 감소하면 공동 붕괴 영역이 더욱 하류측으로 이동하여 이곳에서 소음, 진동, 손상이 발생할 때 초공동화가 발생한다.

무차원 공동화 매개변수로 관로시스템에서의 공동화 정도를 정량화할 수 있다. 공동화 매개변수는 다음 식과 같이 관로 내 평균 유속에 기초하며 공동화 억제력과 공동화 유발력의 비율로 정의된다(Miller, 1990).

$$\sigma = \frac{h_u - hv}{U^2/2g} \qquad 2.2$$

$$\sigma = \frac{h_u - h_v}{h_u - h_d} = \frac{h_u - h_v}{KU^2/2g} \qquad 2.3$$

여기서 σ : 무차원 공동화 매개변수

h_u : 최소 2D 상류측에서 측정한 유입부 수두(m)

h_v : 수온에서 증기압수두(m)

U : 구성요소를 통과하는 유속(m/s)

g : 중력가속도(m/s^2)

h_d : 최소 10D 하류측에서 측정한 유출부 수두(m)

펌프와 수차 설계시 상기 공동화 매개변수를 토마공동화계수(Thoma Cavitation Factor)라고 부른다. 매개변수이론은 모두 방법에서는 유사하지만 토마계수는 순수 양흡입수두(NPSH, Net Positive Suction Head)를 펌프 또는 수차에서의 유효 수두로 나눈 것으로 계산하는 것이 다르다. 본서에서는 공동화는 공동화 매개변수를 사용한다(Baran, 2007).

통상적으로 규격이 축소된 모델에서 감소된 압력과 유속으로 운영하는 모델 실험으로 대부분 공동화 자료를 얻는다. 만일 형상, 동역학, 설치조건의 유체 특성이 유사하게 재현되지 않으면 실험 자료는 원형의 성능을 정확하게 표현하지 못할 수 있다(Tullis, 1989a). 즉, Scaling은 완벽한 상사성으로 가정하여 한 조건으로부터 다른 조건으로 자료를 외삽하는 것을 의미한다. 그러나 모델과 원형 사이 불일치로 인해 스케일효과가 발생한다. 밸브에 대한 실험 자료로부터 증가된 유속, 압력, 규격으로 인한 상당한 스케일효과가 증명되었다. 이 스케일 효과로 인해 공동화 매개변수는 동일한 유체로 시험한 기형학적으로 상사한 구성요소에 대해서도 유일한 수치를 갖지는 않는다(Muller, 1990). 이러한 이유로 공동화 해석시 주의하여야 하고 반드시 사례별로 기초하여 평가하여야 한다. 실험실과 원형 사이에서 사용된 유체 특성이 상당히 다르면 오차가 발생할 수 있으나 유체 특성을 일정하게 유지할 수 있으면 다양한 공동화 조건에 대한 공동화 매개변수 상관관계는 신뢰성 있는 결과를 제공한다.

Miller(1990)에 따르면 다음 대표적인 자료를 통해 밸브 공동화 가능성을 추정할 수 있다.

· 설계 기준 확립

· 밸브에 대한 실험실 자료 전개

· 각 공동화 설계 한계와 관련된 스케일 효과 적용

· 자료 적용을 증명하기 위한 예제 활용

공동화를 억제하여 밸브 또는 관로시스템의 손상을 감소 또는 제거하기 위한 기법은 다음과 같다(Tullis, 1989b).

· 공동화 형성이 많은 에너지를 포함하지 않도록 그리고 공동화 수준을 낮추어 공동이 표면 경계에 도달하기 전에 붕괴되도록 시스템 운영을 제약한다.

· 급확대를 사용하여 공동화 영역으로부터 경계를 제거한다. 급확대는 공동화를 억제하는 동시에 에너지를 소산(dissipate)시키지만 관로시스템의 손실수두를 증가시킨다.

· 표면을 공동화 침식에 강한 재질로 처리한다. 예를 들어 스테인레스 스틸 또는 다른 침식에 강한 재료로 밸브, 펌프, 수차를 코팅하거나 라이닝한다. 통상적으로 이는 고가이고 비용 효과적이지 않을 수 있다.

· 공기를 수주분리 영역 내부로 도입하여 임계 영역을 공기로 과포화시켜(supersaturate) 액체의 체적계수와 파속을 감소시켜 공동 붕괴를 완충(cushioning)하고 침식 손상을 방지한다. 통상적으로 이는 가장 공통적이고 효과적인 기법이다.

· 여러 밸브 또는 오리피스를 직렬로 설치하여 관로시스템을 통해 에너지를 단계적으로 소산시킨다(제14장 이상현상 참조). 이 방법은 비용 고가인 경향이 있고 공동화 가능성과 각 단계에서 필요한 압력감소를 평가할 필요가 있다.

2-6 밸브 종류별 용도와 수두

본서에서 기술한 모든 밸브 종류와 이에 따른 용도(차수 또는 조정) 그리고 밸브에 작용하는 수두범위에 대해 정리하면 다음 표와 같다.

종류	용도		최대수두(m)	유속(m/s) 정상/최대	직경(㎜)
	차수	조정			
버터플라이	○		300	4.5~6.0 /7.6~9.0	75~4300
고정 콘		○	428		150~2800
슬리브		○	45	67.5 /11~12	80~1800
구	○				
플러그	○		480		2000
플런저		○	1000		150~1600
제트-플로우 게이트		○	193		150~2300
나이프 게이트	○	○	41		500~2100
볼	○				
게이트	○				
글로브		○			
다이아프램/핀치	○	○			

※나이프게이트밸브는 교축용으로 제작 가능

표 2.2 밸브 종류별 용도, 수두. 유속, 직경

제 3 장

버터플라이밸브

3장
버터플라이밸브

3-1 용도

버터플라이밸브는 디스크를 회전시켜 관로의 단면적을 막는 원통형 밸브이다. 버터플라이밸브는 수력발전소와 댐에서 많이 사용된다. 수력발전소에서 버터플라이밸브는 정상 유속이 4.5~6.0m/s를 드물게 초과하는 수차의 상류측 가드(guard)밸브와 비상정지 밸브로서 사용되어왔다. 버터플라이밸브는 원형 몸체 및 밸브의 직경 중심 축에서 회전하는 원형 디스크를 갖는다. 일부 밸브 디스크는 축에 수직으로 설치되지만 대부분 축에 수평으로 설치된다. 디스크는 그림 3.1의 강성체 그리고 그림 3.2의 플로우스루 또는 바이플레인(biplane)이 될 수 있고, 밸브 디스크는 축과 밸브 몸체의 외부 사이 연결된 조작기에 의해 전개시 유체 유동과 항상 평행이 된다. 디스크는 전폐에서 전개까지 90°회전한다.

그림 3.1 강성체 디스크 버터플라이밸브

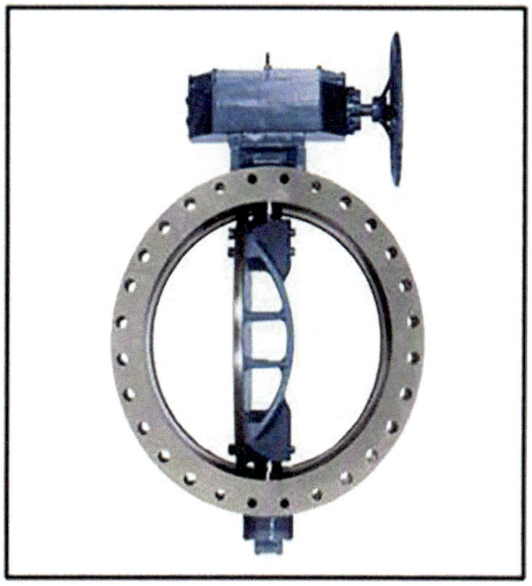

그림 3.2 플로우스루 디스크 버터플라이밸브

버터플라이밸브의 이점은 확실한 차수 능력, 편리한 운영, 불필요한 유지보수, 저렴한 가격, 적은 손실수두, 신뢰성이 있고, 적은 설치공간, 교축이 가능하다는 것이다. 요약하면 버터플라이밸브는 상대적으로 구매, 설치, 유지보수가 저렴하여 밸브에서 발생하는 손실수두와 난류가 문제가 되지 않는다면 다양한 용도로 광범위하게 사용된다.

버터플라이밸브 제작사는 몸체를 주물 또는 제작 옵션으로 제공한다. 통상적으로 몸체는 플랜지 또는 미케니컬 조인트 연결부를 포함한다. 제작사에 따라 시트/밀봉부는 몸체 또는 디스크에 위치할 수 있다. 버터플라이밸브는 다른 밸브 형식과 비교하여 설치공간을 절약할 수 있고, 통상적으로 밸브는 장기 유지보수가 최소가 되어 부식에 대한 저항성이 좋다.

3-2 규격과 수두

오늘날 사용되는 대부분 버터플라이밸브는 소형부터 중형 규격이고, 상업적으로 설계 및 제작되고, 카다로그를 참조하여 구매된다. 압력 $10kg/cm^2$ 이상, 규격 1800㎜ 이상인 밸브는 AWWA(American Water Works Association) Standard C504 기준에 따라 설계 및 제작된다. 이 기준은 pH 범위 6~12, 온도 범위 0.5~52℃, 직경 75㎜~1800㎜의 다양한 몸체와 말단부 형식에 대해 다루고 있다. 예전에 미개척국이 수두 300m, 직경 4300㎜ 버터플라이밸브를 설계하고 운영하였다. 그러나 이제 여러 미국과 외국 대형 밸브제작사가 구매자의 요구를 만족시키기 위해 이보다 큰 규격과 수두의 버터플라이밸브를 공급한다. 통상적으로 버터플라이밸브는 관로와 펜스톡과 일치시키기 위해 원형으로 제공되지만 정수장에 사용되는 정사각 및 직사각 형태로도 제작된다.

3-3 설계 고려사항과 제한

3.3.1 일반

버터플라이밸브는 펜스톡 또는 관로에서 유동 정지 및 수두 평형상태에서 또는 전체 유량 및 비상시 수두 불평형 상태에서 물의 유동을 차단하도록 설계되었다. 버터플라이밸브는 약 300m 이상인 수두에서 동작하도록 설계되었다. 통상적으로 이와 같은 밸브는 유속이 낮고 밸브를 통한 수두차가 작은 경우에만 유량을 조정하기 위해 사용된다.

고성능 버터플라이밸브는 유속 15.2m/s에서도 운영될 수 있지만, 통상적으로 밸브를 통과하는 유속은 7.6~9m/s로 제한된다. 디스크를 통과한 유동은 에디(eddy)와 유동 교란을 발생시키고 버터플라이밸브 하류측에 적정한 공간이 확보되지 않으면 에디와 유동 교란은 밸브 하류측으로 이동한다.

플로우스루(flow-through) 디스크 설계는 큰 자유 유동 면적을 형성하여 난류를 최소화하고, 손실수두를 낮추고, 밸브를 통한 압력저하를 감소시킨다. 또한, 플로우스루 디스크를 통과한 유동은 전통적인 렌즈형상 디스크 버터플라이밸브 보다 상당히 짧은 하류측 거리에서 안정된다. 탄성 시트를 사용한 버터플라이밸브는 고도의 차수능력을 제공할 수 있다.

3.3.2 설계 고려사항

발전소에 물을 공급하는 펜스톡에 설치된 버터플라이밸브에 의해 발생하는 손실수두는 펜스톡 내 유속이 3~4.5m/s를 초과하면 상당할 수 있으므로 이때는 버터플라이밸브를 선정하지 않는 것이 좋다.

또 다른 관심은 밸브가 수차 또는 다른 인라인 관로 장비 인근에 설치된 경우 디스크를 통과하면서 발생하는 유동 난류이다. 밸브를 통과하는 유속을 순간 유동율 또는 유속 1.5m/s만큼 증가시키도록 조심스럽게 유동로(fluidway)를 형상화하여 이 한계를 극복하였다. 이 가속은 수차에 유입되기 전에 유동 패턴을 안정화시키는 경향이 있다.

밸브 시트 및 밀봉 재질 선정시 마모로 인한 손상을 방지하기 위해 유동조건과 물속 침전물을 고려하여야 하며 적정하게 선정하면 유지관리비용이 최소화된다. 제작사에 따라 금속, 고무, PTFE(polytetrafluoroethylen)를 포함하는 시트(seat)/밀봉(seal)으로 설계된다. 고무-시트 밸브의 주된 장점은 완벽한 차수가 가능하다는 것이다(Kohler, 1969). 금속 밀봉은 가혹한 서비스 조건에서도 손상에 덜 민감하지만 완벽한 밀봉을 제공하지 않는다. 설계자는 반드시 밀봉 효율성과 각 설치조건에서 요구되는 견고성의 상대적인 중요도를 결정하여야 한다.

버터플라이밸브의 완전폐쇄시 디스크가 전도되는 것을 방지하기 위해 전기조작기에 리미트스위치, 수동조작기에는 스톱퍼가 설치되지만 그림 3.3과 같이 몸체 내부에도 스톱퍼가 설치될 수 있다.

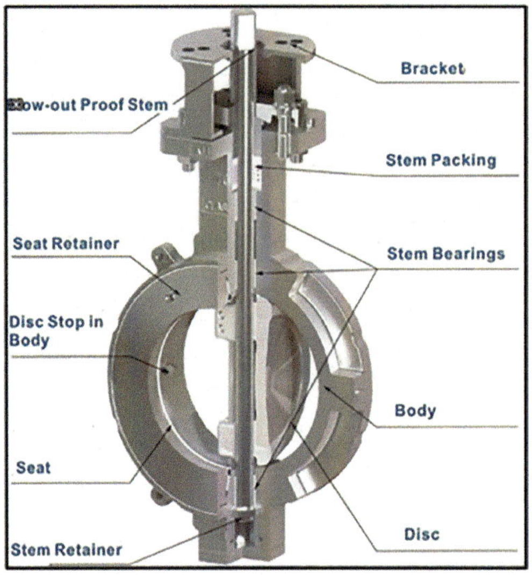

그림 3.3 버터플라이밸브 구조도

3.3.3 설계 한계

통상적으로 버터플라이밸브는 전술한 용도로 제한된다. 상대적으로 높은 수두와 15m 이상의 차압 수두에서 방류량을 조정하기 위해 버터플라이밸브 사용을 시도한 결과 디스크는 공동화와 진동으로 인해 큰 손상을 입은 심각한 결과를 초래하였다. 경험으로부터 약 300m 정도의 매우 높은 수두에서 전적으로 가드밸브로서 사용될 때 폐쇄된 디스크를 통한 최소 누수는 "와이어 드로잉(wire-drawing)"으로 인해 광범위한 금속 침식 손상을 야기하여 빈번하고 고가의 보수를 필요로 한다.

버터플라이밸브의 밀봉 특히, 미국 추천국(Reclamation)이 설계한 밸브에서와 같이 높은 수두에서 간헐적으로 밀봉될 때 문제가 된다. 즉, 작동기에 연결된 축의 반대편 축을 지지하기 위한 원통형 트루니온(trunnions)과 디스크 원주 둘레에서 양호한 밀봉을 얻는 것이 어렵다. 미국 추천국 설계(Reclamation design)는 운영압력 아래 배수를 한 후 밸브 몸체 내부에서 밀봉을 조정하는 통상적인 방법이 아니라 외부에서 조정할 수 있는 밀봉을 사용한다. 이 경우 $10kg/cm^2$ 에서 직경 4000㎜ 밸브의 누수량은 $11\sim55l/min$ 이 될 수 있다.

3-4 운영 장비

통상적으로 버터플라이밸브의 작동력은 마찰이 매우 적고 수력 효과로 인해 상당히 적지만 동적 유동토크는 직경 제곱의 함수가 되어 대형 밸브에서는 상당히 클 수 있다. 통상적으로 버터플라이밸브는 수동 또는 전기 작동기로 운영되며 대형 버터플라이밸브에서는 유압 작동기가 많이 사용된다. 대형 밸브의 높은 유속은 기계적 운영을 비실용적으로 만들 수 있는 큰 동적 토크를 발생시키기 때문에 유압 작동기가 필요할 수 있다 [Kohler]. 운영토크는 유동로(fluidway)의 중심선에 대한 디스크의 각도에 따라 변화한다. 일부 경우 버터플라이밸브는 정전시와 같은 비상 조건에서 폐쇄하기 위해 카운터웨이트(counterweight)가 부착될 수 있다. 기계식 작동기를 사용할 때는 밸브가 폐쇄될 때 급작스런 폐쇄를 방지하는 한편 개방시 저항토크를 극복할 수 있도록 밸브 작동기를 설계하여야 한다. 밸브 디스크를 통한 차압에 의한 힘이 디스크에 작용하여 디스크를 폐쇄 또는 슬램시켜 밸브를 손상시키고, 관로시스템 내 부정류를 발생시키는 경향이 있다.

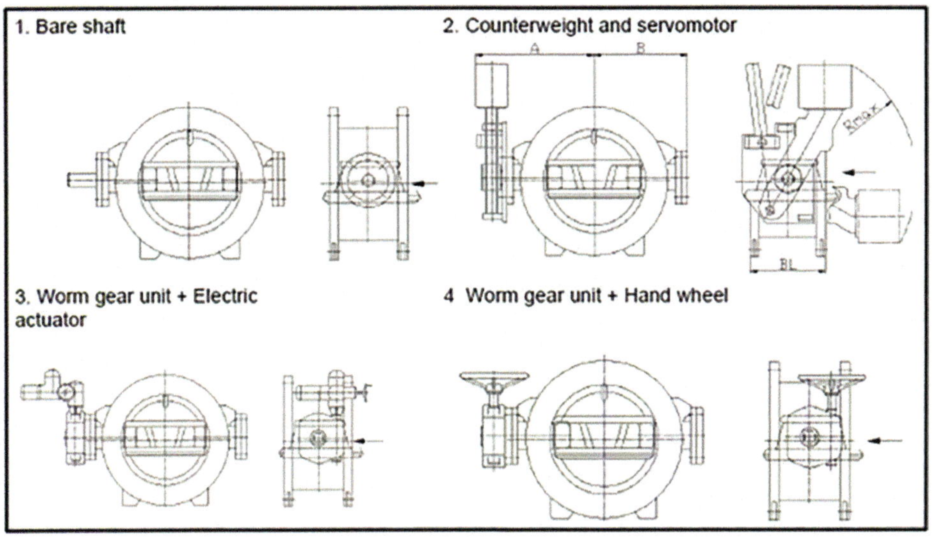

그림 3.4 대표적인 밸브 운영장비형식

3-5 설치 및 운영 고려사항

3.5.1 일반

때로는 버터플라이밸브를 사용하여 유량을 제어할 때는 운영형식에 주의를 기울여야 한다. 밸브 디스크의 회전은 운영 범위에 걸쳐 양호한 유량제어특성을 제공하지 않으며, 대부분 유량제어는 디스크 개도의 중간 지점에서 발생하며 공동화를 방지하기 위해 밸브 하류측 유동 내부로 공기를 도입하는 것도 어렵다.

대부분 버터플라이밸브는 폐쇄가 시작되면 유동은 디스크를 폐쇄시키면서 슬램을 가하는 특성을 갖는다. 따라서 작동기와 제어기는 밸브 손상을 방지하고 비상 폐쇄시 수격을 제한하기 위해 반드시 유동에 의한 최대 수력적 힘을 고려하여 설계하여야 한다.

시중에 판매된 많은 버터플라이밸브는 그림 3.5와 같은 펜스톡, 급수시스템의 관망, 하수처리장, 펌프장에 설치된다. 상류측 펌프, 밸브, 엘보우에 의해 발생할 수 있는 유동 교란은 버터플라이밸브의 적정한 성능에 큰 영향을 미친다. 유동 교란은 버터플라이밸브의 동적 토크 특성에 영향을 미치며 밸브를 통한 전체 유동 능력을 감소시킬 수 있다.

본절에서는 버터플라이밸브 선정시 설치와 운영시 고려사항을 기술한다.

3.5.2 상류측 교란

가장 흔한 상류측 교란은 버터플라이밸브와 인접한 상류측 엘보우에 의해 발생한다. 관망에 밸브 설치시 이상적인 위치는 버터플라이밸브 유입구에서 균등유동과 정상유동을 보장하기 위해 장애를 받지 않는 충분한 직관 관로부이다. 이는 공간 제약 및 경제성으로 인해 가능하지 않을 수 있다. 많은 경우 특히 펜스톡에 버터플라이밸브 설치시 공간이 제약될 수 있고, Hegseth and Sehgal(1995)가 주장한 것과 같이 관로의 엘보 또는 다른 인라인 장치 인근 장소는 재앙적인 밸브 고장으로 이어질 수 있으며 대표적인 펜스톡 설치는 그림 3.5와 같다.

버터플라이밸브 제작사는 밸브 상류측으로 배관 직경의 6~8배의 직관 거리를 권장한다. 이 길이는 버터플라이밸브에서 유동 교란의 영향을 완화시킨다. 이 거리확보가 불가능할 때는 명시되지 않은 교란과 올바르지 않은 밸브 운영으로 인해 밸브 작동기와 밸브가 조기에 고장날 수 있다. 정류베인(straightening vanes)을 사용하면 상류측 직관거리를 어느 정도 감소시킬 수 있다.

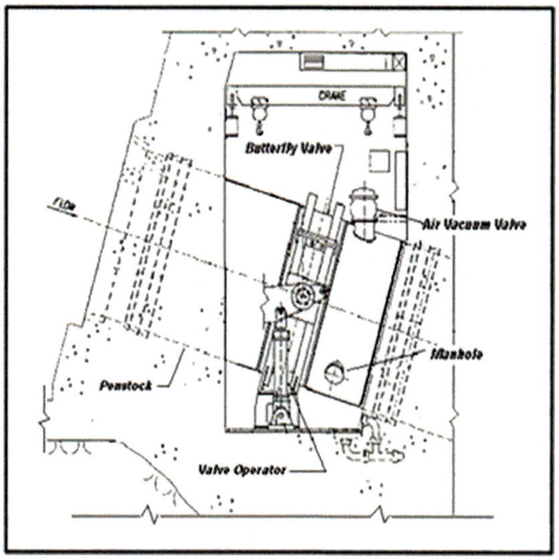

그림 3.5 펜스톡에 설치된 버터플라이밸브

3.5.3 밸브 축 방향

상류측 교란이 관심거리가 아니면 대형 버터플라이밸브 축은 그림 3.1과 같이 항상 수평으로 설치하여야 한다.

그림 3.2와 같이 축 방향이 수직이면 미세물질과 스케일, 때로는 달팽이가 베어링 간극에 침전되어 밸브의 트루니언 베어링이 손상될 수 있다. 관로 내 건설 협잡물에 의해 또는 물의 경도, 석회화, 원수 염분, 다양한 원인에 의해 밸브가 조기에 손상될 수 있으며 모든 경우 결과는 밸브의 장기 성능에 치명적일 수 있다.

수평 밸브 축 방향과 관련된 우려는 정수압 토크로서 대형 밸브의 경우 정수압 토크는 상당한 운영부하가 될 수 있다.

3.5.4 디스크 폐쇄 방향

밸브 디스크의 폐쇄 방향은 장기 밸브 운영에 큰 영향을 미칠 수 있다. 건설 협잡물 그리고/또는 시스템 미세물질은 관로와 밸브 바닥에 침전된다. 고체가 침전되면 밸브 시트와 디스크 가장자리가 손상되거나 또는 완전폐쇄를 방해할 수 있다. 시트와 디스크 바닥 가장자리 사이에서 높은 국부 유속이 발생하도록 밸브를 설치하면 높은 유속으로 인해 밸브 폐쇄 동안 침전물과 협잡물이 쓸려나갈 수 있다.

3.5.5 디스크 스윙 간격

AWWA 짧은 몸체 버터플라이밸브 디스크는 밸브 완전개방시 밸브 몸체 말단부를 초과하여 돌출할 수 있다. 만일 이를 인지하지 않으면 연결되는 관로 플랜지와의 간섭 또는 근접장애가 발생할 수 있다. 밸브 제작사는 디스크의 간섭을 방지하기 위해 필요한 디스크 스윙 간격 정보를 제공할 수 있다. 시스템 설계자는 디스크와 연결 배관 또는 다른 잠재적 장애물과의 간섭을 방지하기 위해 반드시 이 간격을 확인하여야 한다.

3.5.6 수격

이 부정류 현상은 시스템 내 유체, 가스, 스팀 매체에서 발생할 수 있다. 댐 시설과 유출 관로시스템의 매체는 물이며 이때 발생하는 부정류현상을 수격이라 부른다. 수격의 결과는 불쾌한 소음부터 밸브, 펌프, 전체 관로시스템의 재앙적 실패에 이를 수 있다. 부정류는 관로의 초기 충수, 펌프의 기동 또는 정지, 불충분하게 지지된 관로의 급작스런 이동(shifting), 불충분한 배기, 특정 관로시스템에서 너무 빠른 밸브 조작 동안 발생할 수 있다.

1/4 회전하는 버터플라이밸브는 선천적으로 폐쇄가 쉽고 신속하므로 밸브 폐쇄율을 제한하기 위해 반드시 주의하여 작동기와 제어 시스템을 설계하여야 한다.

3.5.7 시험

AWWA Standard C504 고무 시트 버터플라이밸브 요구조건(누수, 소음, 등), 산업 관례, 특별시방에 준하여 버터플라이밸브를 현장 시험하여야 한다.

3.5.8 재질 선정

밸브 조달 이전에 설계시 반드시 물의 화학성분을 고려하여 밸브 재질을 선정하여야 한다. 물 제어 밸브를 설계 및 설치할 때는 반드시 현장 고유 운영 조건과 제한을 항상 고려하여야 한다.

음용수 시스템의 버터플라이밸브 선정시 알루미늄 청동과 같이 항상 재질을 명시하여야 한다. 경험상 가장 좋은 법칙은 최소한 배관 재질에 맞추거나 또는 추가 보증을 위해 약간 업그레이드하는 것이다. 예를 들어 주철관 또는 강관에 사용할 버터플라이밸브를 선정할 때는 니켈 도금된 덕타일 주철 또는 알루미늄 청동 디스크를 명시한다. 동 관로시스템의 경우 알루미늄 청동 또는 스테인레스 강 디스크를 사용하고, 스테인레스 관로시스템의 경우 스테인레스 강 합금을 사용한다.

3-6 고장 시나리오

3.6.1 축 돌출(shaft blow-out)

특정 형식의 버터플라이밸브는 재앙적인 축 또는 디스크 분리 및 고장을 경험하여 관로, 장비, 시설물을 심각하게 손상시킬 수 있다. 이와 같은 고장은 밸브가 설계 압력과 온도 범위 내에서 운영될 때도 발생할 수 있다.

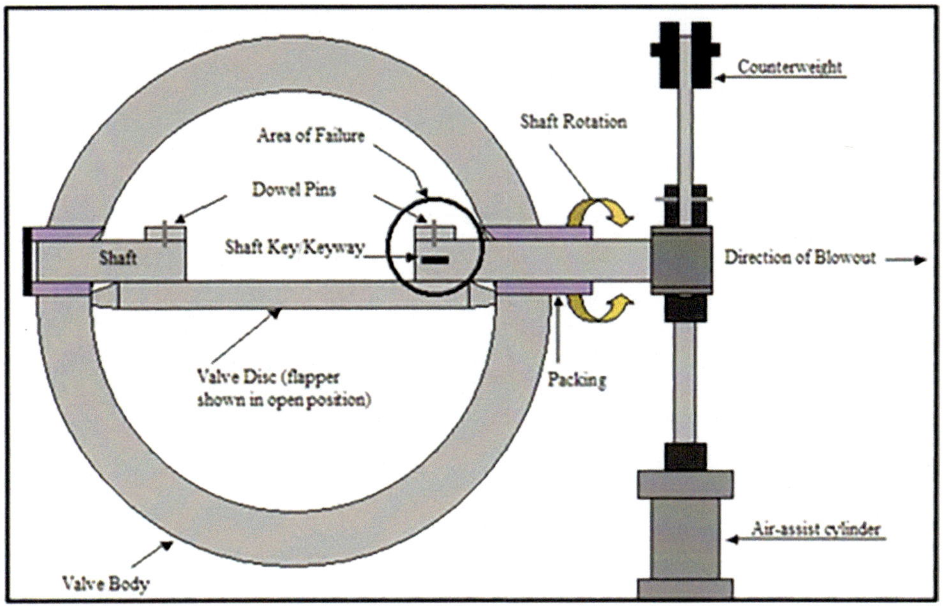

그림 3.6 버터플라이밸브 축 돌출

다음 설계 및 운영 요소는 축 돌출 현상에 영향을 미칠 수 있다.

설계 요소

· 압력 경계를 관통하는 축 또는 스템은 밸브의 가압된 부분 내부에서 끝난다. 이 고장은 축 말단부에 축방향 불평형 추력을 초래하여 밸브 외부로 축에 힘을 가하는 경향이 있다.

· 밸브는 밸브 디스크 내부에 도웰핀(dowel pin), 키(key), 볼트와 같은 잠재적 내부 고장 요소를 포함한다.

· 밸브를 설계 또는 제작하면서 키(key), 키웨이(keyway), 핀(pin), 핀홀(pin holes)과 같은 중요한 내부 요소의 설계와 제작 오차로 인해 이 요소는 비정상적으로 높은 하중을 부담하게 될 수 있다.

· 밸브 스템 또는 축은 돌출(blow-out) 방지 기능이 없다. 돌출방지설계는 압력 경계를 관통하는 2-피스(two-piece) 스템 또는 스플릿 링(spilt-ring) 환형 추력 리테이너와 같은 추력 방지 장치가 있는 단일 직경 축(내부 직경이 글랜드 패킹부 직경보다 작은 축), 그림 3.7과 같이 스템을 외부가 아닌 내부에서 삽입하는 방법을 포함할 수 있다.

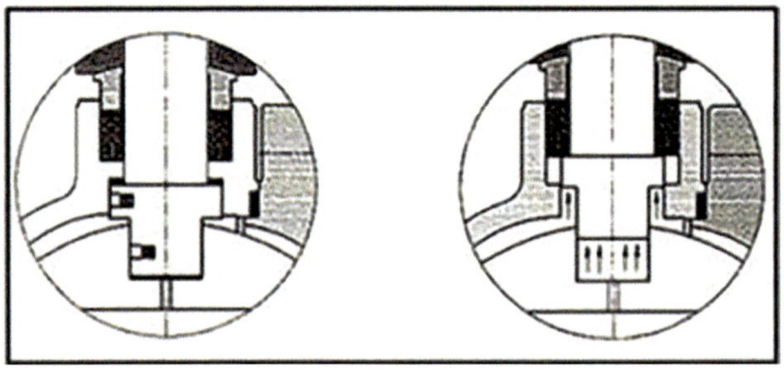

(a) (b)

그림 3.7 스템 삽입 방법 (a)내부, (b)외부

운영 요소

· 밸브는 높은 주기 부하를 받는다. 만일 밸브가 큰 힘으로 슬램 폐쇄되면 반복된 높은 응력은 도웰핀과 같은 중요 구성품의 내부에 환형(granular) 크랙을 전파시킬 수 있다.

· 밸브가 낮거나 또는 비정상인 유속에 노출되면 디스크가 플러팅(fluttering) 또는 채터링(chattering)하여 키(key), 도웰핀(dowel pin), 다른 중요 내부 구성품의 마모

를 증가시킬 수 있다.

· 수소 성분이 많거나 또는 황화수소를 포함하는 환경에서 밸브 중요 내부 구성품이 경화강으로 제작되면 이 구성품의 수소 취성(hydrogen embrittlement)으로 인해 축 돌출에 더욱 민감하게 될 수 있다.

3.6.2 공동화

버터플라이밸브의 디스크를 통한 압력저하가 너무 크거나 또는 하류측 압력이 너무 낮으면 공동화가 발생할 수 있다. 버터플라이밸브가 유량조정과 같은 공동화 조건에 연속적으로 노출되면 짧은 시간에 밸브 및 하류측 관로의 금속 표면에서 상당한 손상이 발생할 수 있다. 따라서 유량조정 및 교축 용도에서는 잠재적 공동화 조건을 반드시 평가하여야 한다.

만일 버터플라이밸브에서 공동화가 발생하면 공동화를 제어 또는 제거하기 위한 여러 선택사항이 있다. 주된 선택사항은 시스템 운영 조건을 변경하여 유량을 감소시켜 압력저하를 감소시키거나 또는 하류측 압력을 증가시켜 공동화 강도를 감소시키는 것이다. 다른 선택사항은 유출 압력을 증가시키거나 밸브를 통한 압력저하를 감소시키기 위해 하류측에 장치를 설치하는 것이다.

3.6.3 전동기로 운영되는 버터플라이밸브 고장

전기 작동기 선정과 토크 스위치 설정시 밸브 시트의 마찰력이 가정한 것 보다 크면 버터플라이밸브는 전기 신호에 의해 개방되지 않는다.

시트 재질의 시효경화로 인해 증가하는 마찰력을 과소평가하면 전기 작동기로 동작하는 많은 버터플라이밸브는 전기 신호로 개방되지 않을 수 있다.

3.6.4 카운터웨이트

일부 설계자와 제작사는 카운터웨이트 장착을 선호한다. 유압 실린더 작동기는 밸브를 개방하는 반면 카운터웨이트는 동력 없이 밸브를 폐쇄시킨다. 이 시스템은 싱글 작동 실린더의 사용을 허락하지만 카운터웨이트 시스템은 문제를 갖는다. 일부 설치에서 카운터웨이터 유지/구속 장치의 고장으로 인해 밸브 디스크의 급속한 폐쇄 및 높은 압력과 수격서지가 발생하여 관로가 파괴되었다. 역사적으로 미국 추천국은 카운터웨이트 버터플라이밸브를 거의 사용하지 않는다.

그림 3.8 카운터웨이트 장착 버터플라이밸브

3-7 성능향상을 위한 권장사항

버터플라이밸브의 신뢰성을 개선하기 위한 권장사항은 다음과 같다.

· 유량제어용 버터플라이밸브의 사용 한계와 관련된 지침을 개발하기 위한 연구. 통상적으로 기준/시방서 또는 밸브 제작사는 버터플라이밸브에 대한 유동 특성과 한계를 정의하지 않는다[참고문헌 18]. 일부 낮은 수두 조건에서는 유량 조정용으로 버터플라이밸브가 사용되지만 이 경우 수두조건 제한과 관련된 기준을 이해하기 위한 문헌이 필요하다. AWWA (2010a and 2010b)와 Baran (2007)은 자유 유출, 최소 압력 저하, 질식 공동화 조건에 대한 버터플라이밸브의 적용을 평가하였으나 이 연구는 제한되어 적합한 지침을 개발하기 위해서는 추가 연구가 필요하다.

· 높은 수두의 유동조건에 따른 가드, 폐쇄, 비상 조건에서 버터플라이밸브 개방에 대한 이해를 돕기 위해 연구가 필요하다. 높은 수두 조건의 여러 프로젝트 사례에서 버터플라이밸브를 개방하기 전에 하류측 관로를 충수하여 평형된 수두 조건을 형성하기 위해 작은 바이패스 배관을 사용한다. 연구는 밸브 시팅 시스템의 개선을 포함할 수 있다.

· 밸브와 배관 곡관부 또는 두 번째 밸브 등과 같은 유동 불연속 사이 권장되는 상류측과 하류측 직관거리에 대한 지침을 개선하기 위한 연구가 필요하다. 추가 연구는 배관 시스템 내 비정상유동과 부정류 유동조건의 이해를 개선하고 일관된 상류측과 하류측 배관 요구조건을 확립할 수 있다. 현재는 많은 프로젝트에서 버터플라이밸브를 통과하는 유동으로부터 안전하게 균등 유동을 복구하기 위해 상류측으로 10D와 하류측으로 5D 직관거리를 선택하며 이로 인해 밸브실 또는 건축물이 커지는 결과를 초래할 수 있다.

· 수질 화학성분을 고려하여 밸브 재질을 선정하여야 한다.

제 4 장

고정-콘밸브(Fixed Cone Valve)

4장

고정-콘밸브(Fixed Cone Valve)

4-1 용도

할로우-콘(hollow-cone) 또는 상표명인 Howell-Bunger(Rodney Hunt Company)로 알려진 그림 4.1의 고정-콘밸브는 중간 수두부터 높은 수두의 댐의 방류시설로부터 유량을 조정하기 위해 공통적으로 사용된다. 고정-콘밸브는 슬리브가 길이 방향으로 슬라이딩하여 밸브 하류측 말단부의 원통형 개구부를 조정하는 원통형 밸브이다. 원형 밸브 구조물의 말단부에 설치된 콘은(통상적으로 몸체에 90°) 유동을 밸브 몸체와 슬리브 사이 개구부로부터 방사상으로 소산시킨다(Gerbig, 2004). 유동과 스프레이의 확장 콘은 에너지 소산기의 역할을 하며 그림 4.1과 같이 자유 유출을 허락한다.

그림 4.1 고정-콘밸브 유출

고정-콘밸브의 성능은 기록을 통해 검증되었고, 부드럽고 진동 없이 운영될 수 있다. 제작사의 권장에 따라 고정-콘밸브를 설치하면 공동화가 발생하지 않고, 매우 경제적이고, 다른 제어/에너지 소산 밸브와 비교할 때 유지관리가 적게 필요하다. 고정-콘밸브는 높은 소산 제트에 의한 우수한 에너지 소산 밸브이다(FEMA 2016).

당초 고정-콘밸브는 방사상 방향으로 대기로 자유유출하기 위해 사용되었으며 이는 물의 유동 에너지를 소산시키는데 도움이 된다. 그러나 빈번하게 특히, 불안정한 슬라이딩 구배 인근에서는 방류된 물의 스프레이가 부적정한 것으로 나타나면서 송전선로 인근에서 스프레이를 포획하기 위해 후드가 고정-콘밸브에 부착되었다. 후드는 그림 4.5 및 4.8과 같이 개별 구조물에 또는 그림 4.4와 같이 밸브에 부착될 수 있다. 스프레이 포획은 유출 하류측 에너지에 집중될 수 있으며 침식 손상을 최소화하기 위해 하류측 시설이 필요할 수 있다. 고정-콘밸브를 수중에서 운영하기 위해 일부 시도하였지만 신중한 연구와 평가가 필요하다.

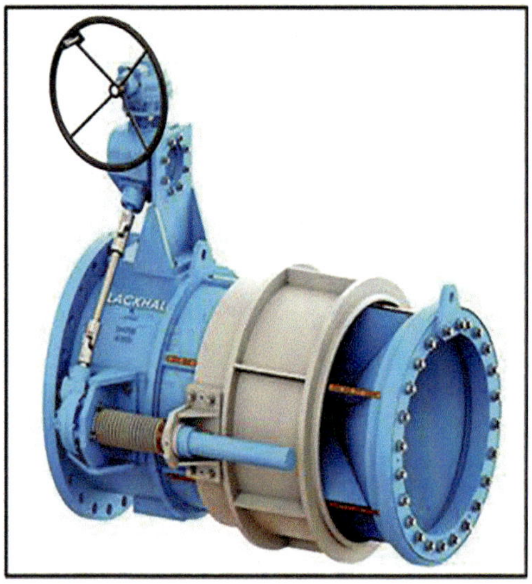

그림 4.2 비후두식 고정-콘밸브(개방)

그림 4.3 비후두식 고정-콘밸브 방류

그림 4.4 후드식 고정-콘밸브(폐쇄)

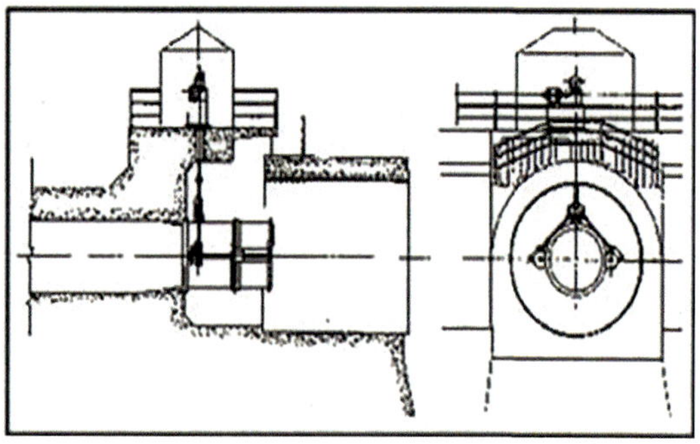

그림 4.5 개별 강 라이닝 후드식 고정-콘밸브

4-2 규격과 수두

고정-콘밸브는 150~2800㎜로 제작되며 대형 밸브의 최대 수두는 128m, 작은 밸브의 최대 수두는 428m로 설계된다. 통상적으로 고정-콘밸브는 AWWA C207 플랜지를 사용하며 원형 관로와 펜스톡에 맞추어 원형 형상으로 제작된다(AWWA, 2013).

4-3 설계시 고려사항과 제한

4.3.1 일반

고정-콘밸브는 반드시 충분히 강인하고, 모든 구성품은 완전개방과 완전폐쇄 사이 임의 위치에서 해로운 진동 또는 공동화 없이 안전하면서도 만족스럽게 운영되도록 설계되어야 한다. 일반적으로 운영 응력은 재료 항복강도의 1/3 또는 극한 강도의 1/4를 초과하지 않아야 한다. 밸브 구성품은 AWWA Standard에 따라 설계되어야 한다. 많은 프로젝트에서 침전물 유동조건에 대한 내마모성과 내식성을 고려하여 스테인레스 강 구조물로 제작되며 중요한 밸브 구성품은 다음과 같다.

· 몸체(Body)-밸브 몸체는 하나의 실린더, 하류측 말단부에서 90°굴절되는 하나의 강콘, 내부 방사성 방향 리브(rib), 유출관로 또는 펜스톡의 말단부에 플랜지 연결을 위한 상류측 플랜지로 구성된다. 내부 리브(rib)와 디플렉터 콘은 정격 유출용량을 허락하고, 2.5.2절에서 기술한 유량제어점 이동 가능성을 제거하기 위해 밸브 몸체 실린더의 하류측 말단부를 초과하여 명시된 길이로 연장되도록 설계된다. 밸브 설계시 몸체 벽과 리브(rib) 규격결정을 위한 지침은 "Vane Failures of Hollow-Cone Valves"(Mercer, 1970) 보고서에 기술되었다. 밸브 슬리브와 접촉하는 몸체 베어링 표면은 청동 슬라이딩 제어 베어링 표면에 스테인레스 스틸을 제공하기 위해 청동 또는 스테인레스 강이 되어야 한다. 장착되는 플랜지와 밸브 구성품은 AWWA C207에 따라 설계되어야 한다.

· 슬리브(Sleeve)-밸브 슬리브는 밸브 포트를 개방하기 위해서는 상류측 방향으로, 폐쇄하기 위해서는 하류측 방향으로 밸브 몸체에 걸쳐 슬라이딩하도록 설계된다. 슬리브는 반드시 상류측 말단부에서는 밸브 몸체에 대해 그리고 하류측 말단부(몸체 디플렉터 콘 가장자리의 말단부에 조여진 링)에서는 밸브 몸체 시트 링에 대해 연속적으로 밀봉하여야 한다. 밸브 몸체와 접촉하는 슬리브 베어링 표면은 청동 슬라이딩 제

어 베어링 표면에 스테인레스 강을 제공하기 위해 반드시 청동 또는 스테인레스 스틸이어야 한다.

- 밀봉(Seals)-밸브 몸체는 반드시 개스킷 및 스테인레스 강 볼트와 함께 밸브 몸체 디플렉터 콘의 하류측 말단부에는 분리 가능한 시트가 부착되어야 한다. 시트의 밀봉 접촉부는 반드시 스테인레스 강이어야 한다.
- 후드(후드가 명시된 경우)-후드는 슬라이딩 밸브 슬리브의 하류측 말단부에 볼트로 고정된 강 제트 디플렉터 후드로 구성된다. 후드는 공동화와 과도한 진동없이 부드럽게 운영되어야 한다. 유출 말단부는 반드시 라운드 원통형으로서, 원뿔 형상의 전체 확산 또는 축소는 10°를 초과하지 않아야 한다.
- 운영시스템-밸브 운영시스템은 밸브의 수평 축에서 직경이 반대쪽에 위치한 기계식 이중나사 스템 작동 시스템 또는 유압 실린더이어야 한다.
- 최대 유속 15m/s까지는 탄소강이 적합하고, 코팅-유속 15~30m/s에서는 에폭시 코팅 표면이 필요하다.

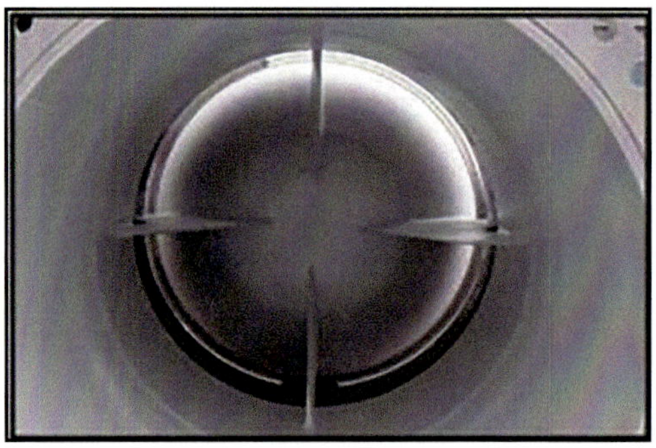

그림 4.6 내부 리브(rib)

그림 4.7 금속-금속 시트

4.3.2 설계 고려사항

밸브 규격은 밸브 유출 계수와 밸브에 작용하는 유효수두에 의해 결정된다. 다음과 같은 유량식을 사용하여 밸브 규격을 결정한다.

$$Q = A C_v \sqrt{2gH} \qquad 4.1$$

여기서 Q : 유량

A : 공칭 배관 직경에 기초한 밸브 개방면적

C_v : 밸브 개도에 따른 무차원 유출계수

g : 중력가속도

H : 유효수두

완전개방된 고정-콘밸브의 유출계수 C_v는 약 0.85이지만 이 수치는 밸브 성능 설계 및 밸브 개도에 따라 변할 수 있다. 후두가 부착된 완전개방된 고정-콘밸브의 유출계수는 제작사에 따라 0.70~0.79로 감소된다. 통상적으로 공장시험결과를 통해 밸브 유출계수 범위가 결정되고 이를 지원하는 정격곡선(rating curve)이 작성된다. 다른 밸브 개도에서 에너지 소산의 유효성을 측정하여 유출계수가 결정된다. 슬리브와 몸체 시트 사이 밸브 개구부 면적은 고정-콘밸브 유량식 4.1에 직접적인 입력요소가 아니라 유출계수 범위 결정시 요소에 종속된다. 허용된 밸브 개방 면적의 크기, 밸브 내부 구조물 설계, 소산 후드 설계와 관련하여 여러 설계 논제가 확인되었으며 이에 대해서는 4.3.3절에서 추가로 기술한다.

4.3.3 설계 제한

역사적으로 할로우-콘밸브(고정 콘-밸브)설계는 문서화 실패 결과와 성능시험의 개선을 통해 발전되었다. 밸브의 수력성능을 개선하기 위해 실험실 시험과 원형 시험을 수행하였으며 밸브 규격, 선호 재질, 한계 진동, 공동화 논제, 프로젝트 설계를 지원하기 위해 현장 유동조건 모델을 개발하였다. 특정 기계 밸브 구성품에 대한 수력적 한계에 대한 이해를 통해 전반적인 고정-콘밸브의 설계가 개선되어왔다. 다음은 밸브 내부 콘 베인과 밸브 후드에 대한 설계 개념 및 시사점과 관련된 토론이다.

고정-콘밸브의 베인 실패

고정-콘밸브의 목적은 압력 관로의 하류측 말단부에서 물의 방류를 제어하는 것이다. 그러나 일부 경우 부적정한 설계로 인해 관로 내 과도한 진동이 발생하여 실패하였다. 진동은 불규칙적인 상류측 유동 통로, 불충분한 밸브 하류측 통기, 제작 실수, 부적정한 방류시설 설계로 인해 발생할 수 있다. 일부 실패사례는 밸브 자체가 진동을 발생시킨 것으로 보고되었다. 특히, 이 사례는 매우 큰 유량에서 밸브 콘을 지지하는 내부 고정 베인에서 크랙과 굽힘이 발생하였다. 콜로라도 주립대 Albert G. Mercer 박사가 이 사례를 연구한 결과는 Vane Failures of Hollow-Cone Valve (Mercer, 1970)에 수록되었다. 이 연구결과에 따라 실패가 부적정한 고정 베인에 의한 것인지 그리고 파괴적인 공명을 유발할 수 있는 해당 유출량이 존재하는지를 확인할 수 있는 수력학적 원리에 기초한 한 매개변수가 개발되었다. 고정-콘 밸브의 베인 실패는 베인의 진동 주파수와 관련된 운동학적 유동조건과 밀접하게 관련된다. 미래 밸브의 베인 두께 결정 또는 현존하는 밸브의 유출량 한계에 대한 판단기준으로서 이 매개변수의 사용을 권장한다.

그림 4.8 콘 내부 베인(vane)과 몸체 내 리브(rib)

고정-콘밸브의 후드 또는 배플 설계

고정-콘밸브는 에너지의 분산과 소산에 효과적인 직경이 큰 원뿔형 스프레이를 방류하도록 설계된다. 공간이 제한된 일부 조건에서는 구조물 설계시 스프레이 포획이 필요하면 통상적으로 후드를 사용하여 이를 달성할 수 있다. 전술한 것과 같이 후드를 통해 방류하는 고정-콘밸브는 후드가 없는 고정-콘밸브와 마찬가지로 제트의 에너지를 소산하지 않는다. 후드를 갖는 고정-콘밸브는 에너지가 직 하류에 집중되는 높은 유속의 할로우 제트(hollow jet)를 초래하며, 이는 많은 경우 하상(river bed)의 심각한 침식 및 다른 관련된 문제를 방지하기 위해 에너지 소산정(energy dissipation basins), 감세정(減勢井, stilling pools) 또는 유사한 구조물이 필요할 수 있다. 그러나 일부 경우 이러한 형식의 에너지 소산은 고가이고 빈번하게 이들 성능이 만족스럽지 못한 것으로 증명되었다. 감세정(stilling basin)과 충돌(impingement) 하기 전에 제트에 집중된 일부 에너지를 소산하기 위해 다른 설계 개념을 연구하였으며 고정-콘밸브 후드 설계의 개선과 관련된 내용은 다음과 같다.

에너지 소산을 위해 다른 응용 프로그램에 고정-콘밸브를 설치하였으나 완벽하게 성공적으로 하류측 침식을 방지하지는 못하였다. 이 응용 프로그램은 그림 4.9 및 4.10과 같이 에너지를 소산하기 위해 충돌(impinging)-제트와 하류측 배플 구조물의 원리를 사용한다(Falvey, 2004). 에너지 소산기의 운영 동안 피복 강(steel cladding)의 용접 실패로 인해 링 디플렉터(ring deflector)가 손상되었다(Devries, 1994). 후속적인 검사결과 강 라이너 뒤에 콘크리트 타설시 콘크리트 속에 커다란 공극이 존재하였던 것으로 밝혀졌다. 그림 4.11은 캘리포니어 Droville Dam의 방류시설에 설치된 고정-콘밸브 설치의 단면도이다(Falvey, 2004). 2016년 여름에 당초 링(ring) 높이의 85%인 새로운 링 디플렉터를 성공적으로 시운전하였다. 당초 설계와 새로운 설계 모두 약 230m 수두에서 운전되는 Oroville Dam에 설치된 높은 수두 및 유량과 관련된 거대한 에너지를 효과적으로 소산한다. 유타 주립대가 수리 설계를 모델하였고, 캘리포니어 DWR가 상세 설계를 수행하였다.

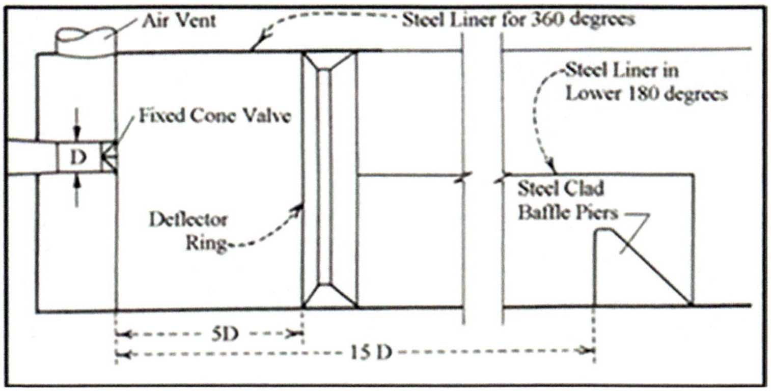

그림 4.9 고정-콘밸브 설치 단면(Oroville Dam, California)

이 모델의 다양한 수정 개념은 그림 4.10과 같이 대기로 방류하는 고정-콘밸브에 후드를 설치하는 것을 포함하여 전개되었다. 고정-콘밸브 말단부와 후드 사이 거리가 중요하다. 원형에서 이 거리가 오직 25㎜ 또는 50㎜ 떨어진 위치에서 일종의 역류현상인 심각한 blowback/backsplash가 발생하였다.

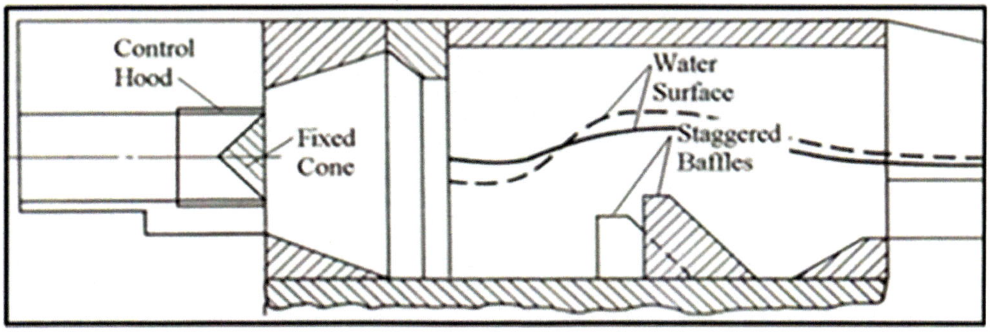

그림 4.10 고정-콘밸브 설치단면(Ute Dam, New Mexico)

전술한 바와 같이 개별 후드가 설치된 고정-콘밸브에서는 backsplash가 문제가 될 수 있다. Waterways Experiment Station(WES)에 소재한 미육군공병단 연구소는 New

Melones Dam(그림 4.11)에 설치된 직경 2000㎜ 고정-콘밸브에 대한 backsplash를 제어하기 위한 해결방안을 조사하였다(Maynord, 1981 and Fagerburg, 1983). 물은 고정-콘밸브와 밸브에 부착되지 않은 길이 4.72m 직경 4700㎜ 개별 후드를 통해 유출된다. 한 해법은 후드 내부에 부착된 backsplash 플레이트의 위치를 수정하는 것이었다.

그림 4.11 개별 후드를 갖는 2000㎜ 고정-콘밸브(New Melones Dam)

최근에는 그림 4.12와 같이 밸브가 아닌 후드에 부착된 배플 후드가 개발되었으며 이는 고정-콘밸브의 상류측에서의 유용한 에너지의 92% 소산이 가능하다(Johnson, 2006 and Johnson, 2001). 연구의 초점은 실무 기술자에게 할로우 제트를 방류하기에 공간이 제한되는 곳에 유량을 조정하고 제어하기 위해 고정-콘밸브를 사용할 때 에너지 소산의 대안적 수단 평가에 도움을 주는 정보를 제공하는 것이었다.

그림 4.12 개별 후두에 배플이 부착된 고정-콘밸브

후드 내 배플(baffles) 도입시 관심사는 배플이 밸브의 유출 용량을 감소시키는지 그리고 후드 내부로 유입되는 공기를 제한하는지 여부이며 연구결과 후드 내 공기 수요의 변화가 없고 유출 용량을 감소시키지 않는 것으로 증명되었다. 후드가 부착된 고정-콘밸브에서는 Backsplash가 관심사이고 적정한 후드 설계와 설치로 backsplash를 감소 또는 제거할 수 있다. 페루 현장에 배플 후드 설계는 에너지 소산과 backsplash 요구조건을 만족시켰고 훌륭히 잘 수행되었였다. 그림 4.13은 완전개방된 고정-콘밸브의 제트 유동시 배플이 있는 비부착식 후드의 감쇠 효과를 보여준다.

상기 연구는 후드 직경과 밸브 직경 약 3:1 비율을 사용하였다. 추가 연구결과 전통적인 후드에 배플을 부착할 수 있으며 자유 유출 및 수중 유출에서 에너지를 효과적으로 소산하는 것으로 증명되었다. 상기 연구는 배플 후드 설치에 대해 우수한 지침을 제공하지만 기술자는 반드시 설계 증명을 위한 모델링 또는 이 장치의 설치 경험이 풍부한 기술자의 설계 검토를 고려하여야 한다(Prettyman, 2015; Prettyman, 2015; and Stephens, 2012).

그림 4.13 배플을 갖는 고정-콘밸브 실험실 시험

추가 연구와 개발이 진행되면서 그림 4.5의 후두식도 유사한 배플을 포함하면 제대로 작동할 가능성이 크다. 수리 모델 연구에 기초하여 적정하게 설계하면 고정-콘밸브는 최소 또는 전혀 진동 없이 에너지를 소산시킬 수 있을 것이다.

4-4 운영 장비

고정-콘밸브의 슬리브는 하나의 트윈-나사 장치, 하나의 연결 장치 또는 트윈 유압 실린더에 의해 작동된다. 작동기는 핸드휠, 전동 또는 유압·전동기가 될 수 있으며 통상적으로 작동기는 그림 4.2와 같이 고정-콘밸브의 상당부에 장착된다.

고정-콘밸브의 슬리브는 통상적으로 밸브 한 쪽 측면에 있는 트윈 나사에 의해 제어된다. 트윈 나사는 이중 구동축 그리고 고정-콘밸브 상부에 위치한 기어박스에 의해 구동된다(그림 4.1, 4.2, 4.3). 기어박스는 토크를 구동축에 전달하고, 구동 축은 이중나사를 회전시키고, 유량을 감소 또는 차단하기 위해 밸브 슬리브를 전방(하류측)으로 그리고 유량을 증가시키거나 밸브를 완전개방하기 위해 후방(상류측)으로 슬라이드한다. 개방된 위치에서 유동은 밸브 몸체상의 원추형 디플렉터 헤드와 슬리브 사이의 개구부를 통해 방사상으로 분산된다.

밸브 슬리브를 이동시키기 위한 다른 방법으로 이중나사 대신 이중 유압 실린더 또는 연결 장치를 사용할 수 있다. 연결 장치는 핸드휠 또는 전동기 작동기에 의해 운영된다. 트윈 유압 실린더는 유압 동력장치로부터 가압된 오일에 의해 운영된다.

4-5 설치 및 운영 고려사항

4.3절에서 기술한 WES 연구 외에도 고도가 높은 New Melones Dam의 방류시설에 설치된 직경 2000㎜ 고정-콘밸브의 운영효과를 결정하기 위해 WES에서 연구를 수행하였다(Fagerburg, 1983). 시험의 목적은 고도가 높은 감세정(pool)에서 밸브의 동적 반응, 연장된 운영에서 밸브 피로 형식의 가능성을 시험하는 것이었다. 시험 결과는 고정-콘밸브의 유출특성에 대한 정보, 밸브와 후드 내 압력 동요의 평가, 밸브와 후드의 진동, 밸브 시험 베인의 변형 측정을 포함한다. 실험 자료로부터 감세정 고도 증가로 인한 뚜렷한 변화가 없는 것으로 나타났다. 연구결과 전체 수두 증가로 인해 밸브와 후드에서 평균압력이 증가하였으나 부압은 기록되지 않은 것으로 증명되었다. 작은 개구부에서 유동은 슬리브 립(lip)에 따라 제어되고, 큰 개구부에서는 제어가 고정된 쉘(shell)의 하류측 가장자리로 이동하는 지점에 도달하기 때문에 대부분 고정-콘밸브에서 유량제어점 이동이 발생한다. New Melones Dam에서 전체 슬리브 이동을 최대 710㎜로 제한하여 유량제어점 이동의 발생을 방지하였다. 유량제어점 이동에 대한 내용은 2.5.2절을 참조한다.

고정-콘밸브의 설치 및 운영시 다음 사항을 고려할 수 있다.

· 가장 작은 밸브 개도를 제외하고 유동을 매우 양호하게 제어할 수 있다.
· 고정-콘밸브는 반드시 주된 유량제어밸브가 되어야 하고, 모든 상류측 밸브는 유량 교축이 아닌 완전개방된 위치가 되어야 한다. 이는 안정된 균등 유동조건을 보장하고, 고정-콘밸브를 진동 손상시킬 수 있는 유동동요를 방지한다.
· 적합한 수리모델연구로 지원되지 않으면 고정-콘밸브는 수중 용도로 적합하지 않다. 유타주 Michael Johnson 박사가 제공한 수중으로 유출되는 고정-콘밸브에 대한 예제 프로젝트는 New Castle Dam과 Logan City Hydro #2를 포함한다.
· 일부 제작사는 후드 부착식 고정-콘밸브는 수두가 53m 이상인 경우 적합하지 않다고 주장하지만 유타주 링-제트밸브(ring-jet valve) 모델 시험결과 최대 수두 137m에서도 성능 문제가 발생하지 않았다.

본서에서는 더 이상 상세한 설치 및 운영 고려사항을 제공하지 않지만 일반적인 설치 및 운영 고려사항을 기술하였으며, 산업 관례 및 시방 요구사항을 준수하여 각 고정-콘밸브의 공장 및 현장시험을 수행하여야 한다.

AWWA 기준은 완전히 조립된 밸브의 수압, 누수, 운영에 대한 공장 시험을 요구한다. 수압시험은 정격 밸브 압력의 1.5배 압력에서 30분간 수행하여야 하며 누수의 흔적이 발생하지 않아야 한다. 누수시험은 정격 압력에서 5분간 실시하며 하류측 금속 시트에서 허용 누수는 밸브 직경 25㎜에서 $0.15l/m$을 초과하지 않아야 하고, 고무 삽입된 밀봉부인 밸브는 누수 흔적이 없어야 한다. 밸브 운영 시험은 부드러운 운영을 증명하기 위해 작동장치를 이용하여 밸브를 3회 완전개방 및 완전폐쇄를 포함한다.

밸브 조달 이전에 설계시 반드시 수화학을 고려하여 재질을 선정하여야 한다. 물 제어 밸브의 설계 및 설치시 반드시 현장 운영 조건과 제한을 고려하여야 한다.

4-6 고장 미케니즘

고정-콘밸브에서 발생하였던 일부 고장 미케니즘은 다음과 같다.

· 많은 고정-콘밸브에서 베인 고장이 발생하였다. 한 장소에서는 최초 고장 이후 상당히 더 두꺼운 베인을 설치하였다. 짧은 운영 후 두꺼운 베인도 고장 났으며 두 고장 원인은 유량제어점 이동이었다.

· 제트를 제어하기 위한 후드와 같은 장치는 적정하게 설계하지 않으면 진동에 의해 손상되기 쉽다. 진동을 제어하기 위해 가이드 주위에 콘크리트 슬리브를 캐스팅(casting)하여 가이드 질량을 증가시키며 이로 인한 비용은 고가이다.

· 대형 밸브의 몸체 내 스플리터(splitters)라 불리는 리브(rib)는 유동 진동으로 인한 피로에 의해 크랙되는 것으로 알려져 왔다. 추후 설계에서 리브(rib) 두께를 증가시켜 이 문제를 수정하였다(Mercer, 1970).

4-7 신뢰성 향상을 위한 권장사항

고정-콘밸브의 신뢰성을 개선하기 위한 권장사항은 다음과 같다.

· 고정-콘밸브의 공기수요변화에 대한 지침을 개발하기 위해 반드시 연구를 수행하여야 한다.

· 밸브 부착식 배플 후드를 개발하기 위해 반드시 연구를 수행하여야 한다.

· 관로의 한정된 공간 내에서 인라인 유량제어 및 에너지소산을 개선하기 위해서는 반드시 연구를 수행하여야 한다.

· 반드시 물 화학성분을 고려하여 재질을 선정하여야 한다.

· 적정 밸브 규격을 결정하기 위해서는 밸브 직경과 밸브에 작용하는 유효수두에 따른 방류량을 파악할 수 있는 그림 4.14(Rodney Hunt 社의 Howell-Bunger)와 같은 밸브 선정도표가 필요하다.

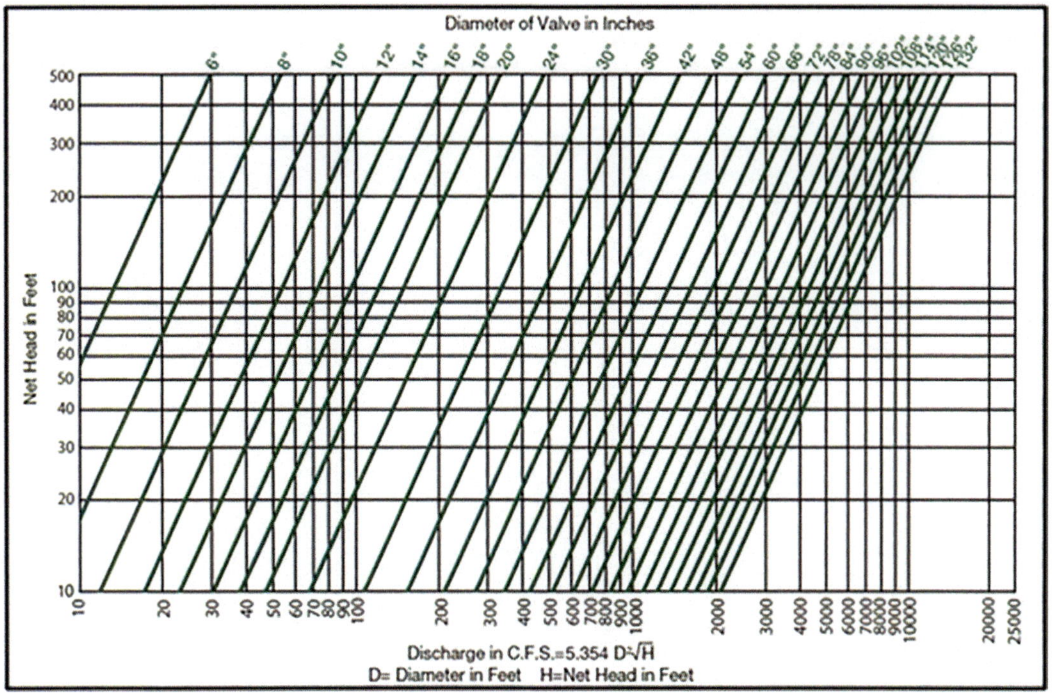

그림 4.14 비후두식 고정-콘 밸브 선정도표$\left(C_d = 0.85\right)$

제 5 장

제5장 슬리브밸브(Sleeve Valve)

5.1 용도

5.2 규격과 수두

5.3 설계 고려사항과 제한

5.4 운영장비

5.5 설치 및 운영 고려사항

5.6 고장 미케니즘

5.7 성능향상을 위한 권장사항

5장

슬리브밸브(Sleeve Valve)

5-1 용도

5.1.1 일반

슬리브밸브는 슬리브 내 멀티 오리피스 또는 노즐을 통해 에너지를 소산하고 유동을 전환·제어하여 대기 또는 수체로 방류한다. 통상적으로 슬리브밸브는 수차 바이패스 유출, 저수지 유출, 지하수 유출, 정수장 유량제어를 위해 사용된다.

더욱 인기 있는 슬리브밸브 형식은 그림 5.1과 같이 아랫방향 수중 유출, 인라인, Y-패턴, 앵글 패턴이다. 수정된 아래방향 유출 형식의 버전은 막힘을 최소화하기 위해 큰 구멍을 갖는 다공 슬리브밸브이다. 슬리브밸브는 게이트라 불리는 외부 수로를 슬리브라 불리는 내부 수로에서 슬라이딩하여 유량을 제어한다. 슬리브는 여러 규격 및 공간 배치되고 경사진 오리피스 또는 노즐로 설계된다. 유동은 슬리브 내 노즐을 통과하면서 밸브 내부 챔버에서 혼합과정 동안 에너지가 소산된다.

본장에 기술된 대부분의 정보는 Bailey Valve 회사 문헌과 Lindsey Fabrication 문서에 제공된 정보에 기초한다.

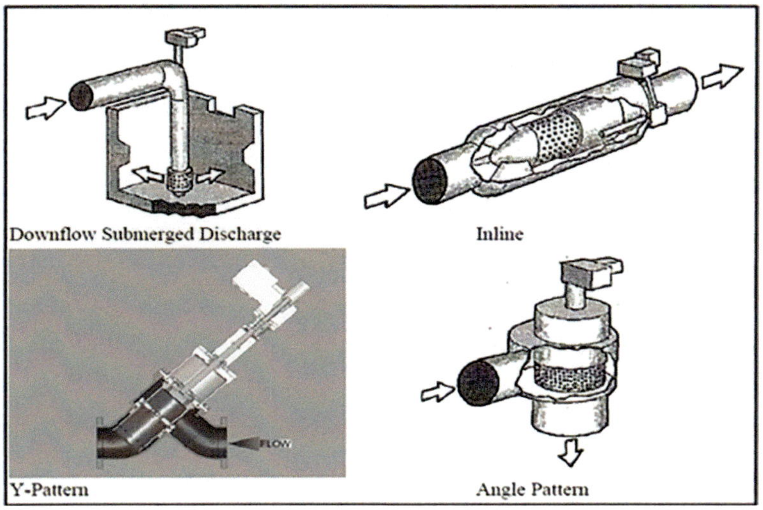

그림 5.1 슬리브밸브 형식

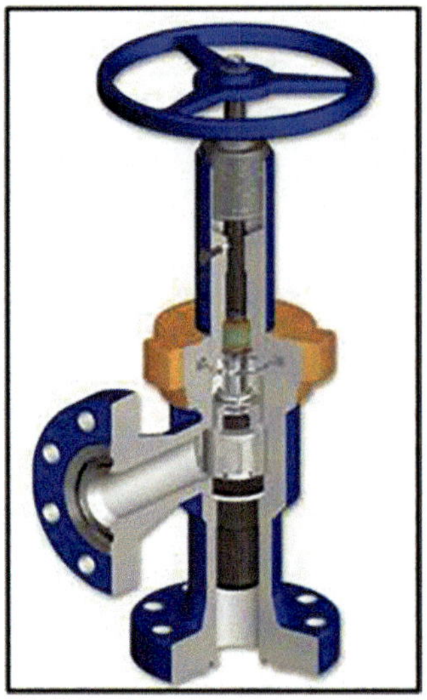

그림 5.2 앵글패턴 슬리브밸브

5.1.2 장점과 단점

슬리브밸브의 장점과 단점은 다음과 같다.

· 슬리브밸브는 밸브에 걸친 높은 차압에서도 운영될 수 있다.

· 슬리브밸브는 공동화 및 진동에 의한 손상없이 장기간 운영되도록 설계될 수 있다. 이는 슬리브 구성요소를 통한 노즐작용에 의해 수행되며, 밸브 내 유체의 힘을 평형으로 만들고, 손상을 방지하기 위해 밸브 벽이 아니라 물 제트가 서로 부딪힌다.

· 슬리브밸브는 공동화를 제어 또는 억제하기 위한 공기를 요구하지 않는다.

· 통상적으로 슬리브밸브는 직렬 또는 병렬로 설치된 여러 밸브를 대체할 수 있다.

· 슬리브밸브는 완전폐쇄부터 완전개방까지 전체 슬리브 행정에 걸쳐 유량 또는 압력을 제어할 수 있다.

슬리브밸브의 단점은 다음과 같다.

· 통상적으로 다른 형식의 제어밸브보다 고가이다.

· 스트레이너와 같은 기능을 하며 협잡물이 수집되어 막힐 수 있다.

· 정확한 유량제어를 보장하기 위해 더욱 엄격한 설계가 필요하다.

5-2 규격과 수두

슬리브밸브 모델과 제작사에 따라 밸브 규격은 80~1800㎜, 압력 등급은 최대 $70 kg/cm^2$, 유량 범위는 $0.075 \sim 2.8 m^3/s$ 이다.

5-3 설계시 고려사항과 제한

5.3.1 밸브 규격

구조(수중, 인라인, Y-패턴, 또는 앵글) 결정 후 다음 단계는 운영 조건에 따라 밸브 규격을 결정하는 것이다. 이를 위해 공동화 지수 σ, 유속, 유량으로 표현되는 공동화의 심각도를 결정하기 위해 관련된 자료를 수집할 필요가 있다. 슬리브밸브의 성능 등급, 적용조건에 대안적으로 볼밸브 또는 버터플라이밸브를 선택할 수 있는지를 결정하기 위해 공동화 지수 σ 수치를 계산하여 사용한다.

Bailey Valve Inc. 문헌은 슬리브밸브 규격결정시 필요한 다음 매개변수에 대한 상세한 정보를 제공한다.

- 최대 유동율 Q_{max}
- Q_{max} 에서 유입부 압력
- Q_{max} 에서 유출부 압력
- 최소 유동율 Q_{min}
- Q_{min} 에서 유입부 압력
- Q_{min} 에서 유출부 압력

5.3.2 배압 요구조건

일부 설계에서는 슬리브밸브가 다른 제어밸브보다 상당히 높은 차압을 견딜 수 있어도 밸브의 유출 유동에 대한 배압이 필요하다. 그림 5.1의 아랫방향 수중 유출형식의 슬리브밸브는 선척적으로 노즐로부터 유출에 대한 배압은 약 4m이다(Watson, 1977 and Clinton, 1973). 인라인, Y-패턴, 앵글 패턴 슬리브밸브는 다른 제어밸브와 같이 통상적으로 다음과 같이 정의된 허용 공동지수를 통해 배압 요구조건을 나타낸다.

$$\sigma = \frac{P_o - P_v}{P_i - P_o} \quad 5.1$$

최소 유출부 압력을 구하면

$$P_o \geq \frac{P_i\sigma + P_v}{1+\sigma} \qquad 5.2$$

여기서 P_o : 유출부 압력

P_i : 유입부 압력

σ : 공동화 지수

P_v : 포화증기압

5.3.3 최소 잠입 깊이(submergence)

설계자는 수중 유출시 필요한 최소 잠입 깊이를 결정하기 위해 반드시 밸브 제작사와 상의하여야 한다.

5-4 운영 장비

슬리브밸브는 수동 나사, 전동, 유압 작동기의 운영으로 구성될 수 있다. 수동 나사 작동기는 최대 직경 600㎜의 밸브 운영에 적합하지만, 대형 밸브의 경우 전기 작동기 또는 전동 모터로 구동되는 오일펌프가 장착된 작은 유압실린더 작동기가 필요하다.

5-5 설치 및 운영 고려사항

5.5.1 일반

설계시 밸브 제작 이전에 물의 화학성분을 고려하여 밸브 재질을 선정하여야 한다. 물 제어밸브 설계 및 설치시 반드시 항상 현장 운영 조건과 한계를 고려하여야 한다.

5.5.2 협잡물 수거

협잡물 수거는 모든 슬리브밸브에서 선천적인 문제이다. 아랫방향 수중 유출 슬리브밸브는 협잡물을 제거하기 전에 배수할 집수정이 필요하다. 인라인, Y-패턴, 앵글 패턴 슬리브밸브는 반드시 대형 접근 포트와 청소구를 가져야 한다. 청소구 규격은 밸브의 규격에 따라 결정되는 반면 접근 포트는 클수록 좋으며 200~600㎜의 접근 포트가 권장된다 (그림 5.3). 대형 밸브의 경우 경사진 노즐 내부에 낀 협잡물을 강제로 배출할 수 있도록 접근 포트가 하류측에 위치할 것을 권장한다.

그림 5.3 직경 200㎜ 소제구 250㎜ 밸브

5.5.3 분리 밸브

가능하면 슬리브밸브의 상류측과 하류측 양쪽에 분리 밸브를 설치할 것을 권장한다. 만일 버터플라이밸브를 분리밸브로 사용하면 관로 내 최대 유속은 반드시 5m/s 이하가 될 것을 권장한다. 만일 유속이 5m/s 이상이면 분리밸브로서 높은 유속의 버터플라이, 볼, 원뿔 플러그 또는 게이트밸브, 나이프 게이트밸브의 사용을 고려하여야 한다. 만일 하류측 분리를 위해 버터플라이밸브를 사용할 경우 이 밸브는 슬리브밸브로부터 4~6D 보다 긴 직관 거리가 필요하다. 나이프 게이트밸브는 완전개방시 유동 교란이 거의 없어 버터플라이밸브보다 슬리브밸브에 좀 더 인접하게 위치할 수 있다. 볼 또는 게이트 분리밸브의 상대적인 위치는 중요하지 않다. 만일 슬리브밸브로부터 유출 유동이 45°또는 90° 곡관을 통과하거나 현존하는 유체가 노즐 형상으로 인해 관로 축을 중심으로 회전하면 반드시 버터플라이밸브 대신 볼 또는 게이트밸브를 고려하여야 한다.

5.5.4 소음

인라인, Y-패턴, 앵글 패턴 슬리밸브와 관련된 소음은 밸브 내 전체 에너지 보존 및 소산 그리고 슬리브 내부와 슬리브 하류측 몸체 내 노즐에 접근하는 유속의 함수이다. 수용할 수 있는 소음 수준은 현장 설치 요구조건에 따라 결정된다. 거주 지역의 경우 원격 위치보다 적은 소음을 요구할 것이다. 통상적으로 다음 요소는 슬리브밸브 소음의 주된 원인으로 고려된다.

몸체와 슬리브 유속-최대 슬리브 유속 범위 6~7.5m/s는 주거지역에 적합한 조용한 밸브 운영으로 이어진다. 슬리브 유속 11~12m/s는 통상적으로 원격에 위치한 수차 바이패스 상황에서 일시적으로 수용할 수 있다.

압력 저하-슬리브밸브와 관련된 소음은 밸브에 걸친 손실수두의 로그함수로 직접 관련된다. 실제 소음 수준은 슬리브밸브의 설계에 의해 결정된다. 시험 자료는 밸브에 걸친 수두차가 10배로 증가하면 소음 약 10dBA 증가하는 것을 보여준다(Tullis, 1987 and Tullis, 1989b).

기계 진동-기계 진동과 관련된 주된 소음원은 다음과 같다.

· 슬리브 내 노즐이 막혀 발생하는 밸브 내부 불균등 유동 패턴
· 슬리브와 노즐 영역에 작용하는 불균일한 속도수두와 압력
· 유동 통로 내 리브(rib)와 지지물과 같은 장애물로 인해 밸브 금속부에서 공동기포 파괴
· 급속한 확장 영역 내부에서 공동화 핵의 조기 방출
· 분리 밸브의 개방 위치에서 동역학적인 불안정

공동화-슬리브밸브를 적정하게 설계하면 공동화 기포가 밸브 또는 하류측 배관에서 붕괴하지 않는다. 만일 공동화 기포의 붕괴가 물의 의해 포획되면 통상적으로 금속에서 붕괴되는 공동화와 관련된 높은 주기의 소음은 제거된다.

5.5.5 시험

본서에서는 상세한 시험 절차를 제공하지는 않지만 설치자는 산업 관례와 시방 요구조건을 준수하여 각 슬리밸브의 공장 및 현장시험을 수행하여야 한다.

5-6 고장 미케니즘

슬리브밸브의 설계는 다른 밸브형식과 비교하여 매우 복잡하다. 그러나 다른 밸브는 밸브에 걸치 높은 차압의 분산 및 연장 운영 동안 공동화와 진동의 손상 없이 운영하는 능력을 제공할 수 없다. 그러나 후술하는 것과 같이 주된 고장 원인은 이 밸브의 복잡한 설계에 기인하며 부적정한 슬리브밸브 설계는 과도한 진동 또는 공동화로 이어진다.

슬리브밸브를 적정하게 적용하기 위해서는 기본적으로 소음과 진동, 배압 요구조건, 협잡물 제거와 같은 슬리브밸브의 성능에 영향을 미치는 중요한 설계 인자와 적정한 규격 결정을 위한 고려사항을 이해할 필요가 있다. 임의 멀티제트-슬리브밸브의 적정 규격 결정시 핵심 요소는 밸브에 걸친 최소 차압과 함께 밸브를 통한 최대 유량을 파악하는 것이다(Lindsey and Hartman). 이 고려사항은 슬리브밸브의 서비스 수명에 영향을 미치기 때문에 중요하다. 부적정한 설계는 밸브의 기계 구성요소의 고장을 야기할 수 있는 과도한 진동과 공동화 조건으로 이어질 수 있다.

멀티-제트 슬리브밸브는 특히, 45m 이상 높은 수두로 방류되는 유동교축에 매우 적합하지만 포트는 협잡물에 의한 막힘에 민감하다. 따라서 높은 수두 교축용 밸브는 물속에 협잡물이 거의 없는 곳에 설치될 때 최상이다.

5-7 신뢰성 향상을 위한 권장사항

슬리브밸브의 적정한 재질 선정, 특히 밀봉 및 시트 링의 재질 선정 및 밸브의 적정한 적용은 신뢰성 있는 설치를 제공한다. 아랫방향 수중 방류의 경우 감세정(stilling well) 바닥을 강판으로 라이닝하여야 하고, 감세정 규격이 충분히 크지 않으면 공동화와 마모성 손상으로부터 이를 보호하기 위해 디플렉터 판(deflector plate)을 설치하여야 한다. 슬리브밸브를 성공적으로 적용하기 위해서는 소음, 진동, 배압 요구조건, 협잡물 제거의 중요성의 이해 및 밸브에 걸친 최소 차압으로 최대 유량을 처리하기 위한 적정한 규격결정이 필요하다.

제 6 장

구밸브(Spherical valve)

6.1 용도

6.2 규격과 수두

6.3 설계 고려사항및 한계

6.4 운영장비

6.5 설치 및 운영 고려사항

6.6 고장 미케니즘

6.7 신뢰성 향상을 위한 권장사항

6장

구밸브(Spherical valve)

6-1 용도

유속이 높은 경우 그림 6.1과 같은 구밸브가 사용된다. 구밸브는 높은 수두 방류시설에서 조정용이 아닌 가드밸브 또는 비상밸브로서 독점적으로 사용된다. 수차와 가드밸브가 서로 매우 인접한 발전소에서는 전문 밸브 제작사가 설계하고 제작하는 구밸브를 설치하는 것이 이상적이다. 구밸브의 목적은 가드 또는 비상밸브로서 작동하는 것으로 완전개방 또는 완전폐쇄 위치에서만 운영된다. 구밸브는 명칭이 의미하는 것과 같이 형상이 대략적으로 구형상이고 밸브 몸체 내부에서 개방 및 폐쇄 위치 사이에서 90°회전하는 구 또는 구의 부분을 포함한다. 밸브는 개방된 밸브를 통해 장애를 받지 않는 완벽한 원형 유동로(fluidway)를 형성하는 반면 내부 구성품이 90°회전하면 수로가 막힌다. 구밸브는 장애물이 없이 직경과 완벽하게 일치하는 개구부를 제공하므로 완전개방 위치에서 손실수두는 최소가 된다. 구밸브는 밸브 구의 상류측과 하류측이 압력평형이 된 관로에서 개방되도록 설계된다. 구밸브는 전체 유량에서도 비상 폐쇄될 수 있다.

그림 6.1 카운터웨이트가 장착된 구밸브

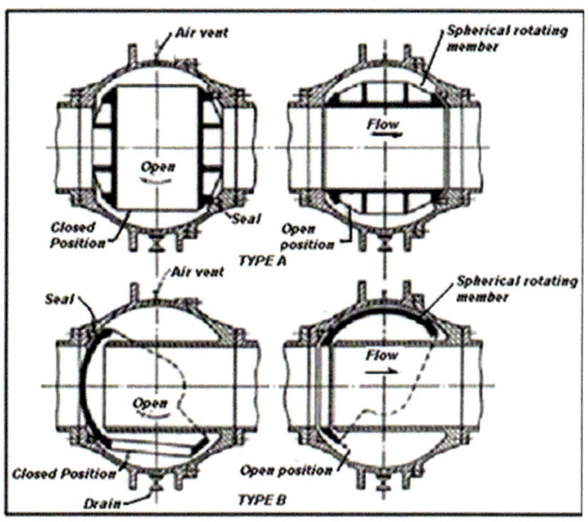

그림 6.2 대표적인 구형밸브 구조
(Type A: full sphere, Type B: partial sphere)

6-2 규격과 수두

구밸브의 최대 규격은 직경 3100㎜, 수두는 최대 600m이다. 이보다 높은 수두에서는 규격이 작아진다.

6-3 설계 고려사항과 제한

구밸브는 상류측과 하류측 양쪽에 밀봉부가 제공된다. 정상적인 운영시 하류측 밀봉이 사용되며 관로의 수압에 의해 밀봉이 이루어진다. 하류측 밀봉은 유지보수용 밀봉으로서 잭킹볼트를 사용하여 수동으로 밀봉이 이루어진다. 구밸브 설치시 상류측과 하류측 모두에 연장부가 공급된다. 상류측 연장부는 관로에 용접으로 연결된다. 하류측 연장부는 설치를 쉽게 하고 길이 방향 부하가 수차 스파이럴 케이싱 또는 방류 관로에 전달되지 않도록 보장하기 위해 익스팬션 커플링(expantion coupling)으로 설치된다.

구밸브는 구 또는 로터(rotor)에 걸친 압력을 평형으로 만드는 바이패스 시스템으로 수두가 평형된 조건에서 개방되는 것을 허락한다. 통상적으로 바이패스 시스템은 니들밸브 형식이며 니들밸브 상류측과 하류측 모두에 차수 밸브가 설치된다. 구밸브의 상류측 관로에 반드시 추력 칼라(thrust collars)를 제공하여 수평 부하가 밸브 기초에 전달되지 않도록 하여야 한다.

구밸브는 작동 레버를 설치하고 작동 실린더를 연결하기 위해 통상적으로 로터 축을 수평으로 설치한다. 구밸브는 단일 또는 이중 작동 실린더가 공급된다. 밸브 작동 레버는 전체 유동조건에서 비상 폐쇄를 허락하기 위해 카운터웨이트와 함께 공급된다.

통상적으로 구밸브 몸체는 밸브 로터 또는 구, 상류측과 하류측 밀봉부를 설치하기 위해 여러 조각으로 제작된다. 주된 몸체 연결 플랜지의 위치는 제작사마다 약간 다르고 밸브 로터 중심선 또는 로터 중심선의 직하류가 될 수 있다.

6-4 운영 장비

통상적으로 하나 또는 두 유압 실린더를 사용하여 구밸브를 작동한다. 관로로부터 수압 또는 독립적인 유압 동력설비를 사용하여 유압 압력을 공급한다. 또한, 바이패스 시스템 운영은 유압시스템으로 통합된다.

물을 기반으로 하는 수압 시스템은 시간 경과에 따른 부식 문제로 인해 더욱 집중된 유지관리가 필요한 경향이 있다. 따라서 독립적인 유압 동력장치를 사용하는 오일 기반의 유압시스템이 선호된다. 유압시스템은 정전시 밸브를 폐쇄시킬 수 있도록 최소 작동 압력에서 충분한 압력 저장을 제공하여야 한다.

6-5 설치 및 운영 고려사항

구밸브는 완전개방 또는 완전폐쇄 위치에서만 사용되어야 하며 교축 용도로는 권장되지 않는다. 구밸브는 평형된 수두 조건에서만 개방되어야 한다. 완벽하게 수두가 평형이 되지 않은 상태에서 밸브를 개방하면 밸브 밀봉부가 손상될 수 있다. 이 밸브의 주된 단점은 높은 초기 비용, 대형 밸브의 경우 버터플라이밸브보다 더욱 큰 공간이 필요하다는 사실이다. 한번 밸브가 설치되면 중요한 문제는 밸브 밀봉을 유지하고, 광물질, 협잡물, 토사(silt)가 침전되지 않도록 하는 것이다.

본서에서는 상세한 설치 및 운영 고려사항을 제공하지 않지만 일반적인 설치 및 운영 고려사항을 따라야 하고, 산업 관례와 시방 요구조건을 준수하여 공장 및 현장시험을 수행하여야 한다.

밸브 조달이전에 설계시 반드시 수화학을 고려하여 밸브 구조물 재질을 선정하여야 한다. 물 제어 밸브를 설계 및 설치할 때는 항상 현장 운영 조건 및 제한을 고려하여야 한다.

6-6 고장 미케니즘

밀봉수가 청수가 아닌 경우 먼지/토사(silt)가 밀봉 작용과 반작용으로 사용되는 작은 물 통로로 유입되면 구밸브 밀봉에서 문제가 발생할 수 있다. 밸브 밀봉부와 밸브 몸체의 부식은 적정한 밀봉 운영을 방해할 수 있다.

프란시스 수차에서 유입밸브로 구밸브를 사용하는 경우 수차 위킷 게이트(wicket gate) 누수가 바이패브 밸브 용량을 초과하면 밸브를 압력 평형된 조건에서 개방하기 위한 바이패스 시스템은 구밸브에 걸친 완벽한 압력평형을 형성하지 못할 수 있다.

6-7 신뢰성 향상을 위한 권장사항

밸브 설계시 수화학을 고려하여 재질을 선정하여야 한다. 밀봉수 운영시스템은 반드시 물 속에 있는 이물질을 제거하고 오직 청수만이 밸브 밀봉부에 유입되도록 하기 위해 필터/스트레이너를 적정하게 선정 및 유지관리하여야 한다. 장비 상태를 감시하기 위해 그리고 유지관리가 필요한 때를 나타내기 위해 필터/스트레이너에 걸친 차압 게이지 또는 스위치를 사용할 수 있다. 차압 측정장치에 기초하여 구밸브를 개방하기 전에 구밸브에 걸친 압력 평형 및 적정한 운영을 확인하기 위해 반드시 밸브 바이패스 시스템을 감시하여야 한다.

제 7 장

원뿔 플러그밸브(Conical Plug Valve)

7.1 용도

7.2 규격과 수두

7.3 설계 고려사항과 제한

7.4 운영장비

7.5 설치 및 운영 고려사항

7.6 고장 미케니즘

7.7 신뢰성 향상을 위한 권장사항

7장

원뿔 플러그밸브(Conical Plug Valve)

7-1 용도

펌프 유출 및 체크밸브, 압력 조정 밸브, 차수밸브, 비상 폐쇄, 수위 조정 용도를 포함한 유량 및 압력 제어 용도로 그림 7.1의 원뿔 플러그밸브를 사용할 수 있으며 이 밸브는 하수 분야 사용에도 적합하다. 유속이 4.5m/s를 초과할 경우 원뿔 플러그밸브를 사용할 수 있다. 이 밸브는 완전개방시 직선으로 관통하는 장애가 없는 유동로(fluidway), 완전 폐쇄시 90°회전하는 내부 플러그(실린더 또는 원뿔대)를 갖는다. 원뿔 플러그밸브는 댐 분야 및 가드 또는 차수용도로 제한된다.

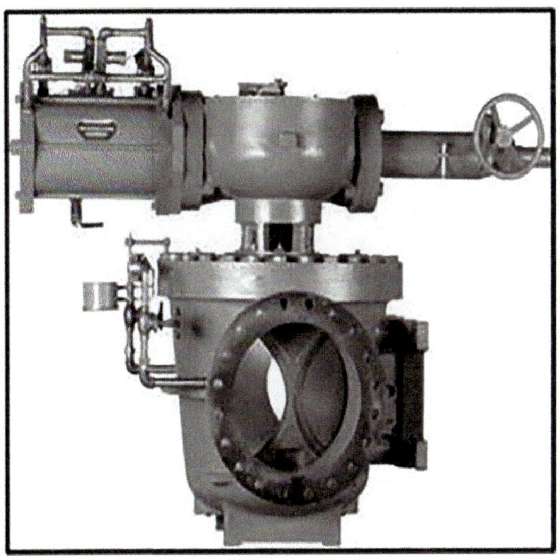

그림 7.1 원뿔 플러그밸브

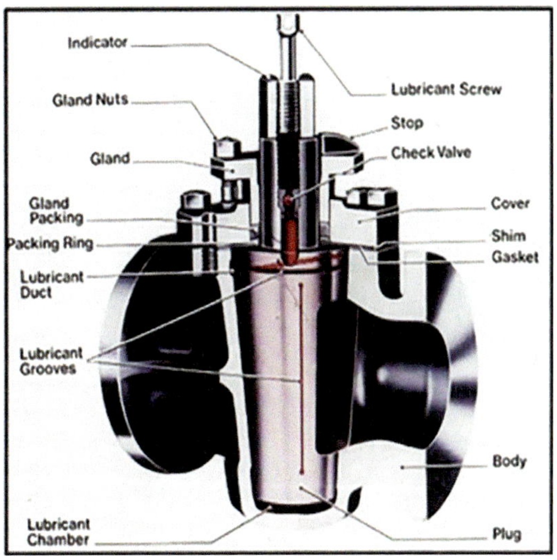

그림 7.2 플러그밸브 단면도

7-2 규격과 수두

원뿔 플러그밸브는 480m 이상의 수두 조건에서 최대 직경 2000㎜까지 제작되었다.

7-3 설계 고려사항과 제한

원뿔 플러그밸브는 완전개방위치에서 장애가 없는 전체 직경 개구부를 제공하므로 손실수두는 최소가 된다. 주된 밸브 구성요소는 몸체, 스템, 플러그, 커버, 작동 장비로 구성된다. 밸브 플러그는 원뿔 형상을 갖는다. 밸브는 물길(waterway)에 수직 축으로 제작되고, 축을 수직 또는 수평 위치로 사용할 수 있다. 대형 밸브의 경우 작동기를 유지관리하기 위해 양호한 접근을 허락하는 수평 축이 선호된다. 플러그에 단일 또는 이중 시트를 장착할 수 있다. 개방 위치에서 밸브 몸체를 보호하기 위해 이중 시트를 사용하며 통상적으로 시트는 플러그에 용접된다.

7-4 운영 장비

비교축 용도로 밸브를 완전개방 또는 완전폐쇄위치로부터 동작시킬 때 작동기는 반드시 먼저 플로그를 들어올리고, 90°회전하고, 플로그를 다시 시트(seat)시켜야 한다. 원뿔 플러그밸브는 공압, 전동, 유압 또는 수동 작동기와 함께 제공된다. 통상적으로 수동 조작은 작은 규격으로 제한된다. 수압을 사용하거나 또는 독립적인 유압동력장치로부터 작동압력이 제공된다.

물에 기반한 수압시스템은 시간이 경과하면서 부식 문제로 인해 더욱 집중적인 유지관리가 필요한 경향이 있다. 통상적으로 오일 기반 유압작동 시스템은 독립적인 유압 동력장치 또는 자체 내장된 유압동력장치를 사용할 수 있다.

비상 폐쇄가 요구될 때 작동 시스템은 정전시에도 밸브를 폐쇄시킬 수 있도록 최소 작동 압력으로 충분한 압력저장이 제공되어야 한다. 교축이 요구되는 경우 작동기는 반드시 밸브 안정성을 위해 중간 위치에서 밸브 플러그를 리시팅(re-seating)할 수 있어야 한다.

7-5 설치 및 운영 고려사항

비록 원뿔 플러그밸브가 광범위한 분야에서 사용되지만, 대형 규격과 높은 압력 등급에서 이 밸브의 가용성은 이 밸브 적용에 대한 한계를 제기한다.

본서에서는 상세한 설치 및 운영 고려사항을 제공하지 않지만, 일반적인 설치 및 운영 고려사항을 따라야 하고, 산업 관례와 시방 요구조건을 준수하여 각 원뿔 플러그밸브의 공장시험과 현장시험을 수행하여야 한다.

밸브 조달 이전에 설계시 반드시 수화학을 고려하여 재질을 선정하여야 한다. 물 제어 밸브 설계 및 설치시 반드시 현장 운영 조건과 한계를 고려하여야 한다.

7-6 고장 미케니즘

원뿔 플러그밸브는 오랜기간 동안 신뢰성 있는 서비스를 제공하였다. 한 가지 우려되는 부분은 밸브 시트이다. 공장시험 동안 반드시 시트 누수가 플러그와 몸체 시트 접촉부에 따라 균등한지를 확인하여야 한다. 반드시 임의 집중된 누수를 수정하여 다시 시험하여야 한다. 집중된 누수는 와이어 드로잉(wire drawing, 밸브 개도가 작은 경우 좁은 틈새를 흐르는 고속 유체에 의해 밸브 시트면에 침식작용이 일어나 홈이 형성되는 현상)으로 인해 급속하게 시트가 마모될 수 있다.

7-7 신뢰성 향상을 위한 권장사항

원뿔 플러그밸브의 신뢰성을 개선하기 위한 권장사항은 다음과 같다.

· 반드시 수화학을 고려하여 재질을 선정하여야 한다.
· 유지관리 접근을 개선하기 위해 오일-기반 유압시스템을 사용하는 경우 독립적인 유압 동력장치를 사용한다.

제 8 장

플런저밸브(Plunger Valve)

8장

플런저밸브(Plunger Valve)

8-1 용도

그림 8.1의 플런저밸브는 니들밸브와 튜브밸브로부터 진화되었다. VAG Valve Ltd.가 송수관로, 댐 방류시설, 수력발전소와 같은 시설에서 유량제어와 에너지 소산 용도로 플런저밸브를 개발하였다. VAG가 제공하는 정보에 따르면 이 밸브는 그림 8.2와 같이 상대적으로 대칭 유동 패턴을 형성하여 보텍스와 진동을 감소시키고, VAG는 밸브가 개도 30% 이하에서 장기 운영될 때 특히 중요하고, 물이 밸브를 통해 유동하면서 유동 통로의 유선형화(streamlining)와 압력구배 최적화를 통해 이를 달성할 수 있다고 주장한다.

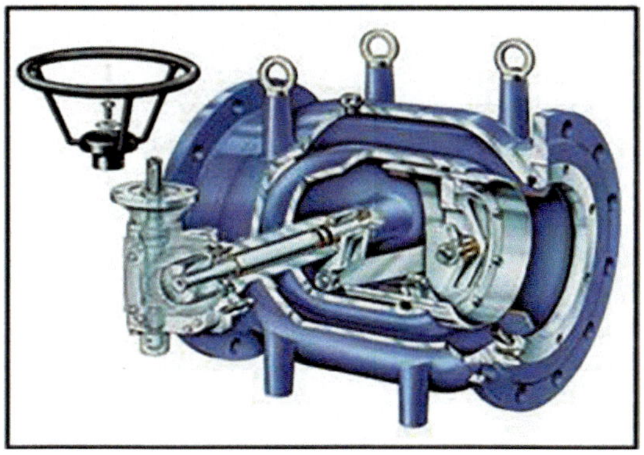

그림 8.1 대표적인 플런저밸브(개방)

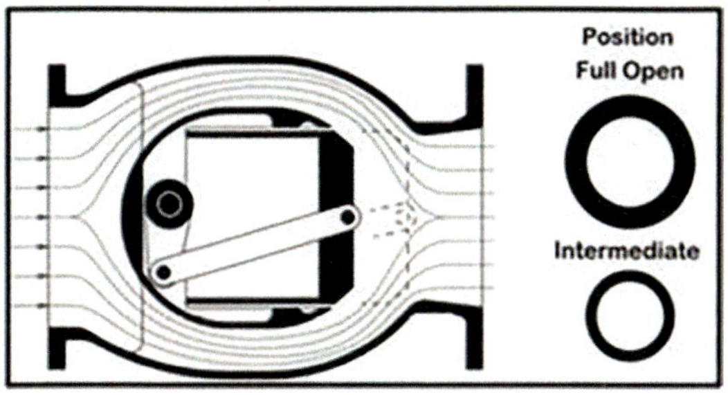

그림 8.2 유동 패턴

8-2 규격과 수두

플런저밸브의 규격 범위는 직경 150~1600㎜, 운영압력은 최대 $100kg/cm^2$, ANSI 150, 300, 600 세 클래스로 제작된다.

8-3 설계 고려사항과 제한

플런저밸브는 3개의 표준 출구 구조와 고객 맞춤형 출구 구조로 제공작 수 있다. 그림 8.3은 유량 제어용의 표준 시트 링, 에너지 소산용의 슬롯 실린더와 오리피스 실린더, 극도록 높은 수두에서 사용되는 고객 맞춤 설계된 슬롯과 시트 링 또는 오리피스와 시트 링 조합의 실린더, 이중 또는 3중 층 오리피스 실린더를 보여준다. 제작사는 유동 유체 내 협잡물 또는 부유물이 있을 때는 오리피스 출구를 권장하지 않으며 협잡물의 통과를 허락하는 슬롯 출구 또는 슬롯과 시트링 출구의 조합이 권장된다. 출구 구조를 결정할 때는 반드시 밸브 제작사와 상의하여야 한다.

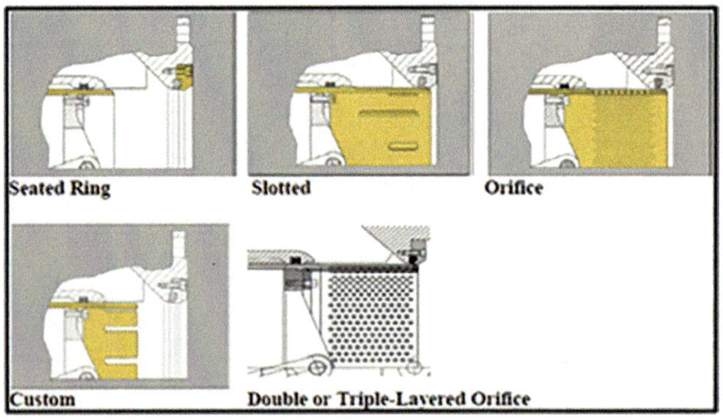

그림 8.3 플런저밸브 유출구 구조

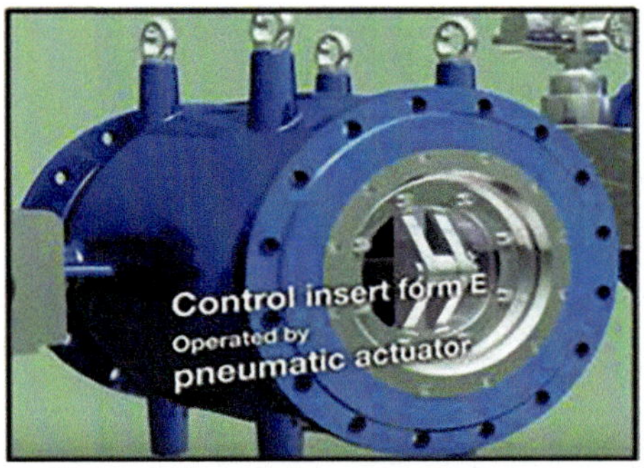

그림 8.4 표준 시트 링

그림 8.5 오리피스 실린더

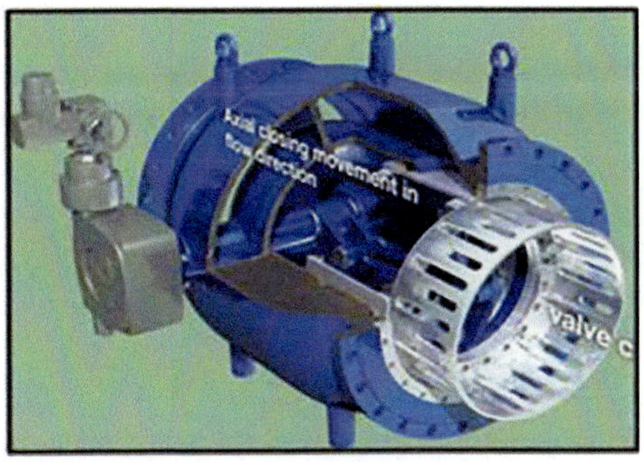

그림 8.6 슬롯 실린더(유동폐쇄)

그림 8.7 슬롯 실린더(유동개방)

플런저 몸체는 상류측 말단부에서 홈이 파진 고무 밀봉부에 시트하고, 하류측 밸브 몸체 말단부에서 스테인레스 스틸 시트(seat)에 시트(sit)하는 EPDM(Ethylene Porpylene Diene Monomer) 고무 프로파일 실링 링(sealing ring)을 갖는다. 밸브 제작사는 지난 20년 동안 전세계에 설치된 밸브의 성능에 기초하여 플런저밸브는 유동으로 인한 진동을 완화하고, 소음을 허용 수준으로 감소시키고, 공동화 손상을 제거 또는 허용 수준으로 제한한다고 주장한다.

표준 시트 링 밸브의 경우 시트 링이 밸브 몸체 내부로 들어가면 밸브가 개방되고, 링 말단부가 몸체 시트와 접촉하면 폐쇄된다. 이와 반대로 나머지 슬롯 실린더, 오리피스 실린더 밸브의 경우 실린더가 내부로 들어가면 밸브가 폐쇄되고, 외부로 나오면 폐쇄된다.

8-4 운영 장비

플런저밸브는 공압 또는 유압 실린더, 전동 또는 수동 기어 작동기로 작동될 수 있다. 플런저밸브는 이동하는 실린더의 압력 평형 설계로 인해 게이트밸브 또는 슬리브밸브와 유사하게 작동토크가 작다.

8-5 설치 및 운영 고려사항

플런저밸브는 관로 말단부에서 대기로 자유 방류하는 유량 제어 또는 에너지 소산 장비로서 인라인으로 설치될 수 있다. 그림 8.8a는 밸브 유출 플랜지에 후드가 없거나 또는 배관이 부착되지 않은 자유 유출 설치를 보여주며 감세정(stilling basin) 내 수위는 밸브 이하이다. 그림 8.8b는 밸브의 말단부에 후드가 부착되어 자유 유출하는 유출 챔버 내 설치된 밸브를 보여주며 감세정 내 수위는 밸브 이하이다.

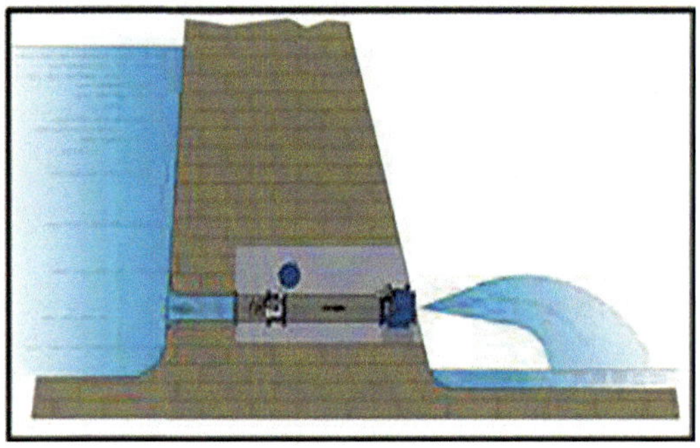

그림 8.8a. 플런저밸브 설치

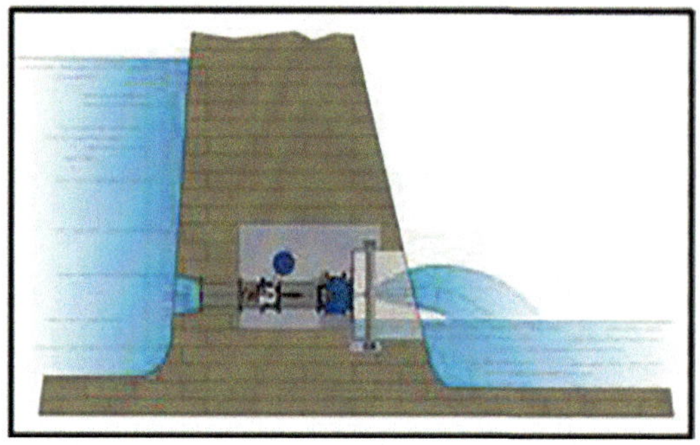

그림 8.8b 후드식 플런저밸브 설치

그림 8.9는 알라스카 Lake Dorothy 터널 유출부에 설치된 직경 900㎜ 플런저밸브의 개략도를 보여준다. 밸브실 내 설치된 이 밸브는 유출 플랜지에 확장 배관이 연결되어 자유 유출하며 여기에서는 공동화 가능성을 추가로 감소시키기 위해 통기구가 설치되었다.

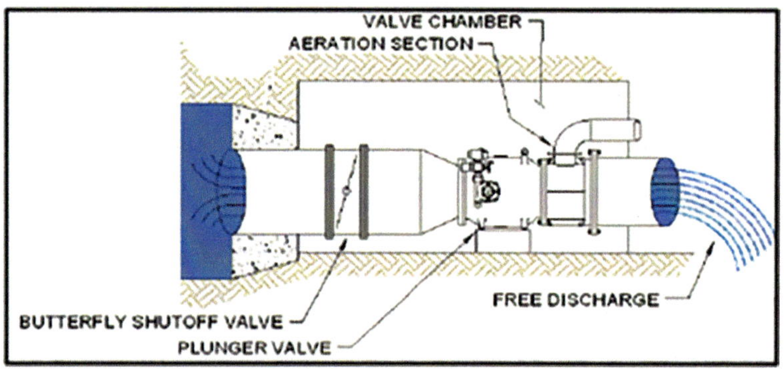

그림 8.9 플런저밸브, 알래스카 Lake Dorothy 터널 유출

본서에서는 상세한 설치 및 운영 고려사항은 제공되지 않는다. 그러나 일반적인 설치 및 운영 고려사항을 반드시 따라야 하고, 산업 관례와 시방 요구조건을 준수하여 각 플런저밸브의 공장 및 현장시험을 수행하여야 한다.

밸브 조달 이전에 설계시 반드시 수화학을 고려하여 재질을 선정하여야 한다. 물 제어 밸브 설계 및 설치시 반드시 현장 운영 조건과 한계를 고려하여야 한다.

8-6 고장 미케니즘

오리피스 출구는 과대 규격의 협잡물을 밸브 내부에 포획할 수 있으며 이로 인해 유지관리가 증가된다. 설계자는 밸브를 통과하는 물의 수질과 청정도를 고려하고, 유지관리 요구조건에 영향을 미치는 협잡물의 영향을 최소화하는 최상의 출구 구조를 결정하기 위해 VAG와 의논하여야 한다.

8-7 신뢰성 향상을 위한 권장사항

니들밸브와 튜브밸브로부터 진화된 플런저밸브 제작사인 VGA는 기존 설치된 7000개 이상의 밸브 성능에 기초하여 밸브 자체가 높은 수두에서도 신뢰성 있도록 개선 및 최적화되어 왔다고 주장한다. 전체 시스템 관점에서 볼 때 플런저밸브는 상대적으로 균등한 상류측 접근 유동을 제공하기에 최적이다. 통상적으로 균등한 접근 유동을 위해서는 관로 직경의 최소 두 배의 직선 관로부가 요구된다. 인라인 설치의 경우 밸브 하류측에 관로 직경의 3배 길이 직관을 제공하면 하류측 관로에서 공동화 손상이 거의 발생하지 않는 것을 보장할 수 있다.

플런저밸브의 신뢰성을 개선하기 위해 추가 권장사항은 다음과 같다.

· 반드시 수화학을 고려하여 재질을 선정하여야 한다.

· 유지관리 접근을 개선하기 위해 오일-기반 유압시스템을 사용할 경우 독립적인 유압 동력장치를 사용한다.

제 9 장

제트-플로우(Jet-Flow) 게이트밸브

9장

제트-플로우(Jet-Flow) 게이트밸브

9-1 용도

제트-플로우 게이트밸브는 조정밸브로서 방류시설에서 광범위하게 사용된다. 미개척국은 1940년부터 이 밸브를 사용하였으며 여러 제작사가 설계를 채택하고 상업적으로 제작하였다. 제트-플로우 게이트밸브는 비록 소수가 방수위 고도 이하에 설치되어 수중으로 유출하지만 통상적으로 방류시설과 관로의 하류측 말단부에 설치되어 대기로 자유 유출한다. 제트-플로우 게이트밸브는 유동 축소 및 공동화 방지를 위한 공기 유입을 돕기 위해 본네트로 둘러 쌓인 상태에서 둥글게 테이퍼진 오리피스와 함께 게이트가 슬라이드한다. 개도와 유량을 제어하기 위해 디스크가 오리피스 위에서 슬라이드한다. 대부분 제트-플로우 게이트밸브는 유동로(fluidway)에 수평으로 설치되지만, 일부 밸브는 감세정(stilling basin or pool) 내부로 더욱 깊은 낙하(plunge)를 제공하기 위해 수로의 아랫방향으로 약 30°기울어지게 설치되었다. 유출 제트는 에너지 손실이 적고 상당히 잘 포획된다.

그림 9.1 제트-플로우 게이트밸브

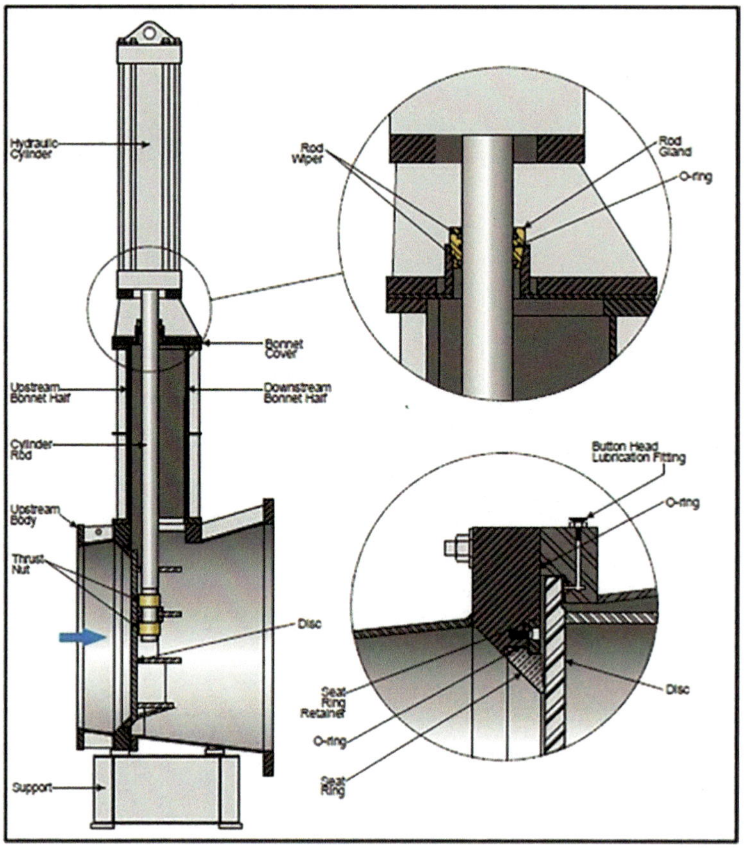

그림 9.2 제트-플로우 게이트밸브 구조도

제트-플로우 게이트밸브는 역사적으로 고정-콘밸브보다 약간 고가이지만 지난 50년에 걸친 유지관리기록으로부터 문제가 매우 적은 밸브인 것으로 증명되었다. 제트-플로우 게이트밸브는 매우 작은 개도에서도 진동 또는 공동화 문제가 없고 매우 넓은 개도범위에 걸쳐 운영될 수 있다. 통상적으로 유동을 포획하고 흐르게 하기 위해 확대된 짧은 유출 관로가 부착된다. 작은 개도에서 유동은 유출 관로에 대해 아래쪽으로 피치(pitch)하는 경향이 있고, 30~40% 개도 이상에서는 유동은 직선이 되고 자연스럽게 구속된 제트를 형성하여 유출 관로와 접촉하지 않는다. 확장된 유출 관로는 공기가 오리피스의 하류측으로 역류하도록 허락하여 공동화를 제거한다. 만일 유출 관로가 직경의 1~1.5배보다 길면 흡기(air entrainment)를 위해 통기구가 제공된다. 제트-플로우 게이트밸브는 수동, 전동, 유압 작동기로 작동될 수 있다.

9-2 규격과 수두

제트-플로우 게이트밸브는 유동조건에 따라 직경 150~2300㎜로 제작되어 왔고, 수두 193m에서 운영되었다. 대부분 제트-플로우 게이트밸브는 슬라이딩 디스크를 사용하지만 수두가 매우 높은 경우 직경 1700~2300㎜의 여러 대형 제트-플로우 게이트밸브는 마찰부하와 작동기 규격을 감소시키기 위해 디스크에 바퀴가 부착된다. 완전개방된 제트-플로우 게이트밸브의 유출계수는 고정-콘밸브와 유사하게 약 0.84이다.

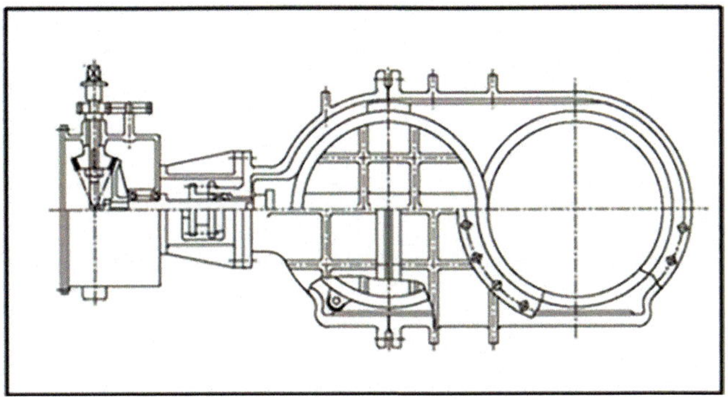

그림 9.3 바퀴가 부착된 게이트밸브

9-3 설계 고려사항과 제한

9.3.1 일반

제트-플로우 게이트밸브는 방류시설에서는 자유 방류, 발전소에서는 바이패스 시스템으로 설계된다. 설계 및 선천적인 유동 특성으로 인해 제트-플로우 게이트밸브는 모든 개도에서 공동화 현상 없이 그리고 유출 조건과 관계없이 운영될 수 있다. 일부 대형 제트-플로우 게이트밸브는 수중 유출로 설치 되지만 통기구가 추가된 짧은 유출 배관이 요구된다. 직경 1000㎜ 제트-플로우 게이트밸브와 유출 배관은 그림 9.4와 같다.

그림 9.4 직경 1000㎜ Hilton Jet-Flow Gate 밸브와 유출 배관

9.3.2 설계 고려사항

제트-플로우 게이트밸브의 밀봉은 실 링(seal ring)과 슬라이딩 디스크 사이 금속-금속 실(seal)에 의존하며 제대로 기계가공되면 매우 타이트한 차수를 제공하지만 drop-tight는 아니다. 통상적으로 실 링은 하류측 사이드에서 45°테이퍼로 제작되고 이로부터 오리피스 직경이 분기된다. 제 자리에 떠 있는 실 링(seal ring)은 모든 개도에서 디스크와 접촉을 유지할 수 있고, 물의 하중에 의해 디스크의 굴곡진 윤곽을 추종하는 충분한 유연성을 갖는다. 실 링은 몸체 내부에 O-ring과 함께 고정되어 누수를 방지하고 실 링 클램프에 의해 제 자리를 유지한다. 클램프와 실 링은 유지관리를 위해 용이하게 분해될 수 있다.

공동화 없이 밸브를 운영하기 위해서는 여러 설계 인자가 필요하다. 상류측 관로 직경은 실 링 오리피스 직경의 최소 1.2배가 되어야 하고, 만일 이를 수용할 수 없으면 제트-플로우 게이트밸브의 상류측 몸체 내부에 경사진 확대부를 설계할 수 있다. 미개척국은 제트-플로우 게이트밸브에 대해 상당한 연구를 수행하였다. 수중 서비스의 경우 하류측 관로 길이는 반드시 오리피스 직경의 최소 3배가 되어야 한다. 만일 유출 관로가 직경의 1.5배 이상 길면 제트-플로우 게이트밸브 인근에 반드시 통기구를 제공하여야 한다. 유출 관로는 높은 유속의 유출 제트에서 코팅을 유지하는 것이 어려워 통상적으로 스테인레스 스틸로 제작된다.

게이트의 중간 개도부터 큰 개도(통상적으로 50~100%)에서 유출 제트는 상당히 잘 구속되고, 게이트가 높은 고도에 설치되어 물의 낙하 높이가 충분하면 유출 제트는 감세정(stilling basin or pool) 내부로 낙하(plunge)한다. 만일 제트-플로우 게이트밸브가 하류측 감세정에 상대적으로 낮게 설치되면 유출 제트는 감세정 상단부 표면에서 바운스

할 가능성이 있다. 그림 9.5는 직경 1000㎜ 제트-플로우 게이트밸브가 122m 수두에서 100% 개방될 때 유출을 보여주며 통상적으로 이는 상대적으로 구속된 유출 제트인 점을 유의하여야 한다.

그림 9.5 워싱톤 Le Grande 발전소에 설치된 직경 1000㎜ 제트-플로우밸브

그림 9.6은 직경 1650㎜인 제트-플로우 게이트밸브가 수두 50m에서 작은 개구부에서 유출하는 모습을 보여준다.

그림 9.6 워싱톤 Cushman 댐에 설치된 직경 1650㎜ 제트-플로우밸브

그림 9.7 할로우-제트 게이트밸브(삼진정밀 제공)

9.3.3 설계 제한

최대 수두 193m에서 제트-플로우 게이트밸브를 사용하여 왔지만 아직까지 최대 운영 수두는 확립되지 않았다. 매우 높은 수두에서의 성공적인 운영으로 인해 상당히 더 높은 수두에서도 작동할 수 있다고 가정할 수 있지만 이때는 모델 시험이 필요하다.

9-4 운영 장비

제트-플로우 게이트밸브는 수동, 전기, 유압 작동기로 운영될 수 있다. 공압 작동기는 공기의 압축성 문제로 인해 게이트의 위치 설정과 유지가 어려워 권장되지 않으며 밸브 작동기에 대한 추가 내용은 제12장을 참조한다.

9.4.1 수동 작동기

제트-플로우 게이트밸브는 슬라이딩 디스크로 운영되기 때문에 상승 스템(rising stem)을 디스크에 부착할 수 있고, 슬라이드 게이트에서 사용된 것과 유사하게 나사가공된 스템을 운영하기 위해 핸드휠 또는 기어박스가 제공될 수 있다. 제트-플로우 게이트밸브의 수동 운영은 규격이 작거나 또는 수두가 낮은 중간 규격에 실용적이다. 극복하여야 할 조작력은 디스크와 몸체 사이 마찰, 이동부의 중량, 실 링과 디스크 사이 마찰을 포함한다. 운영에 영향을 미치는 수력학적 힘(hydrodynamic force)은 최소이다.

9.4.2 전기 작동기

모든 규격의 제트-플로우 게이트밸브에 전기 작동기를 사용할 수 있다. 전기 작동기의 원리와 적용에 대한 일반적인 토론은 제12장을 참조한다.

9.4.3 유압 작동기

유압 동력장치와 유압 실린더는 제트-플로우 게이트밸브 운영에 필요한 압력 및 유량조건과 부합할 필요가 있다. 동력장치가 정전될 경우 디스크가 아랫방향으로 처지(drifting)는 것을 방지하기 위해 가운터발란스밸브(counterbalance valve)를 설치하여야 한다. 제트-플로우 게이트밸브로 유량을 조정할 경우 유압동력장치는 반드시 유압펌프의 기동과 정지를 감소시키고 정전시 비상 운영을 위해 축압기를 포함하여야 한다.

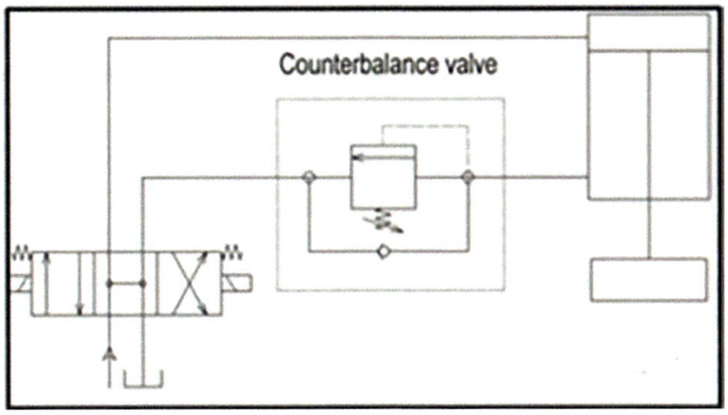

그림 9.8 카운터발란스밸브

9-5 설치 및 운영 고려사항

9.5.1 일반

제트-플로우 게이트밸브는 유지관리가 거의 필요 없이 운영되는 우수한 이력을 갖는다. 아직까지 고장사례가 보고되지 않았고 보수도 최소이다. 극단적인 혹한 기후에서 운영시 유출과 관련된 미세한 안개(mist)로 인해 인근 구조물에 얼음이 형성된 것 이외 다른 문제는 없다.

몸체, 실 링, 실 링 클램프, 디스크 등과 같은 모든 요소의 허용오차를 주의 깊게 감시하지 않으면 초기 공장 조립 동안 실 링과 디스크 사이 누수가 발생한다. 통상적으로 실 링 클램프를 재가공하면 디스크에 대해 실 링의 접촉을 유지하기 위한 충분한 간극이 형성되어 간극 문제를 수정할 수 있다.

제트-플로우 게이트밸브 설치시 플랜지-플랜지 길이는 상대적으로 짧지만, 상승 스템과 운영시스템을 위해 상당한 상부 공간이 필요하다. 이 밸브는 실내 또는 실외에 설치될 수 있고, 필요시 인접한 관로가 외팔보 형식으로 밸브를 지지할 수 있지만 이보다는 밸브 아래에서 지지하는 것이 좋다.

밸브 조달 이전에 설계시 반드시 수화학을 고려하여 재질을 선정하여야 한다. 물을 제어하는 밸브를 설계 및 설치시 반드시 현장 운영 조건과 제한을 고려하여야 한다.

9.5.2 상류측 교란

유동 교란을 방지하기 위해 통상적으로 제트-플로우 게이트밸브의 상류측으로 직경의

3~5배 이상의 위치에 가드밸브의 설치를 권장한다. 제트-플로우 게이트밸브의 유동 통로에 제어 요소가 없어 통상적으로 유동 유출은 교란되지 않는다. 그러나 제트-플로우 게이트밸브의 작은 개도에서의 유출이 관로 바닥부에 따라 집중되면 이 밸브와 짝을 이루는 3~5D 이하로 인접한 가드용 버터플라이밸브는 유동 문제를 야기할 수 있지만 이 가드밸브가 전체 포트일 경우 유동 문제가 발생하지 않는다.

9.5.3 수격

수격은 유동 제어 특히, 관로가 긴 경우에는 항상 고려대상이 된다. 제트-플로우 게이트밸브의 운영은 항상 충분히 완만하여 수격문제가 발생하지 않지만 관로가 극단적으로 길면 반드시 수격 조건을 해석하여야 한다.

직경이 150~600㎜ 이하의 제트-플로우 게이트밸브는 약 0.15m/min의 이동속도로 운영되어 개방 또는 폐쇄시간은 최대 4분이 된다. 직경 600㎜ 이상인 대형 밸브의 경우 약 0.3m/min 속도로 운영되며 정교한 유량제어가 필요하면 이보다 늦은 이동속도가 사용된다.

9.5.4 공동화

물이 제트-플로우 게이트밸브를 통과하면서 선천적인 유동 특성으로 인해 공동화 가능성은 매우 적다. 물이 실 링 오리피스를 통과하면서 유동 제트는 축소되고 유출 관로를 통해 공기가 유입되므로 대기압 이하 압력의 발생이 방지된다.

9.5.5 시험

본서에서는 상세한 시험 정보를 제공하지 않는다. 그러나 설치자는 산업 관례 및 시방 요구조건을 준수하여 각 제트-플로우 게이트밸브의 공장 및 현장시험을 수행하여야 한다.

제 10 장

나이프 게이트밸브

10장

나이프 게이트밸브

10-1 용도

최근 방류시설에서 가드 밸브 또는 조정 밸브로서 나이프 게이트밸브의 사용이 증가하였다. 나이프 게이트밸브의 기본 설계는 얇은 슬라이딩 디스크, 상대적으로 부드러운 유동 통로, 짧은 플랜지-플랜지 거리를 포함하며, 이로 인해 나이프 게이트밸브는 방류시설에서 우수한 가드밸브가 되었다. 선천적으로 유동 방해가 매우 작기 때문에 조정 밸브에 인접한 상류측에 나이프 게이트밸브를 설치할 수 있으며 그림 10.1은 전형적인 나이프 게이트밸브를 보여준다.

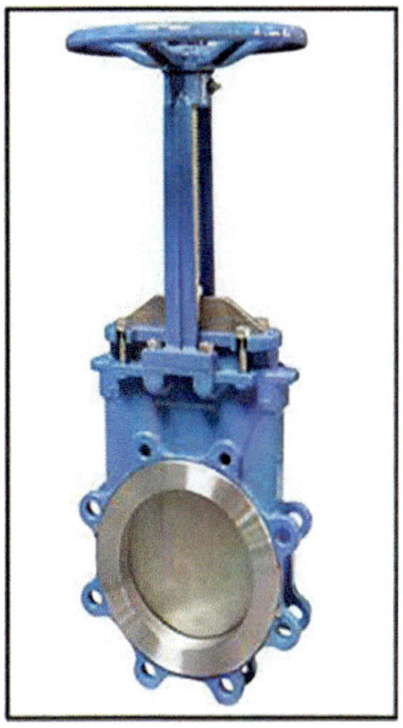

그림 10.1 나이프 게이트밸브

그림 10.2a 교축 나이프 게이트밸브(bonnet)

그림 10.2b 나이프 게이트밸브 (Bonnetless)

수두가 30m 이하인 중간 수두의 방류시설에서 나이프 게이트밸브를 약간 수정하면 고가의 제트-플로우 게이트밸브 또는 고정-콘밸브를 대체할 수 있으며 제한된 조정 게이트 용도로 우수한 가능성을 갖는다. 교축 나이프 게이트밸브는 밸브 직경의 약 1.3배 이상의 확대된 유출 관로를 사용한다. 통상적으로 하류측 관로는 1.0~1.5D이며 통기를 제공하려면 이 보다 길 수 있어 유출 패턴은 제트-플로우 게이트밸브와 유사하다. 그림 10.2는 수두 20m에서 직경 1350㎜인 유출 관로에서의 교축 나이프 게이트밸브를 보여준다.

10-2 규격과 수두

통상적으로 나이프 게이트밸브는 가드밸브로서 직경 500~2100㎜로 제작되어 왔으며, 이보다 큰 규격으로도 설계 및 제작될 수 있다. 밀봉부 영역과 유동로(fluidway)를 통한 유동 방해가 거의 없어 나이프 게이트밸브를 통한 손실수두를 무시할 수 있다.

교축 용도로 나이프 게이트밸브의 사용은 제한되어 왔지만 표준 나이프 게이트밸브와 동일한 규격을 제작할 수 있다. 대부분 교축용 나이프 게이트밸브는 30m 이하의 수두에서 사용되었지만 최대 수두 41m에서도 사용된 적이 있다. 완전개방된 나이프 게이트밸브의 유출계수는 물론 모든 규격의 밸브와 개도에 대한 K 수치가 정확하게 결정되지 않았다. 그러나 DeZURIK에 따르면 완전개방된 직경 150㎜와 900㎜인 밸브의 손실계수 K 수치는 각각 0.120과 0.096이다. 가능하면 밸브 제작사가 각 밸브 운영 조건에 대한 식 2.1의 손실계수 K를 평가하고 확인하여야 한다.

10-3 설계 고려사항과 제한

통상적으로 나이프 게이트밸브 몸체는 탄소강판을 용접·제작하여 형상을 갖춘다. 빈번하게 모든 접수 표면은 스테인레스 스틸로 라이닝된다. 일부 경우 전체 나이프 게이트밸브를 스테인레스 스틸로 제작할 수 있다. 통상적으로 디스크와 스템은 부식과 공동화에 대한 저항이 양호한 스테인레스 스틸로 제작된다. 다른 많은 밸브에서와 같이 나이프 게이트밸브는 상승 스템을 갖고 수동, 전동, 유압 실린더로 조작될 수 있다.

나이프 게이트밸브는 인접한 관로의 플랜지와 연결하기 위해 경사진 홀을 갖는 매우 얇은 웨이퍼(wafer) 몸체 또는 표준 관로 플랜지 연결을 위한 연장된 플랜지 몸체와 같이 여러 몸체 형식으로 제작될 수 있다.

만일 타이트(drop-tight)한 누수가 요구되지 않으면 나이프 게이트밸브의 밀봉 표면은 금속-금속 시트, 누수가 우려가 되면 탄성 시트를 사용할 수 있으며 용도에 따라 하류측 또는 상류측에 밀봉부를 설계할 수 있다.

본네트 없이 또는 본네트 형식으로 나이프 게이트밸브를 구매할 수 있다. 본네트가 없는 나이프 게이트밸브는 슬라이딩 디스크 주변에 사각 실(seal)을 갖는 노출된 상부 하우징을 사용한다. 만일 나이프 게이트밸브가 노출되면 디스크 주변 밀봉은 얼음, 먼지, 협잡물에 의해 문제가 될 수 있다. 본네트가 있는 나이프 게이트밸브는 슬라이딩 디스크 상부에 하우징이 설치되며 스템이 관통하는 곳에 스템 밀봉이 설치된다. 본네트가 있는 형식은 댐 방류시설 용도에 더욱 적합하다.

그림 10.3~10.5는 여러 변화된 나이프 게이트밸브의 설계를 보여준다. 여러 제작사는 특정 용도에 적합한 고객 맞춤 설계를 제공할 수 있다. Hilton Valve Inc.(현재는 DEZURIK)에 따르면 최근에 수직 취수시설에서의 수평 수중 용도로 본네트와 함께 스테인레스 스틸로 직경 1500㎜ 나이프 게이트밸브를 설계·제작하였다.

나이프 게이트밸브의 최대 운영 수두와 밸브를 통한 최대 유속은 아직 확립되지 않았다. 나이프 게이트밸브는 유동에 실제 장애가 없어 버터플라이밸브와 같이 하류측 조정밸브와 함께 방류시설 관로에서 직면하는 대부분 유속에서 부드럽게 운영될 수 있다. 현재까지 교축용 나이프 게이트밸브에서 현저한 공동화 문제는 발생하지 않았다.

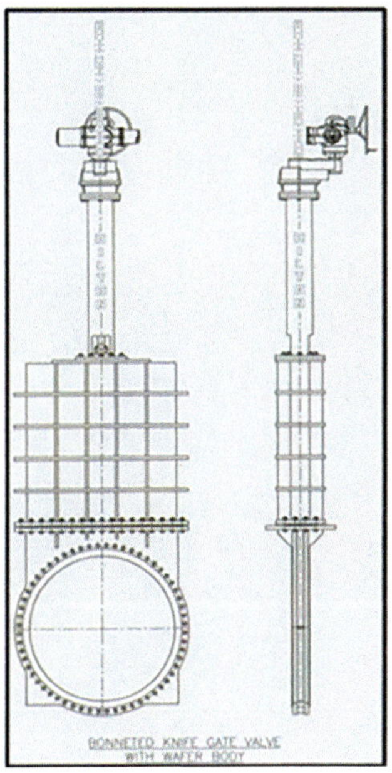

그림 10.3 웨이퍼 몸체의 본네트 나이프 게이트밸브

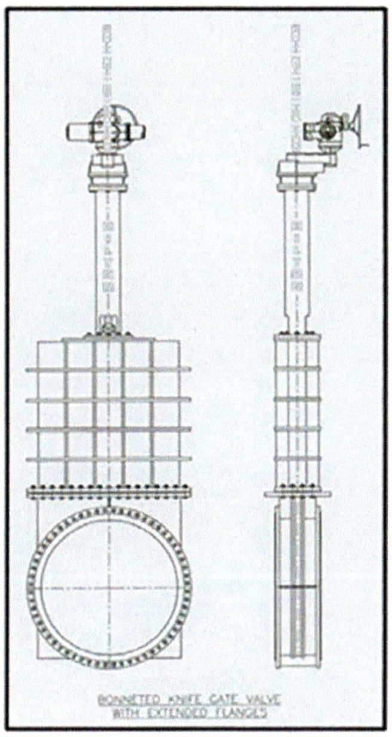

그림 10.4 연장 플랜지 본네트 나이프 게이트밸브

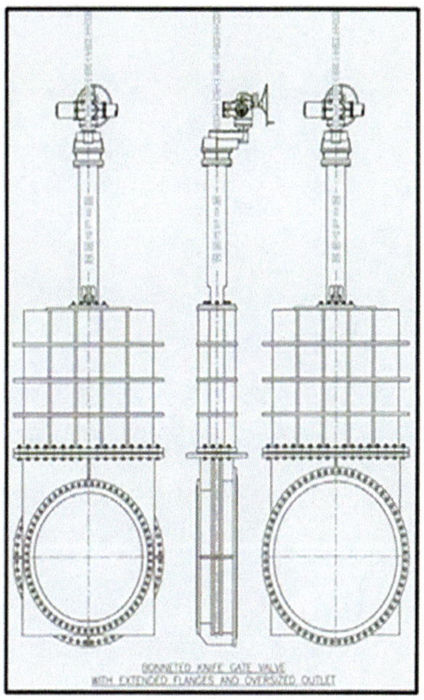

그림 10.5 연장 플랜지와 확대 유출부 본네트 나이프 게이트밸브

10-4 운영 장비

나이프 게이트밸브는 수동 또는 유압 작동기로 운영될 수 있다. 공압 실린더 운영은 압축공기로 게이트 위치 설정과 유지가 어려워 권장되지 않는다. 밸브 작동기에 대한 추가 토론은 제12장을 참조한다.

10-5 설치 및 운영 고려사항

본서에서는 상세한 설치 및 운영 고려사항을 제시하지 않지만 일반적인 설치 및 운영 고려사항을 따르고, 산업 관례와 시방 요구조건을 준수하여 각 나이프 게이트밸브의 공장 및 현장시험을 수행하여야 한다.

밸브 조달 이전에 설계시 반드시 수화학을 고려하여 재질을 선정하여야 한다. 물 제어 밸브를 설계 및 설치시 반드시 현장 운영 조건과 한계를 고려하여야 한다.

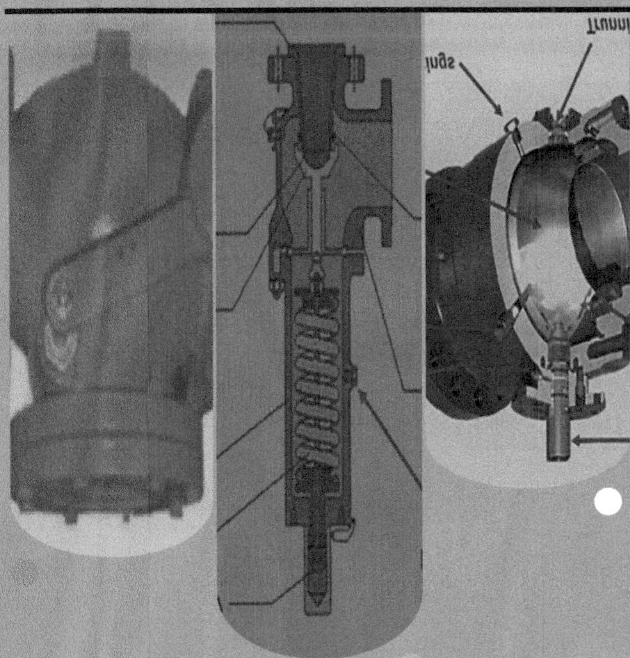

제 11 장

기타 밸브

11.1 볼밸브

11.2 게이트밸브

11.3 글로브밸브

11.4 다이아프램 및 핀치밸브

11.5 체크밸브

11.6 완화밸브와 서지보호밸브

11.7 Mokveld 밸브

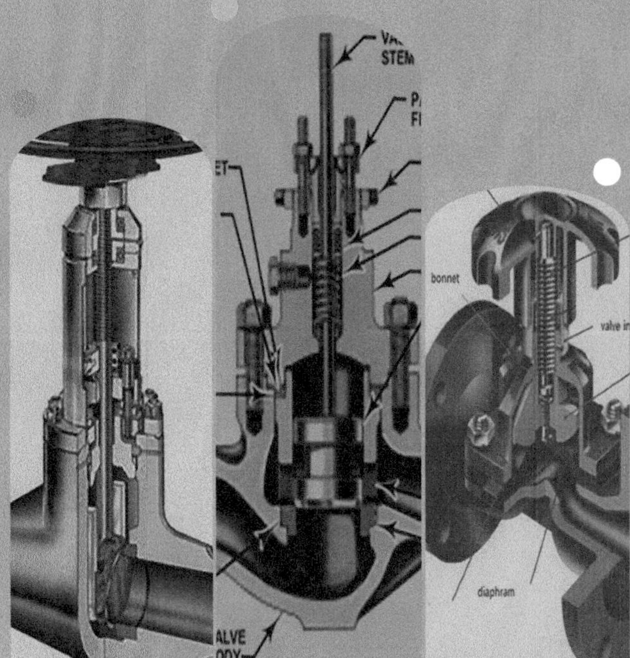

11장

기타 밸브

본장에서는 앞에서 기술하지 않았지만 공통적으로 사용되는 다음 밸브형식에 대해 기술한다. 다음 밸브에 대한 자료의 출처는 Design and Selection: Valves, Hydrants, and Fittings(Stiver, 1968)이다.

· 볼밸브
· 게이트밸브
· 글로브밸브
· 다이아프램밸브와 핀치밸브
· 체크밸브
· 완화밸브와 서지보호밸브
· Mokveld밸브

11-1 볼밸브(Ball Valve)

볼밸브는 1960년부터 다양한 수리시설에서 사용되어왔다. 통상적으로 볼밸브는 차수용도로서 밸브를 통해 유동 형성을 허락하거나 또는 차단한다. 대표적인 볼밸브는 볼이라 불리는 구(sphere)와 내부 부품으로 구성되며, 볼은 유체 유동을 제어하기 위해 회전될 수 있다. 볼은 중앙을 관통하는 하나의 포트 또는 홀을 포함하며 이 포트가 밸브 양 말단부와 일치하면 유동이 통과하고, 반대로 포트가 밸브 말단부와 직각이면 유동 통로를 차단하여 water-tight seal를 제공한다.

볼밸브는 플로팅 볼밸브와 트루니언 볼밸브로 분류된다. 이들의 차이는 볼이 지지되는 방법에 있다. 플로팅 볼밸브는 밸브 양쪽 말단부 주변에 하나씩 총 두 개의 시트링에 의해 지지된다. 통상적으로 플로팅 볼밸브는 최대 200㎜까지 소형 밸브에 적용된다. 대형 규격이 요구될 때 트루니언 볼밸브가 사용된다. 트루니언 볼밸브는 밸브 몸체 하단부에 있는 트루니언 장착 핀으로 상단부와 하단부 두 곳에서 볼을 앵커링하여 볼을 더욱 완벽하게 지지한다.

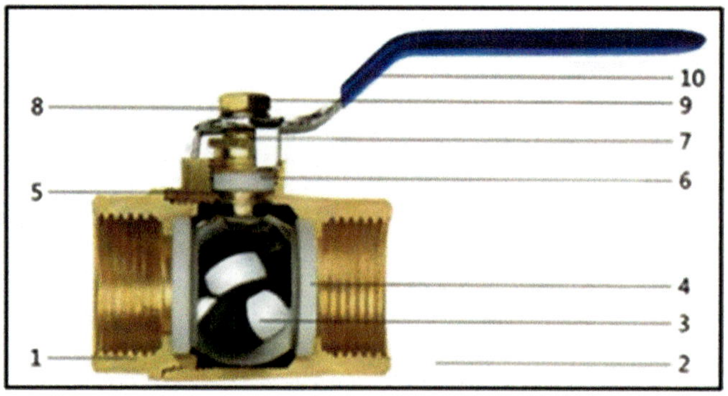

①몸체, ②본네트, ③볼, ④실 시트, ⑤스템, ⑥패킹글랜드
⑦글랜드 너트, ⑧워셔, ⑨너트, ⑩핸들
그림 11.1 플로팅 볼밸브

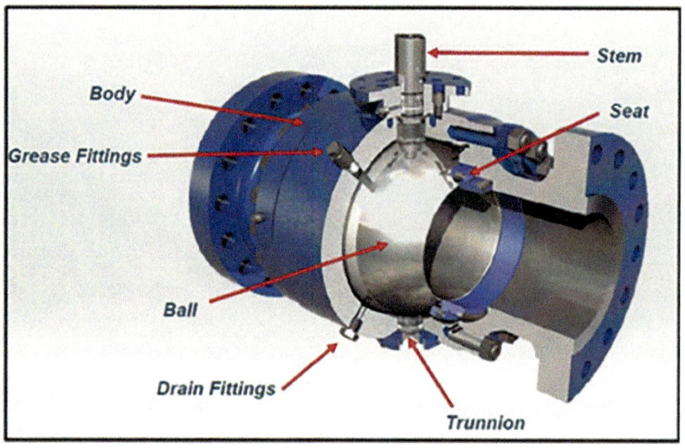

그림 11.2 트루니언 볼밸브

통상적으로 볼밸브는 볼 형상의 몰드에 주물을 주입하는 주물공정으로 제작되어왔으며 이 공정은 다음과 같은 단점을 갖는다. 주물 공정 동안 볼 내부로부터 빈번하게 기포가 발생한다. 주물 이후 선반으로 표면 기공을 제거하기 위해 필요 두께 이상으로 주물되고, 이로 인해 볼의 방수능력이 손상될 수 있다. 최근에는 두 개의 대칭되는 볼 밸브의 절반을 단조하는 새로운 방법이 채택되었다. 이 절반은 마찰용접(friction welding)으로 서로 용접된다. 용접 동안 형성된 리브(rib)는 기계 펀칭공정으로 제거된다.

볼밸브는 효과적이고 내구성이 있어 대부분 작은 규격의 차수밸브로 선정되면서 이전에 사용되었던 게이트밸브와 글로브밸브를 대체하였다. 대부분의 경우 볼밸브는 수년 동안 작동되지 않은 상태에서도 완벽하게 차수할 수 있는 차수용도로는 우수하지만 정교한 유량 조정 또는 교축을 위한 정교한 제어가 어렵다. 또한, 부분 개방에서 포트는 유동

장애가 되어 유동이 밸브를 통과하면서 상당한 압력저하가 발생한다. 볼밸브 선정시 주된 단점은 제조 및 설치 비용이 고가이고, 밸브 몸체는 경쟁이 되는 밸브보다 상당히 크다는 것이다.

11-2 게이트밸브(Gate Valve)

게이트밸브의 동작원리는 원형 또는 사각 디스크를 유체의 통로로부터 올리거나 내려 개방 또는 폐쇄하는 것이다. 게이트밸브는 때로는 슬루스밸브라고 부른다. 대부분 게이트밸브에서는 디스크가 안내 턱(guide ribs)을 통해 수직으로 이동하므로 디스크의 회전이 불필요하다. 폐쇄 위치에서 디스크는 밸브 시트 표면과 접촉하여 밀봉이 형성된다. 결과적으로 밸브의 유효성은 시트와 디스크 접촉면(interface)에서의 밀봉 조임정도(tightness)에 의해 결정된다.

통상적으로 게이트밸브는 설계시 디스크-인양 장치와 디스크 형식 두 특징을 갖는다. 일반적으로 게이트밸브 내 디스크는 회전하는 스템에 의해 작동된다. 스템은 크게 상승스템(rising stem)과 비상승 스템(non-rising stem)으로 분류된다. 비상승 스템은 스템이 나사가공된 디스크 내부에서 회전하면 디스크는 수직으로 이동하지만 스템은 제자리에 유지된다. 비상승 스템은 밸브실과 같이 수직 공간이 제한된 장소에 유리하다. 상승 스템은 스템의 아래 말단부에 디스크가 고정되어 스템과 함께 디스크가 수직으로 이동한다. 밸브가 개방되면서 스템은 밸브 조작 핸들 상부로 상승한다. 따라서 게이트가 개방 또는 폐쇄되었는지 즉각 확인할 필요가 있을 때는 상승 스템이 유리하며 그림 10.3~10.6은 상승 스템을 보여준다.

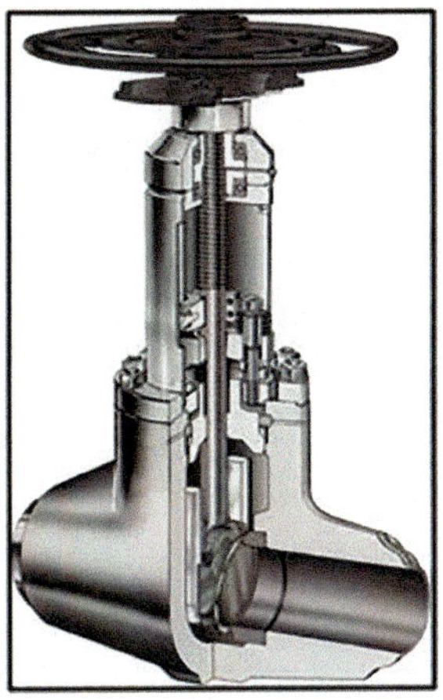

그림 11.3 상승스템 게이트밸브

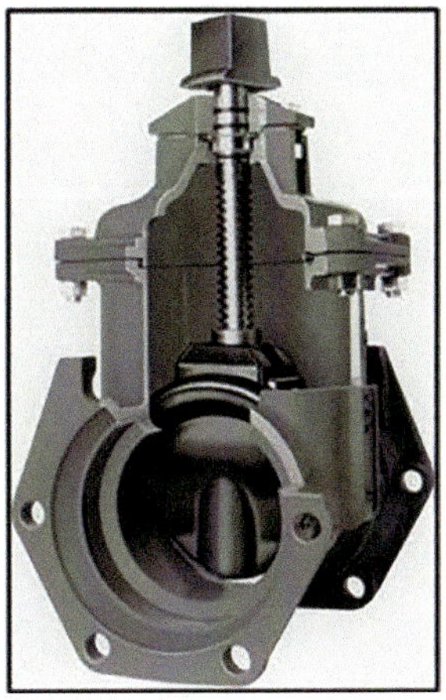

그림 11.4 비상승스템 게이트밸브

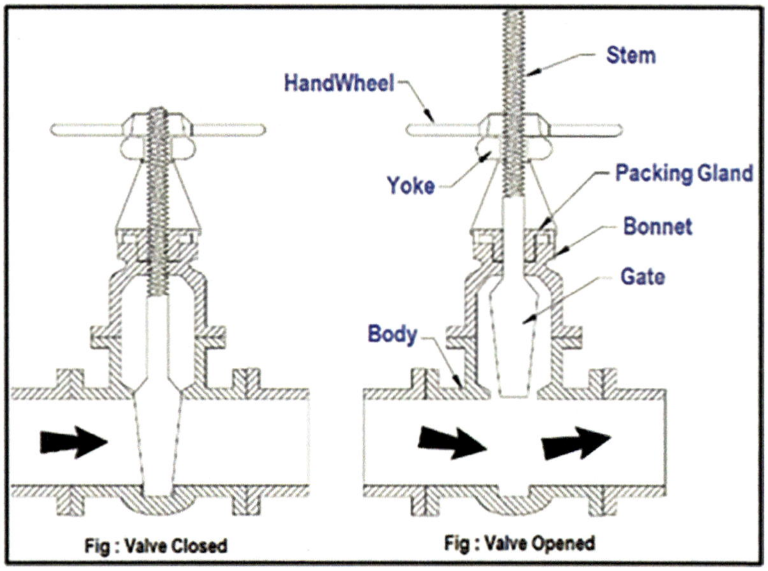

그림 11.5 상승스템 게이트밸브 폐쇄 및 개방

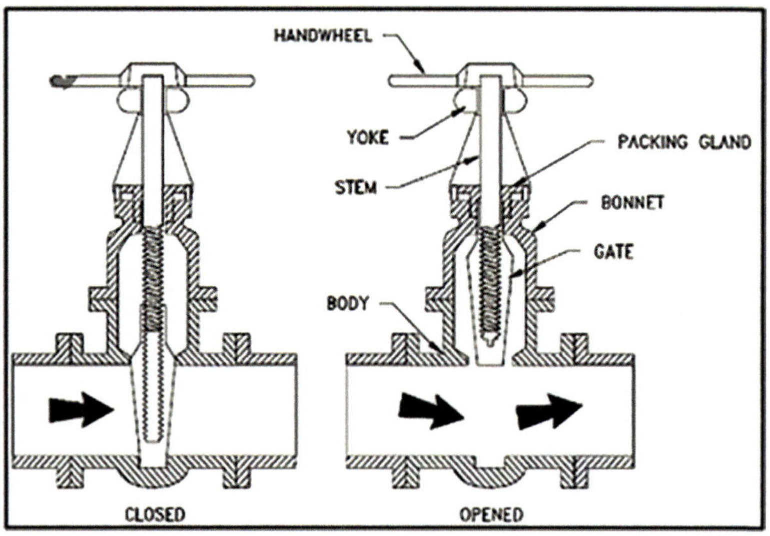

그림 11.6 비상승스템 게이트밸브 폐쇄 및 개방

오랜 기간에 걸쳐 게이트밸브는 많은 디스크 형식을 사용하여왔다. 광범위하게 사용된 디스크 형식은 solid wedge, flexible wedge, split wedge, parallel 디스크다. Solid wedge는 밸브의 시트 내부로 시트(sit)하여 타이트한 차수를 제공하는 일체형 wedge 요소로 구성된다. solid wedge는 빈번하게 난류 유동에 사용되지만, 고온에서는 고착(binding)될 수 있어 이때는 flexible wedge가 사용된다. Flexible wedge는 여러 조건에서 유연성을 고려하여 원주 둘레에 슬롯 또는 홈(groove)을 포함하는 일체형 wedge 요소로 구성된다. Split wedge는 두 조각의 wedge로 구성되며 각 조각은 시트 링 인근에서 맞추어진다. 양쪽 시팅 표면으로 밀봉을 제공하는 유연성으로 인해 대형 밸브에서 빈번하게 split wedge가 사용된다. split wedge의 주된 단점은 두 절반의 디스크 사이에 협잡물과 침전물이 모일 수 있어 하수 용도에는 유지관리와 운영 문제가 발생할 수 있다. parallel 디스크는 상류측 시트와 하류측 시트 두 개의 평행 시트 사이에 꼭 맞는 평판 디스크의 폐쇄 요소를 사용한다.

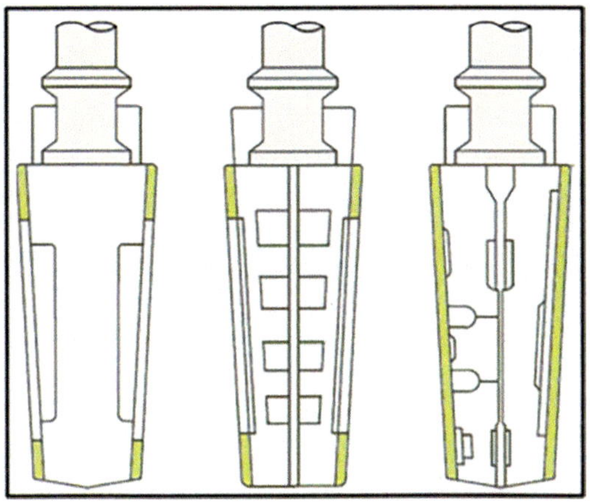

그림 11.7 솔리드, 플렉시블, 스플리트웨지

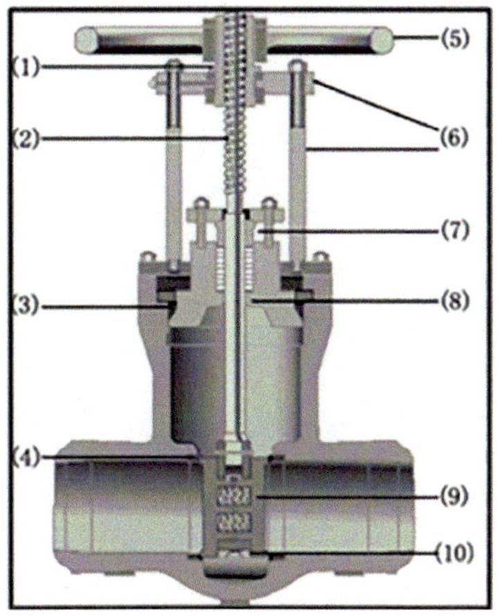

그림 11.8 평형 디스크

제10장의 나이프 게이트밸브는 특별한 형식의 게이트밸브이다. 나이프 게이트밸브의 디스크는 그림 10.1과 같이 에지(edge)가 날카로운 것을 제외하고 전통적인 게이트밸브와 유사하다. 나이프 게이트밸브는 디스크 에지가 날카로워 침전물을 관통할 수 있어 금속 시트에서 타이크한 밀봉을 형성하므로 빈번하게 하수 또는 슬러리 용도로 사용된다.

게이트밸브는 차수용도로 설계된다. 규격이 작을 때는 빈번하게 볼밸브도 차수 용도로 선택되지만, 대형 밸브가 요구될 때는 비용 측면에서 게이트밸브가 사용된다. 게이트밸브의 주된 이점은 적정한 디스크를 선정하여 시트 링과 짝을 이루면 누수가 거의 없다는 것이다. 추가로 게이트밸브는 완전개방될 때 유동 저항이 최소가 되며 밸브를 통한 압력 저하가 매우 적다는 것이다. 또한, 게이트밸브는 스템 회전으로 인해 폐쇄 및 개방 시간이 길어 관로에서 수격현상을 방지하기 위한 우수한 선택이다.

통상적으로 게이트밸브는 유량 조정 또는 교축 용도로 적합하지 않다. 게이트밸브를 교축 목적으로 사용하면 부분 개방시 디스크가 들린다. 교축 유동과 관련된 높은 유속 조건에서 디스크는 시트에 대해 진동할 수 있고, 궁극적으로 시트의 타이트한 차수능력이 약화된다.

통상적으로 게이트밸브는 수직형으로 설계되지만 직경 200㎜ 이하인 경우 수평형으로도 설계된다. 수직형의 경우 디스크 중량이 본네트에 의해 지지되지만 수평형의 경우 디스크는 오직 패킹과 밸브 몸체의 안내 턱(guide rib)에 의해 지지되므로 직경이 클수록 그리고 시간이 경과하면서 디스크 처짐이 발생한다. 따라서 디스크가 처진 상태에서 밸브를 조작하면 안내 턱과 디스크의 시트 링 사이 간섭이 발생하는 상태에서 더욱 디스크에 힘이 가해지면 시트 링이 파괴되어 차수가 불가능하게 된다.

KS B 2334 덕타일 게이트밸브 기준에 따르면 최대 직경 500㎜ 디스크 시트 링은 나사 또는 압착 고정을 명시하고 있지만 500㎜ 이상 대형 밸브의 경우 KS B 2332 수도용 제수밸브기준에 따르면 디스크 시트 링 고정방법이 명시되지 않는다. 이 경우 국내 밸브 제작사는 통상적으로 금속 접착제를 사용하여 시트 링을 디스크에 부착한 후 충분한 시간이 경과한 후 시트를 기계가공하여 열변형을 방지한다. 이 기준을 준수하지 않고 시트 링을 기계가공하면 열변형으로 인해 시간이 지나면 디스크 부착에 결함이 발생하고, 수평으로 설치될 경우 디스크 처짐이 동시에 발생하면 밸브 조작 동안 시트 링이 파괴되어 차수가 불가능해질 수 있다(그림 11.9 참조).

국내 현대밸브는 그림 9.3과 같이 바퀴가 부착된 수평형 게이트밸브를 직경 400~1500㎜까지 설계 제작하고 있다.

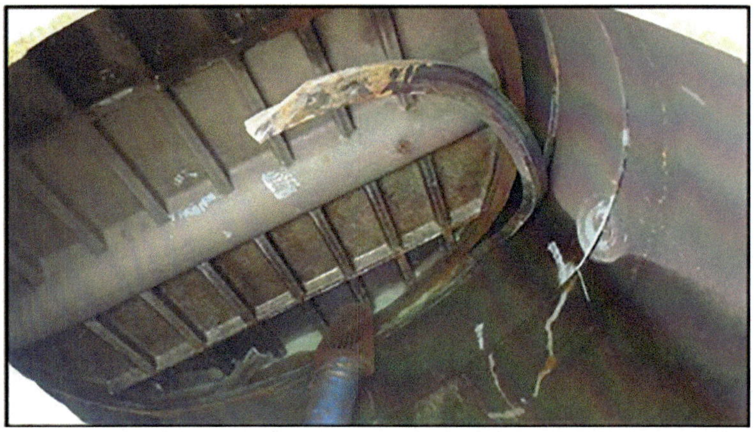

그림 11.9 수평형 게이트밸브 시트이탈로 인한 누수

11-3 글로브밸브(Globe Valve)

글로브밸브는 물 제어용도로 사용하기 위한 초기 밸브 형식 중 하나로서 차수 및 교축을 포함한 다양한 용도로 사용되어왔다. 글로브밸브는 하나의 내부 배플(baffle)에 의해 분리된 몸체 절반의 두 조각이 구형상의 몸체를 갖게 되어 이와 같은 명칭이 부여되었다. 이동 가능한 디스크가 배플로 내려가면 배플은 시트 역할을 하여 seal이 형성된다. 디스크가 상승되면 배플을 통한 개구부는 유동 통과를 허락한다. 통상적으로 디스크에 연결된 스템은 디스크의 수직 이동을 제어한다.

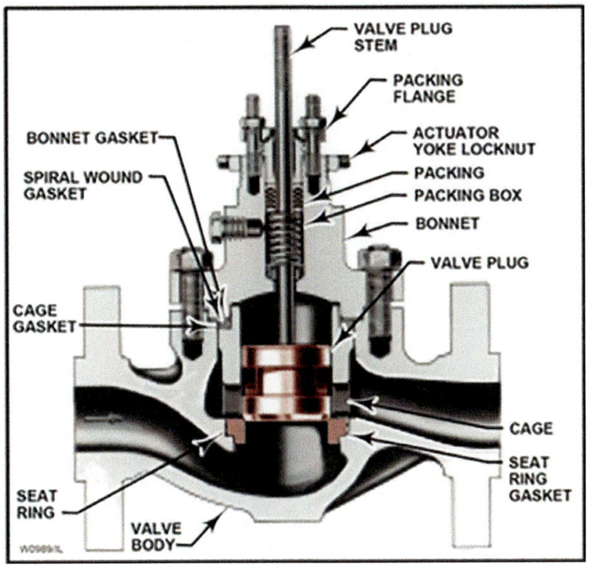

그림 11.10 글로브밸브 구조도

최신 글로브밸브는 볼 디스크, 플러그 디스크, 합성(composition) 디스크 중 하나를 사용한다(그림 11.11 참조). 볼 디스크는 구 형상이며 경사진 평판 시트에 sit한다. 볼 디스크는 주로 차수 및 낮은 압력에 사용된다. 플러그 디스크는 길게 경사진 디스크로서 주로 교축 용도로 사용된다. 경사진 형상은 에너지를 더욱 완만하게 소산하는 긴 교축 통로를 제공하여 미세한 유량제어가 가능하다. 합성 디스크는 시트에서 타이트한 밀봉을 형성하기 위해 전통적인 디스크에 비금속 링 인서트가 설치된다. 합성 디스크는 오수는 물론 고온 용도로 주로 사용된다. 일반적으로 링 인서트는 탄성체로서 침전물과 협잡물에서도 충분히 폐쇄되며 필요시 교체가 가능하다.

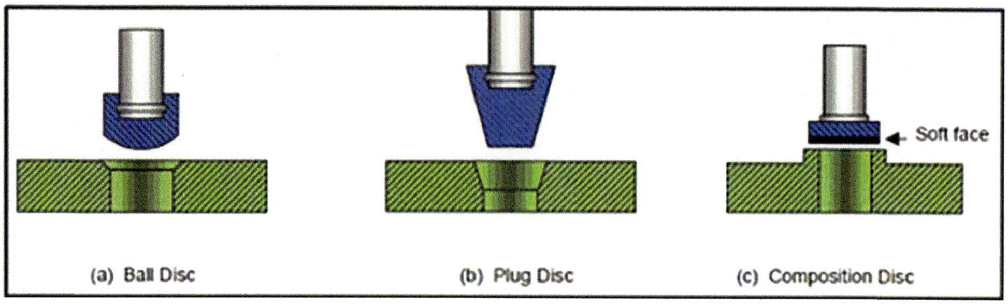

그림 11.11 글로브밸브 디스크 종류

글로브밸브 주된 몸체 형식은 그림 11.12와 같이 직선유동(straight-flow), 직각유동(angle-flow), 교차유동(cross-flow), Y-유동이다. 통상적으로 글로브밸브는 유입 및 유출 두 포트를 포함한다. 이 두 포트가 서로 직접 연결되면 직선 유동 몸체를 갖는다고 말한다. 직선유동 몸체는 전통적인 글로브 밸브 구조이고 대부분의 용도로 사용될 수 있다. 이 두 포트가 서로 90°가 되면 직각유동 몸체를 갖는다고 말한다. 직각유동 몸체는 밸브와 엘보우 기능을 할 때 유용하다. 교차유동 몸체는 다양한 용도로 사용하기 위해 하나의 포트가 추가되어 유동의 전환 또는 조합을 허락한다.

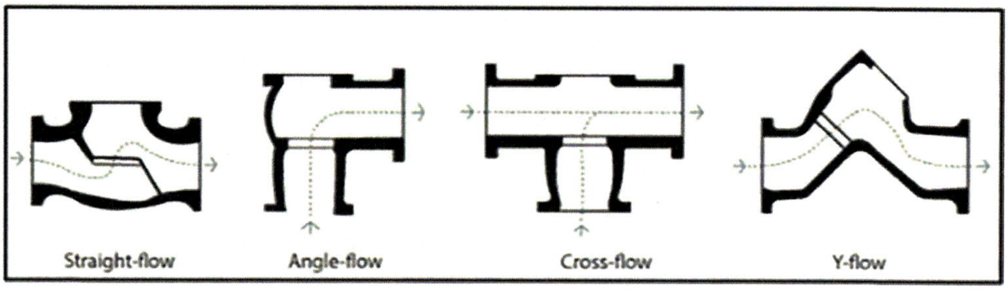

그림 11.12 글로브밸브 유동 패턴

통상적으로 글로브밸브는 차수와 교축 용도로 사용되어왔다. 글로브밸브는 빈번하게 높은 압력저하가 발생하는 장기 교축을 포함한 가혹한 용도로 사용된다. 또한, 글로브밸브는 정밀한 교축을 제공한다. 글로브밸브 사용의 가장 큰 단점은 에너지 손실이 크다는 것이다. 유체가 내부 배플을 통과하면서 마찰과 여러 번의 유동 통로 방향 변화로 인해 에너지손실이 상당히 크다. 이러한 이유로 볼밸브와 게이트밸브가 빈번하게 전체 유량 변화가 필요한 곳에서의 글로브밸브를 대체하여왔다. 추가로 디스크를 조립하기 위해 필요한 공간은 다른 밸브보다 크며 특히, 밸브실에서 제한될 수 있다.

11-4 다이아프램밸브와 핀치밸브(Diaphragm and Pinch Valve)

다른 밸브와는 다르게 다이아프램밸브와 핀치밸브는 유량 제어와 폐쇄를 위해 형상과 재질에 의존하지 않는다. 이 밸브의 운영은 밸브 개방 또는 폐쇄를 조정하는 다이아프램 또는 핀치 슬리브 상부의 챔버 내 압력에 종속된다. 기본적인 제어설비는 다이아프램, 운영챔버, 운영챔버와 밸브 몸체에 연결된 외부 배관, 고정된 오리피스, 게이트, 파일롯 밸브와 같은 밸브 설계에 따라 다양한 부속품으로 구성된다.

다이아프램밸브는 매우 유연하고 신축성 있는 엘라스토머 시트로 구성되고, 폐쇄시 이 시트는 강성체 모서리로 강제된다. 이 밸브는 내식성 엘라스토머 라이닝된 강성체 플라스틱 또는 금속의 시팅 부분과 밸브 몸체로 구성되어 부식성 유체에 대해 높은 내식성을 갖는다. 추가적인 이점은 밸브가 슬러리와 하수도에서 크고 작은 이물질에서 폐쇄될 때 엘라스토머 다이아프램의 완충효과로 tight seal을 제공한다는 것이다. 다이아프램밸브의 단점은 반복된 신축작용으로 엘라스토머 다이아프램에 크랙이 발생하거나, 유체 내 날카로운 모서리를 갖는 이물질에 의해 전단될 수 있다는 것이다. 또한, 상성체 모서리와 다이아프램 사이 균등한 접촉을 보장하여 다아이프램에 대한 국부 손상을 방지하여야 한다. 다이아프램이 손상되면 유체가 본네트 내부로 침입하여 작동 요소를 부식시킬 수 있다.

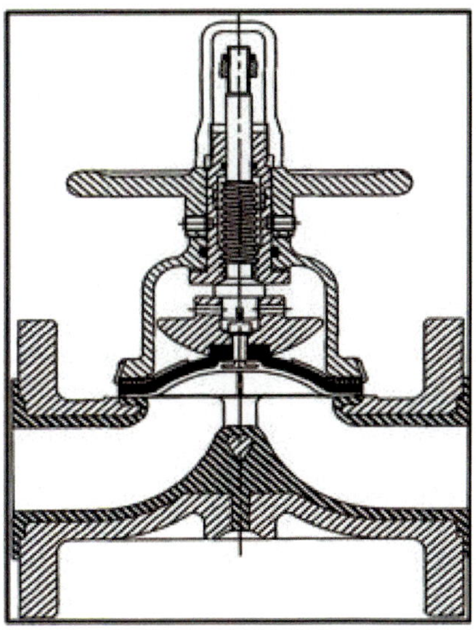
그림 11.13 위어식다이아프램밸브

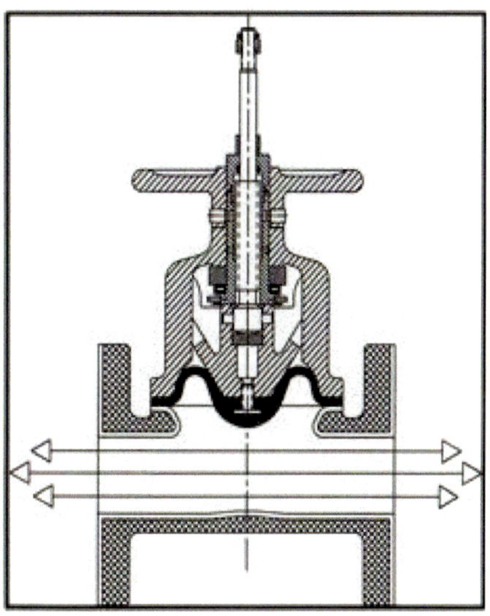
그림 11.14 직선형 다이아프램밸브

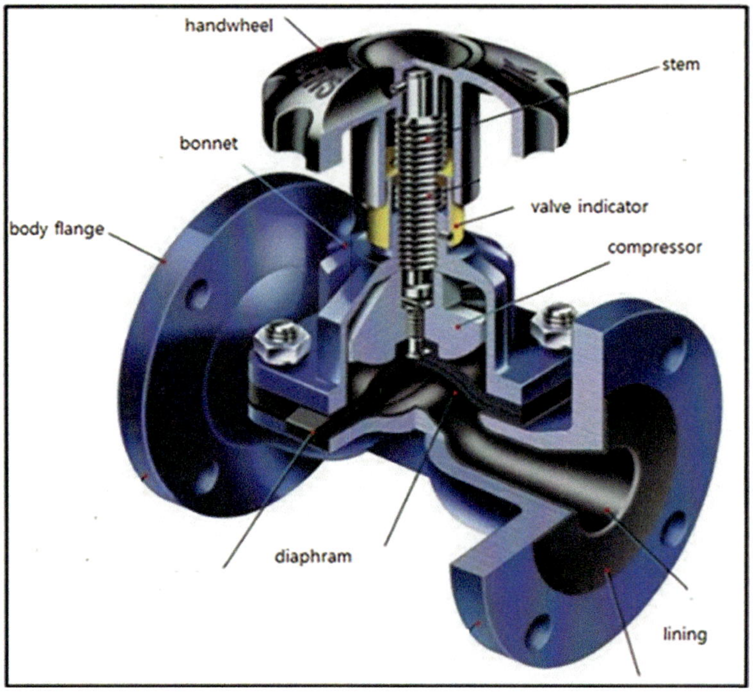

그림 11.15 위어식 다이아프램밸브 구조도

핀치밸브는 폐쇄시 엘라스토머 벽이 서로 압착되는(squeezing) 측면에서 다이아프램 밸브와 유사하지만 다이아프램밸브의 좁은 금속 산마루(ridge)와 비교하여 넓은 지역에서 폐쇄된다. 핀치밸브는 마모성 물질과 슬러리를 포함하는 유체에서 운영될 수 있으며 다이아프램밸브에 비해 적용범위가 넓다. 전형적으로 이 밸브는 압축된 공기배관에 연결된 분할 플랜지 케이싱 내 장착된 엘라스토머 튜브로 구성된다. 기계식 작동기 및 물을 포함한 다른 작동기법을 사용할 수 있다. 완전개방된 위치에서 엘라스토머 튜브는 구속되지 않고 유동 통로는 전체-포트가 된다. 밸브 폐쇄 방법은 압축된 공기를 외부 슬리브 내부로 도입하여 통로를 좁히며 엘라스토머 튜브가 완벽하게 압축되면 완전폐쇄된다.

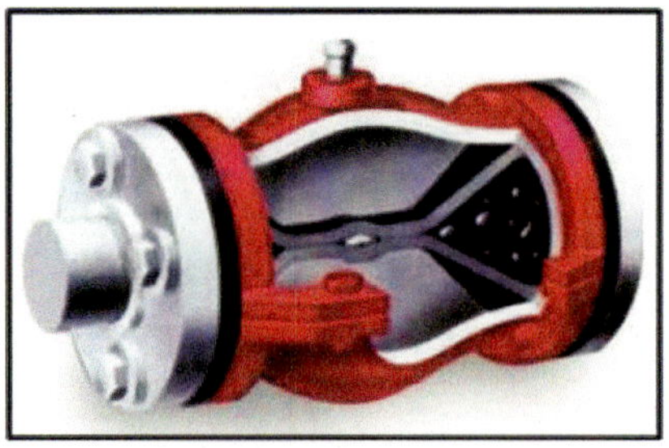

그림 11.16 핀치밸브

11-5 체크밸브

체크밸브는 운영자의 개입 없이 압력수두에 기초하여 자동으로 개방 및 폐쇄하기 때문에 전술한 다른 물 제어 밸브와는 다르게 동작한다. 체크밸브의 주 목적은 관로를 통한 역류를 방지하고 압력이 역전되면 자동으로 밸브를 폐쇄시키는 것이다. 즉, 유입 압력이 급작스럽게 저하하면 체크밸브는 압력에 의한 힘에 의해 개방 또는 폐쇄되어 역류를 방지하고 서지를 최소화한다. 체크밸브 형식은 그림 11.17~11.26과 같이 다양하며 광범위한 분야에서 사용된다. 물 제어 분야에서 사용되는 특별한 체크밸브 형식은 볼, 다이아프램, 스윙 클래퍼(clapper), 스톱, 리프트 체크밸브를 포함한다. 체크밸브는 유동을 막는 가동부의 형상이 볼 또는 디스크 또는 플래퍼(flapper)인 것을 제외하고 서로 유사하다.

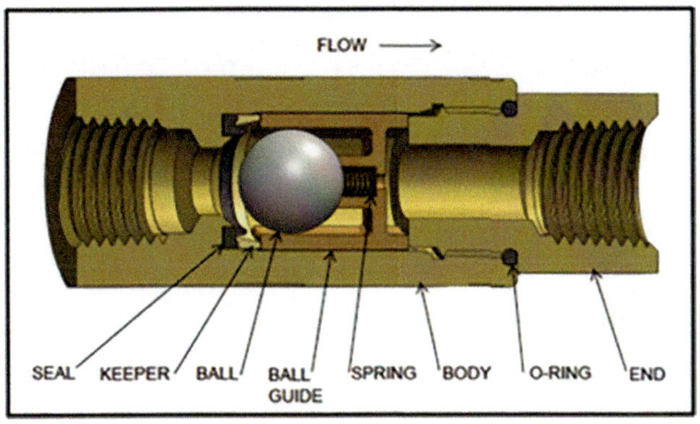

그림 11.17 볼 체크밸브

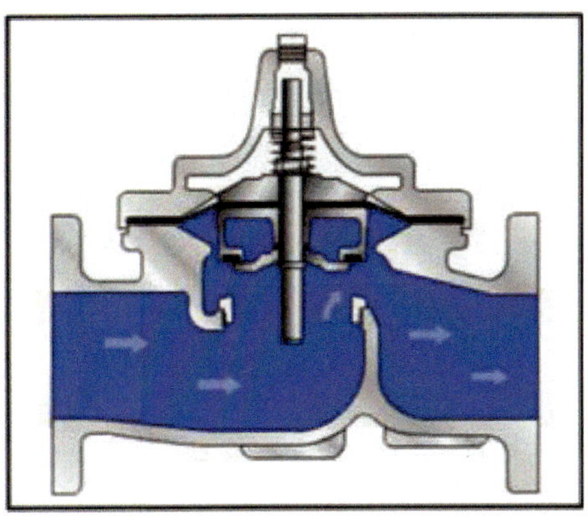

그림 11.18 다이아프램 체크밸브(개방)

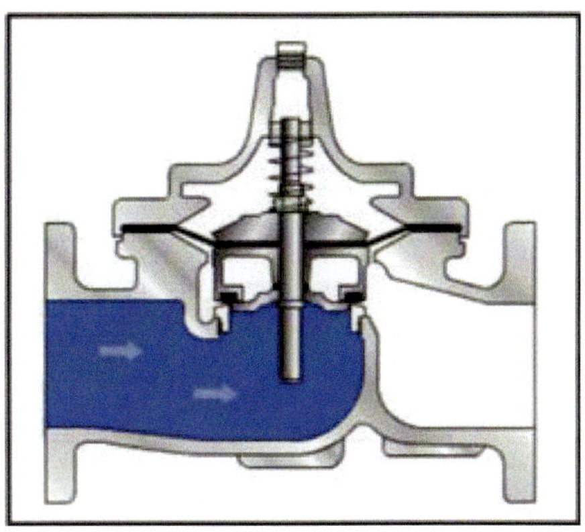

그림 11.19 다이아프램 체크밸브(폐쇄)

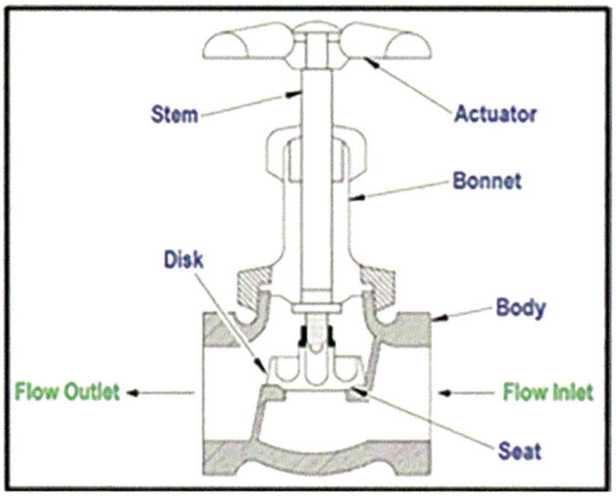

그림 11.20 스톱 체크밸브

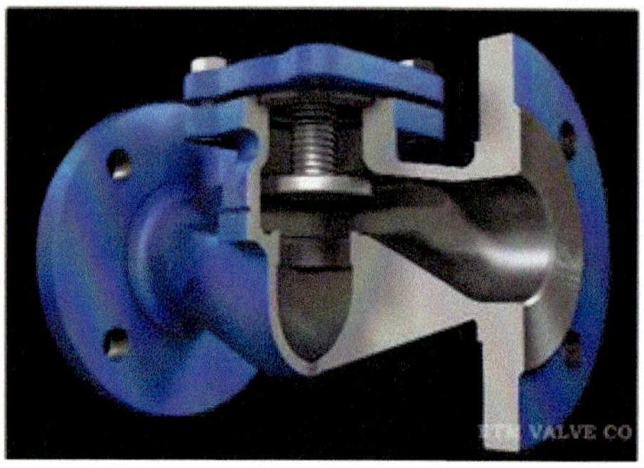

그림 11.21 리프트 체크밸브

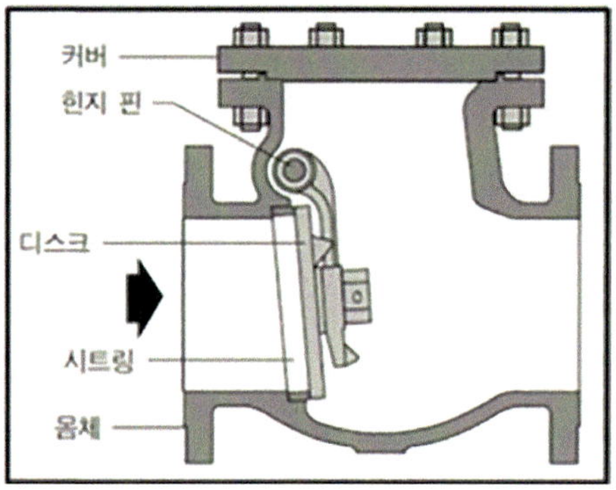

그림 11.22 스윙 체크밸브

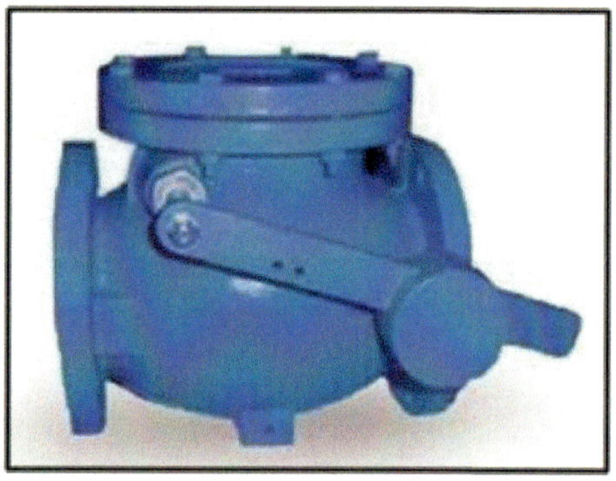

그림 11.23 C/W가 달린 스윙체크밸브

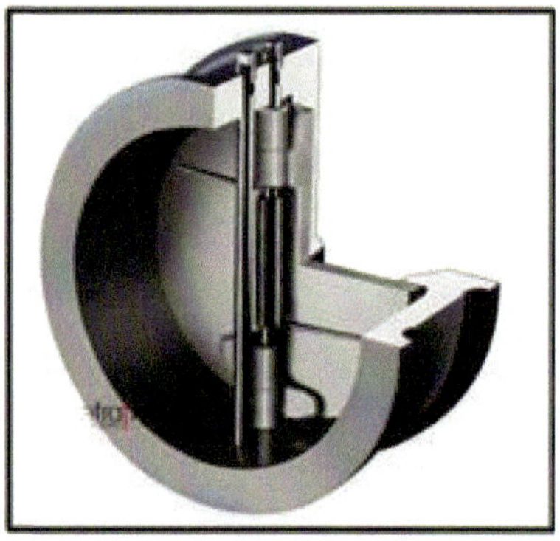

그림 11.24 스플릿 체크밸브

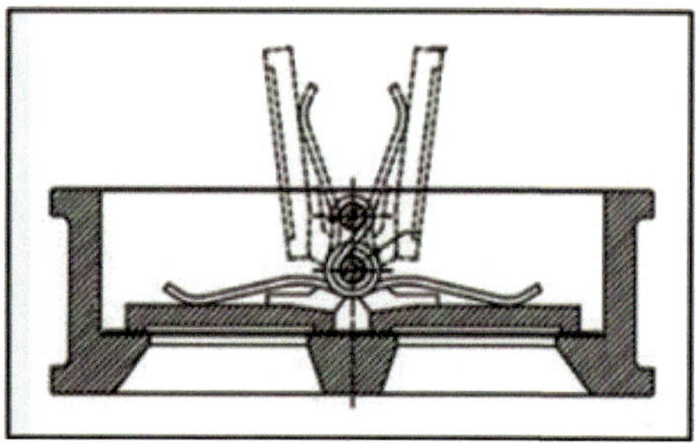

그림 11.25 스플릿 체크밸브 개방 및 폐쇄

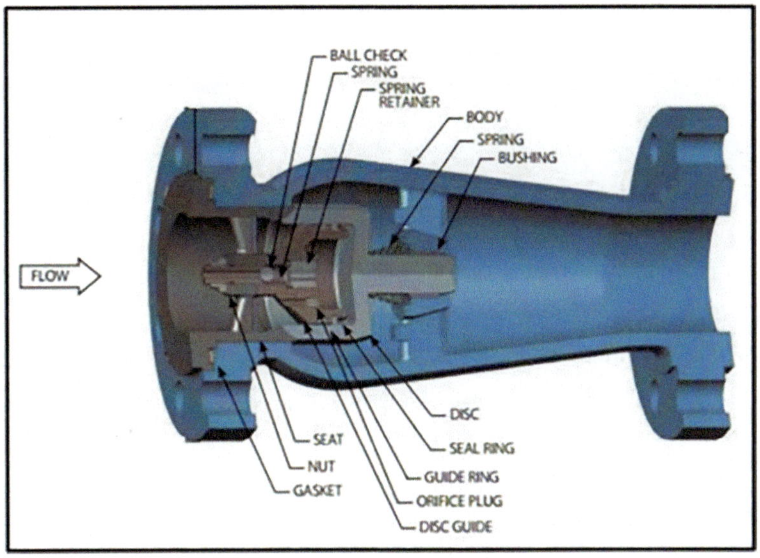

그림 11.26 노즐 체크밸브

일반적으로 물 제어 체크밸브는 밸브 몸체, 가동 몸체(유동 방해물), 시팅 표면, 폐쇄 장치, 부속품으로 구성된다. 표준 체크밸브 몸체는 더블디스크, 웨이퍼, 글로브, 또는 특화된 형식이 될 수 있다. 전형적으로 밸브 몸체는 청동 또는 스테인레스 스틸 트림(trim)을 갖는 주철 또는 덕타일주철이다.

통상적으로 폐쇄 장치는 토션스프링(torsion spring)이며 이 스프링은 역류가 발생하기 이전에 디스크를 폐쇄시켜 밸브 폐쇄와 관련된 수격 또는 충격 가능성을 감소시킨다. 시팅은 밸브 디스크 또는 플러그와 시팅 재료 또는 표면 사이에서 이루어진다. 밸브 디스크는 전적으로 금속으로 제작되며 일부 체크밸브는 금속 디스크로 보강된 성형 폴리머를 사용한다. 시팅작용은 Buna-N, 나이론, 금속, 또는 다양한 다른 시팅 표면 형식 중 하나로 타이크한 밀봉을 제공한다. 폐쇄 장치, 시팅 표면/재질, 다른 부속품과 같은 다양한 선택사항을 갖는 다른 형식의 체크밸브를 사용할 수 있지만 모든 체크밸브는 전반적으로 동일한 기능을 제공한다.

11-6 완화밸브와 공기밸브

압력완화밸브와 서지보호밸브는 관로시스템 내 수격현상으로부터 관로시스템의 손상을 방지하기 위해 설계된다. 압력완화밸브는 관로시스템 압력이 밸브 디스크의 설정된 폐쇄 압력을 초과할 때 개방된다. 압력완화밸브를 적정하게 설계하면 반응속도가 신속하고, 유동 특성이 우수하고, 높은 압력에서 내구성을 갖는다.

통상적으로 압력완화밸브는 압축 스프링 또는 중첩된 스프링 시스템(system of nested springs)에 의해 폐쇄된다. 높은 압력 이벤트 동안 디스크가 개방되면서 디스크를 개방시키는 상승서지압력은 개방된 밸브 오리피스를 통해 소산된다. 관로시스템 압력이 설정된 차단 압력 이하로 떨어지면 전형적인 서지 압력완화밸브는 쿠션 챔버와 실린더 내 포획된 오일 또는 공기에 의해 완만하게 밸브 디스크가 폐쇄되도록 허락한다. 압력완화밸브는 부드러운 유동과 효율적인 서지 완화를 위해 유동방해가 최소가 되도록 설계된다.

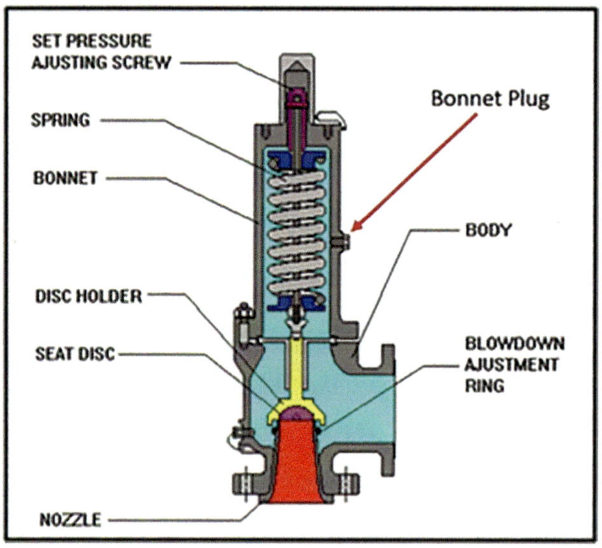

그림 11.27 압력완화밸브

기본적인 공기밸브 분류는 그림 11.28~11.30과 같이 공기배출밸브(air release), 공기/진공밸브(air/vacuum), 이 두 밸브를 조합한 조합공기밸브 세 가지이다. 때로는 소형 오리피스밸브라고 불리는 공기배출밸브는 정상적인 관로시스템 운영 동안 관로 내 축적된 공기를 연속적으로 배출한다. 대형 오리피스밸브라 불리는 공기/진공밸브는 관로시스템 기동시 많은 공기량을 배출하고, 시스템 정지 또는 실패시 관로시스템으로 많은 공기량을 신속하게 유입하기 위해 사용된다. Val-matic에 따르면 조합공기밸브는 가장 광범위하게 사용되는 공기밸브이다. 이 조합공기밸브는 관로시스템 기동시 많은 양의 공기를 배출하고, 정지시 공기를 유입하는 공기/진공밸브와 정상적인 관로시스템 운영 동안 공기를 연속적으로 배출하는 공기배출밸브의 기능을 수행한다.

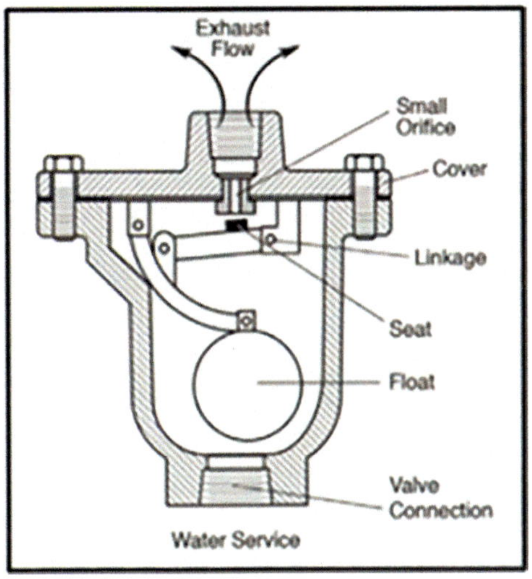

그림 11.28 공기배출밸브

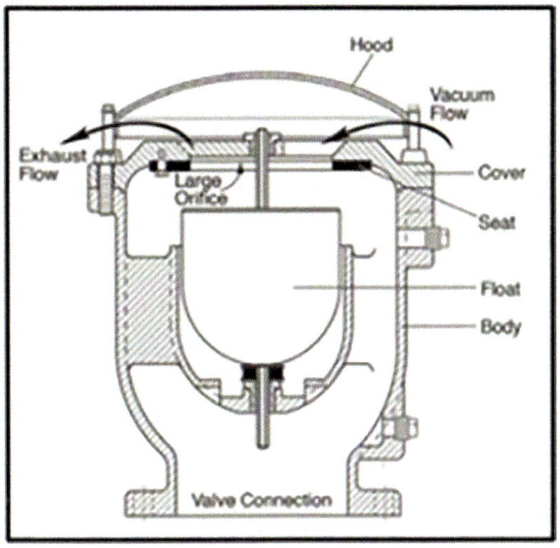

그림 11.29 공기/진공 밸브

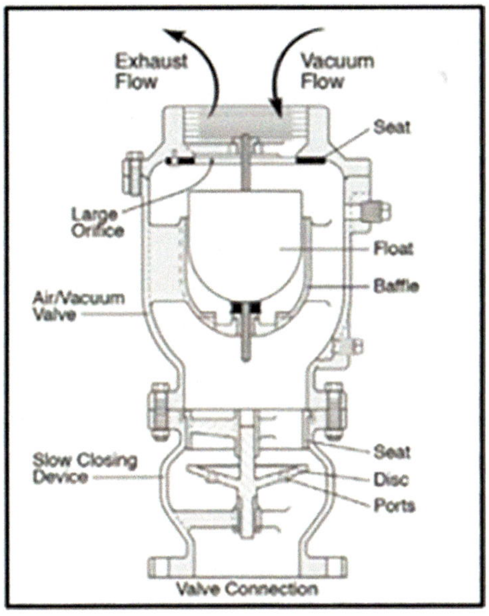

그림 11.30 조합 공기밸브

압력완화밸브의 주된 몸체와 커버는 덕타일 주철로, 내부 구성품은 덕타일 또는 스테인레스 스틸로 제작된다. 일부 제작사는 주강 또는 청동 금속 구성품으로 제작한다. 전형적으로 압력완화밸브는 밸브 커버 아래 챔버를 밀봉하고, 관로 압력으로부터 운영압력을 분리하기기 위해 하나의 디스크와 다이아프램 조립품을 포함한다. 전형적으로 다이아프램은 나이론 보강된 Buna-N 고무로 제작된다. 이는 밸브 시트를 직접 밀봉하지 않지만 전적으로 밸브 몸체와 커버에 의해 지지된다. 일부 제작사는 밸브 시트를 NBR(Acrylonitrile-Butadiene), terpolymer of Ethylene, terpolymer of Ethylene, Propylene and A Diene(EPDM), Nylon Reinforced Bunna-N Rubber, 또는 Fluoro Rubber(FKM)으로 제작한다.

Cal-Val과 Val-matic에 따르면 압력완화밸브는 최대 압력 $20kg/cm^2$, 직경 50~500㎜까지 단일 몸체 밸브로 제작된다. 공기배출밸브 몸체는 직각 또는 글로브 패턴 스타일이 될 수 있다. 앞에서 언급한 제작사는 T-패턴 밸브 설계를 허락하지 않는다.

압력완화밸브와 공기밸브의 추가 정보를 얻기 위해서는 다음 웹사이트

Val-matic(www.valmatic.com), Cal-Val(www.cla-val.com), Dezurick(www.dezurick.com)을 참조하며 본서에서 기술하지 않은 서지억제밸브와 진공완화밸브에 대한 내용도 참조할 수 있다.

11-7 Mokveld Valve

Mokveld 밸브는 축방향 유량 제어밸브이다. 이 밸브는 당초에 1900년대 초 수력발전소 용도로 설계되었지만, Mokveld는 1995년에 원리를 채택하였고, 특화된 수자원 프로젝트 그리고 오일과 개스 수송 용도로 지속적으로 개선되어왔다. 이와 같이 특이한 밸브 설계는 공동화가 문제가 되는 큰 압력저하와 낮은 배압으로 설치되는 곳에서 다음과 같은 여러 이점을 제공한다.

· 압력 평형된 피스톤 : 모든 내부 수압 힘은 자동 상쇄되어 운영 추력은 밸브에 걸친 차압과 무관하게 된다.
· Bubble Tight Shutoff : Mokveld는 자기여자되는(self-energizing) 밀봉 특허를 획득하였고, 이 밸브는 밸브에 걸친 차압을 이용하여 전체 등급에서 반복적으로 100% bubble tight shutoff를 달성할 수 있다고 홍보하고 있다. 밀봉부는 정상적인 유동 동안 케이지 벽으로부터 후퇴하여 내식성을 갖는다.
· 복수 케이지 트림(Multiple Cage trims) : 여러 트림과 케이지 스타일이 개발되었고,

델프트 수리 연구실에서 낮은 수두에서 "V"포트부터 1524m 수두에서 3-단계 복수 impingement에 이르기까지 각 스타일에 대한 공동화 지수 CV와 질식 유동 FI를 시험하고 인증을 받았다. Mokveld는 긴 관로에서와 같이 큰 수두변화에서도 선형특성을 달성하기 위해 행정-CV를 맞추는 맞춤형 조합에 이르기까지 프로젝트의 특별한 수리 요구조건을 고객맞춤으로 제공할 수 있는 유일한 밸브이다.

- · 간결한 설계 : 간결한 단일 몸체 내에서 3 단계에 걸친 에너지 소산이 가능하고, 감세정(stilling well) 또는 팽창 탱크가 필요 없이 폐쇄된 관로 내부로 직접 유출하는 것을 허락한다.
- · 검증된 성능 : 20년 동안 최대압력 $77kg/cm^2$ 에서 대기로 유출하는 수많은 상수도시설에서의 운영
- · 규격범위 : 150～1800㎜

그림 11.31～11.36은 일반 단면, 여러 케이지 트림 형식, 자기-여자식 밀봉부 상세도, 압력 평형, Manitou Spring-Plant에 설치된 직경 450㎜ Mokveld 밸브를 보여주며 이 밸브는 1995년부터 서비스 중이고 최대 $80kg/cm^2$ 에서 대기로 방류한다.

Mokveld 밸브 설계시 케이지 슬리브가 막힐 우려가 있어 일상적인 유지관리가 필요하다.

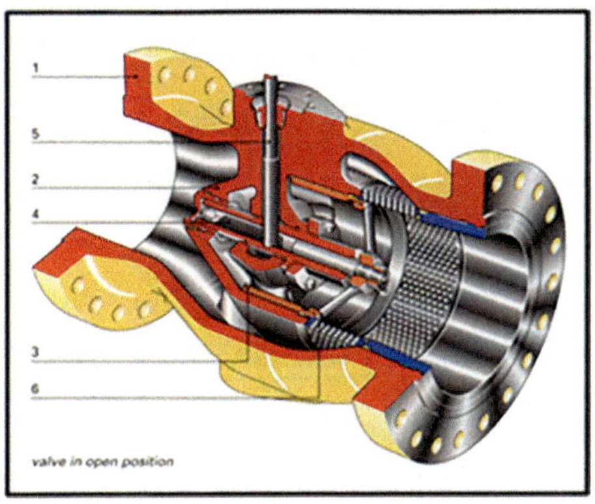

그림 11.31 Mokveld 밸브 단면

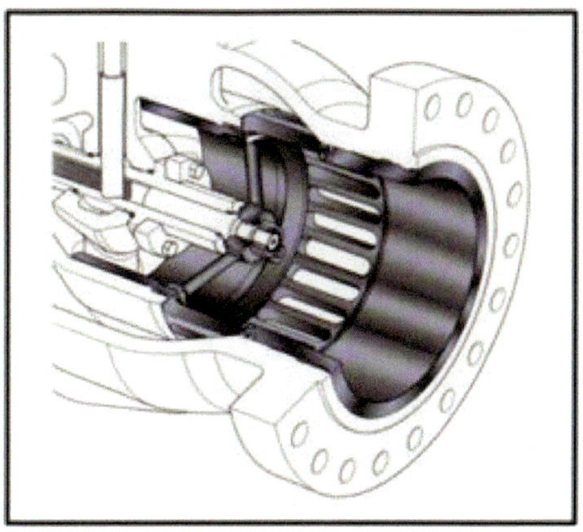

그림 11.32 Model RVX 케이지 상세도

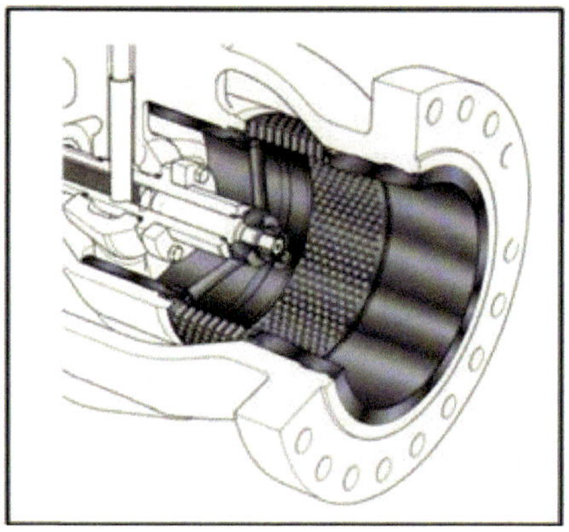

그림 11.33 Model RCX 케이지 상세도

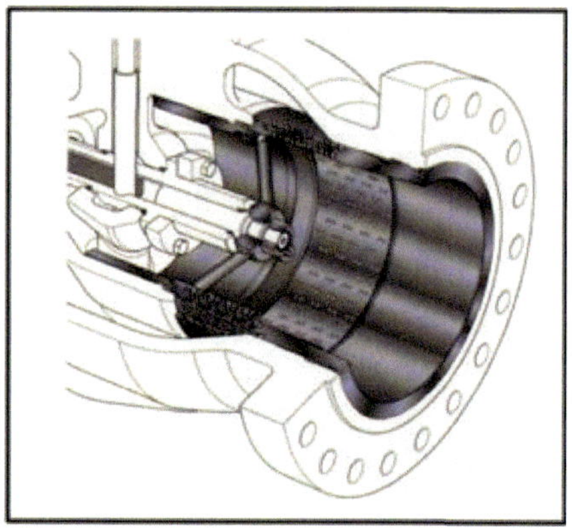

그림 11.34 Model RMX 케이지 상세도

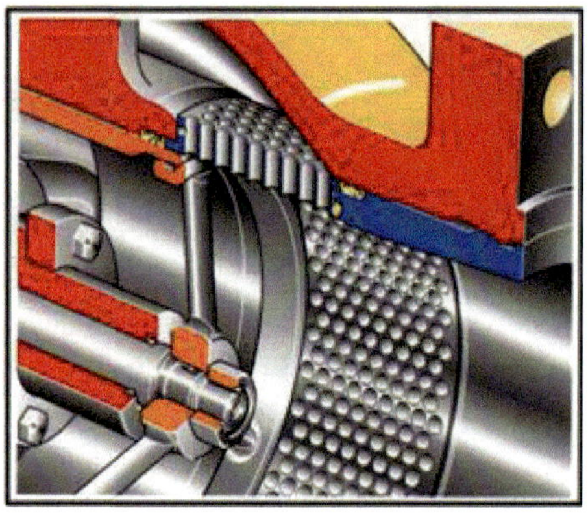

그림 11.35 Mokveld 밀봉부 상세도

그림 11.36 Mokveld 밸브(Manitou Springs)

제 12 장

밸브 작동기와 제어

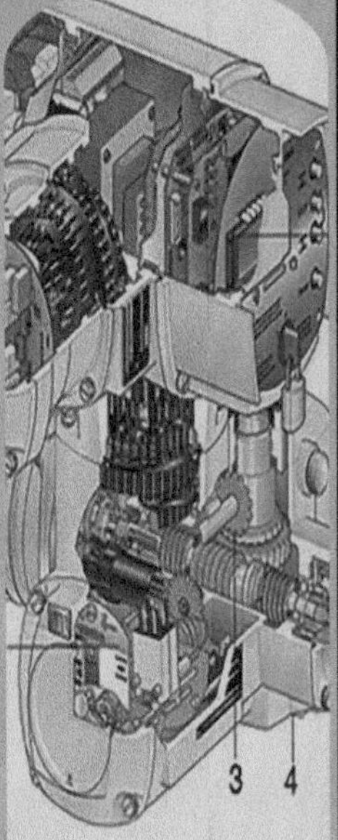

12장

밸브 작동기와 제어

12-1 밸브 운영시스템

12.1.1 일반

밸브를 운영하기 위해 여러 형식의 운영시스템을 사용할 수 있다. 주로 사용되는 기본 형식은 수동 작동기, 전기 작동기, 유압 작동기, 공압 작동기 4가지다.

동력 작동기는 공기, 물, 또는 오일 매체를 통해 동력이 공급된다. 공기는 경제적이고 신뢰성 있는 매체이지만 AWWA MANUAL M66(AWWA 2015)에 따라 반드시 작은 밸브로 한정된다. 물은 공통적인 동력 공급 매체이지만 플랜트 용도에 따라 신뢰성이 떨어지고, AWWA M66에 따르면 장기관점에서 부식 우려가 있다.

밸브 운영시스템 설계시 반드시 동력 요구조건, 운영 및 유지관리 요구조건, 설치 제한을 고려하여야 한다. 설치 제한은 작동기 실린더 또는 스템의 수평 또는 수직 위치, 상부 공간 또는 하우징 구조물의 천정 간격 그리고 향후 유지관리 주기의 요구조건을 포함한다.

12.1.2 수동 작동기

통상적으로 수동 작동기는 나사 가공된 스템 또는 기어박스를 통해 밸브 운영 장치에 연결된 크랭크 또는 핸드휠로 수행된다. 일부 슬리브밸브와 버터플라이밸브는 상승 스템으로 설계된다. 이 상승 스템은 밸브 디스크를 개방 또는 폐쇄하기 위해 나사가공된 스템이 상승하거나 하강한다. 이 스템은 상부 말단부에 기계가공된 나사부를 가지며, 하나의 크랭크, 핸드휠, 또는 기어박스가 운영 너트를 통해 스템에 연결된다.

기어 작동기는 밸브 개방 또는 폐쇄를 위해 1/4 회전 동작을 생성한다. 작동기는 완벽하게 내장된 기어장치를 갖고 임의 중간 개도 위치에서 밸브 디스크를 강건하게 유지하고, 시팅과 언시팅을 위한 충분한 토크를 생산하도록 설계된다. 작동기는 개방 및 폐쇄된 위치에서 밸브 디스크의 과도한 이동을 방지하기 위해 그림 12.1과 같이 조정 가능한 기계적 정지 장치와 함께 제공된다.

기어 작동기는 자동 고정되고, 나사 또는 너트의 접촉면 또는 기어 치(gear teeth)면에 손상을 주지 않으면서 작동기 출력 정격토크의 두 배를 전달하도록 설계된다. 수동 기어 작동기는 AWWA Standard C 504를 따르며, 이 기준은 핸드휠에서 최대 림(rim)에서 작동력 360N 그리고 렌치 너트에서 최대 200N·m 운영토크를 생성할 수 있도록 설계할 것을 요구한다(AWWA, 2010a).

고정-콘밸브, 일부 슬리브밸브 및 버터플라이밸브는 크랭크, 핸드휠, 또는 기어박스로부터의 회전운동을 직선운동으로 변환하기 위해 연결장치를 사용한다. 핸드휠 또는 크랭크의 규격은 디스크를 쉽게 운영하기 위한 충분한 힘을 제공하도록 결정되어야 한다. 용이한 회전을 위한 핸드휠 최소 직경은 300~380㎜가 되어야 한다. 크랭크 또는 핸드휠을 갖춘 장비는 통상적으로 핸들 또는 핸드휠 림에서 힘은 180N 이하가 되도록 설계된다.

그러나 밸브가 끼이거나 또는 운영이 어려우면 운영자는 180N 이상의 힘을 사용할 수 있으므로 이보다 상당히 큰 360~540N으로 설계하여야 한다. 수동 운영의 경우 조심스럽게 장비 규격을 고려하여야 한다. 일부 밸브는 수동으로 운영될 수 있지만 운영 속도가 너무 느리면 실용적이지 않을 수 있고, 운영이 너무 어려우면 장비는 제대로 작동하지 않을 수 있다. 수동 작동기는 핸드휠, 체인휠, 또는 정사각 너트의 선택사항으로 제공될 수 있다.

그림 12.1은 1/4회전이 필요한 밸브(버터플라이, 볼밸브)에 사용되는 기어장치 중 하나인 웜기어장치를 보여준다. 핸드휠을 회전시키면 웜축이 제자리에서 회전하고, 이와 맞물려 있는 웜기어 그리고 이 웜기어에 고정된 버터플라이밸브 스템이 1/4회전한다. 이 그림의 하단부와 같이 웜기어 양쪽 말단부에는 스톱퍼가 설치되어 있어 밸브의 과도행정(over stroke)이 방지된다.

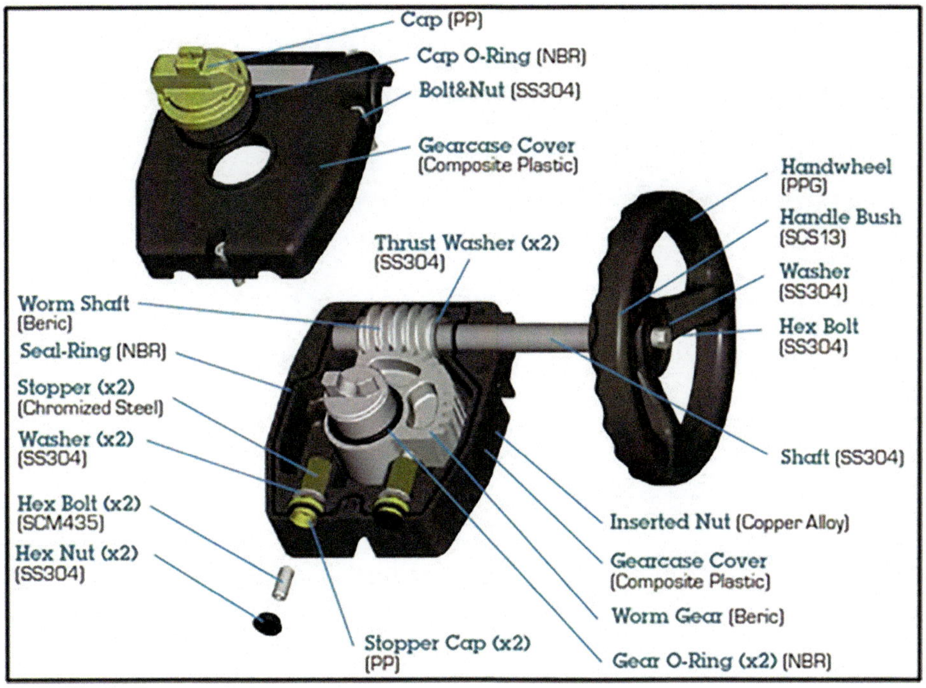

그림 12.1 웜기어장치

그림 12.2는 밸브 스템의 직선운동이 필요한 밸브(게이트, 글로브, 슬리브, 고정-콘밸브 등)에 사용되는 기어장치 중 하나인 베벨기어장치를 보여준다. 핸드휠을 회전시키면 베벨축이 제자리에서 회전하고, 이와 맞물려 있는 베벨기어 그리고 이 베벨기어에 고정된 스템이 상하로 직선운동한다. 그림 12.1과 12.2의 기어장치는 밸브 규격이 작을 때 사용되며, 밸브 규격이 크거나, 전동 또는 유압작동기를 사용할 경우 이 작동기의 회전 속도 또는 직선이동 속도가 빠른 경우에는 속도를 감속하기 위해 감소비가 큰 기어장치가 사용된다.

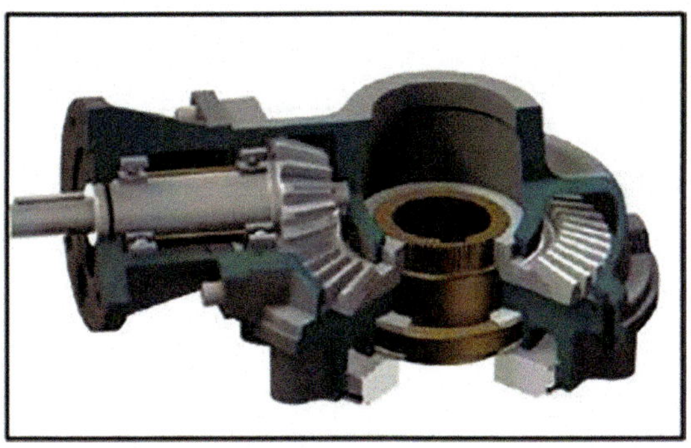

그림 12.2 베벨기어장치

12.1.3 전기 작동기

전기 작동기는 나사가공된 스템에서 직선운동 또는 직선운동으로 변환된 회전운동하는 수동 작동기와 유사한 방법으로 사용된다. 전기 작동기는 높은 토크 전동기, 적합한 감속을 위한 기어박스, 푸시버튼, 정지 위치를 제어하는 리미트 스위치, 과부하로부터 장비를 보호하기 위한 토크 스위치, 인디케이팅 라이트, 현장 위치 표시계, 일부 경우 원격 위치 지시계로 구성된다. 초기에 밸브를 개방 또는 폐쇄하기 위해 토크가 큰 전동기를 사용하고, 기동시 높은 전류가 유입되기 때문에 작동기는 3상 동력에서 최상으로 작동한다. 통상적으로 전기 작동기는 내후성 인클로저(weaterproof enclosure)와 함께 옥외 서비스로 설계된다. 극단적으로 짧은 기간을 제외하고 수중 운영은 통상적인 선택사항이 아니다. 만일 주 동력이 차단되고 비상 보조 동력원이 공급되지 않는 경우 수동 운영을 위해 통상적으로 핸드휠이 제공된다. 대표적인 전기 작동기의 구조는 그림 12.3과 같으며 각 구성품의 역할은 다음과 같다.

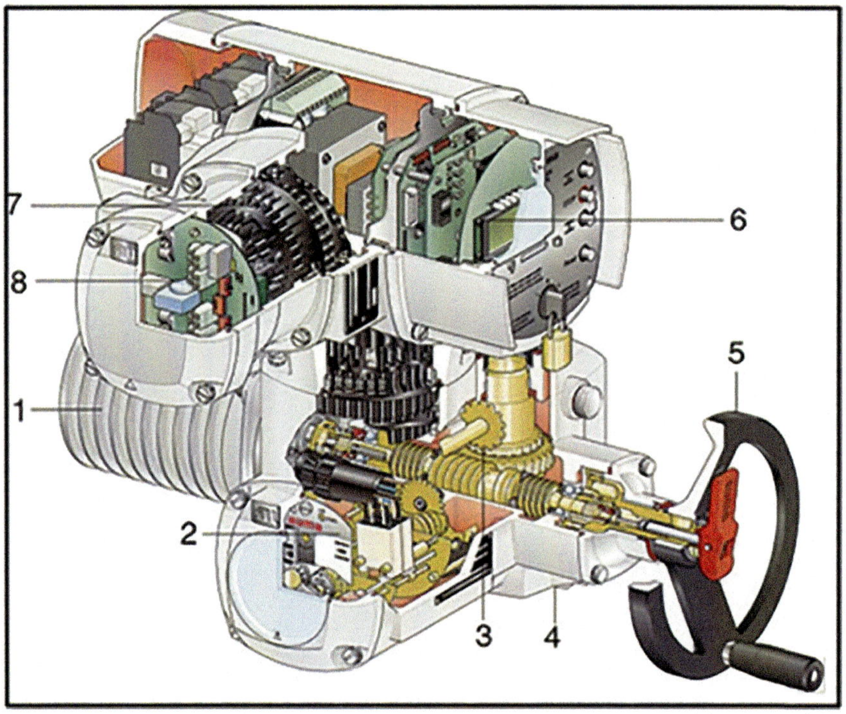

①전동기, ②리미트&토크스위치, ③기어장치, ④밸브장착,
⑤수동작동장치, ⑥작동기 제어, ⑦전선연결부, ⑧필드부스연결

그림 12.3 전기 작동기

① 전동기 : 밸브 구동력을 얻기 위해 대부분 강건한 비동기 3상 AC 전동기를 사용하며 일부 경우 단상 AC 또는 DC 전동기를 사용한다. 작동기는 극한 대기 조건에서도 운영될 수 있으나 전동기의 열 축적이 과도해 질 수 있으므로 연속 운영에는 일반적으로 사용되지 않는다.

② 리미트 & 토크 스위치 : 최종 개도에 도달하면 리미트 스위치가 신호를 보낸다. 토크 스위칭은 현재 밸브의 토크를 측정한다. 설정 리미트를 초과하면 동일한 방법으로 신호를 보낸다. 빈번하게 작동기에는 원격 위치 변환기가 장착되고, 이 변환기는 연속적인 4~20㎃ 전류로 밸브 위치를 나타낸다.

③ 기어장치 : 전동기의 높은 출력 속도를 감속하기 위해 빈번하게 감속비가 큰 웜기어를 사용한다. 이 웜기어는 작동기의 효율을 감소시키지만 이는 작동기에게는 바람직한 현상이다. 즉, 이로 인해 자기고정(self-locking)이 가능하여 밸브 폐쇄 요소가 작동하여 사고 및 원하지 않은 밸브 위치 변화가 방지된다.

④ 밸브장치 : 밸브 장착장치는 두 요소로 구성된다. 첫 번째, 작동기를 밸브의 대응부에 단단히 고정하기 위해 사용되는 플랜지. 전달 토크가 클수록 플랜지도 커진다. 두 번째, 작동기로부터 토크 또는 추력을 밸브 축에 전달하기 위해 사용되는 출력 구동 형식. 다양한 밸브 형식이 있듯이 밸브 부착장치도 다양하다.

⑤ 수동작동장치 : 시운전 또는 정전 동안 작동기를 운영하기 위해 대부분 전기 작동기에는 핸드휠이 장착된다. 핸드휠은 전동기 운영 동안에는 동작하지 않는다. 전자 토크 리미트 스위치는 수동운영 동안 동작하지 않는다. 수동 운영 동안 토크 과부하를 방지하기 위해 통상적으로 기계식 토크-리미트 장치를 사용한다.

⑥ 작동기 제어 : DCS의 작동기 신호와 운영 명령 모두 작동기 제어기 내에서 처리된다. 이 과업은 PLC와 같은 외부 제어에 의해 부과될 수 있다. 최신 작동기에는 현장에서 신호를 지연 없이 처리하는 통합 제어가 포함된다. 또한, 제어에는 전동기를 제어하기 위해 필요한 스위치기어가 포함된다. 이는 전기 부품인 역전 접촉기(reversing contactors) 또는 사이리스터(thyristors)일 수 있으며 기계적 마모에 영향을 받지 않는다. 제어는 신호 또는 명령에 따라 전동기를 on 또는 off로 전환하는 스위치기어를 사용한다. 작동기 제어의 다른 과업은 예를 들어 밸브 최종 위치에 도달할 때 등과 같은 피드백 신호를 DCS에 제공하는 것이다.

⑦ 전선 연결부 : 전기 공급 케이블과 명령을 작동기에 전달하고 작동기 상태에 대한 피드백 신호를 보내기 위한 신호 케이블은 전기 연결부에 연결된다. 전기 연결부를

개별적으로 밀봉된 터미널 bung 또는 플로그/소켓 커넥터로서 설계할 수 있다. 유지관리 목적으로 결선은 쉽게 분리 및 재연결이 가능하여야 한다.

⑧ 필드부스 연결부 : 공정 자동화에서 자료전송을 위해 필드부스 기술의 사용이 증가하고 있다. 따라서 전기 작동기에는 공정 자동화에 사용된 모든 공통 필드버스 인터페이스가 장착될 수 있다. 필드부스 자료 케이블의 연결을 위해 특별한 연결이 필요하다.

최종 위치에서 자동 스위칭

작동기는 운영 명령을 받은 후 밸브를 개방 또는 폐쇄 방향으로 이동시킨다. 최종 위치에 도달하면 자동 차단되는(switch-off) 절차가 개시된다. 두 개의 기본적으로 다른 차단 미케니즘을 사용할 수 있다. 제어는 설정 트립핑 점(set tripping point)에 도달하는 순간 작동기를 차단한다. 이를 리미트 시팅(limit seating)이라 부른다. 그러나 타이트한 밸브 밀봉을 보장하기 위해 정의된 힘 또는 토크에서 폐쇄 요소가 반드시 최종 위치로 이동하여야 하는 밸브 형식이 있다. 이를 토크 시팅(torque seating)이라 부른다. 설정 토크 리미트를 초과할 때 작동기가 switch-off되는 것이 보장하도록 제어가 프로그램된다. 최종 위치는 리미트 스위치로 신호를 받는다.

안전 기능

토크 스위칭은 최종 위치에서 토크 시팅을 위해 사용될 뿐만 아니라 전체 이동에 걸쳐 과부하 보호 서비스 및 과도한 토크에 대해 밸브를 보호한다. 만일 예를 들어 물체 끼임으로 인해 과도한 토크가 중간 개도에서 폐쇄 요소에 작용하면 설정 트립핑 토크에 도달할 때 토크 스위칭은 트립한다. 이 상황에서 최종 위치는 리미트 스위치로 신호를 받지 않는다. 따라서 제어는 하나의 최종 위치에서 정상적인 운영 토크 스위치 트립핑과 과도한 토크로 인한 중간 위치에서 차단(switching off)을 구별할 수 있다.

전동기 과열을 보호하기 위해 온도 센서가 필요하다. 일부 용도에서는 전동기 전류의 증가도 감시된다. 전동기 권선에 내장된 thermoswitches 또는 PTC thermistors는 가장 신뢰성 있게 이 과업을 수행한다. 이는 온도 한계가 초과될 때 트립되고 전동기의 스위치를 제어한다.

통상적으로 전기 작동기는 AWWA의 요구조건을 만족시키도록 설계된다. AWWA C542 Standard는 게이트, 볼, 플러그, 콘, 글로브, 버터플라이밸브의 외부에 장착되는 전기 작동기를 기술한다(AWWA, 2016b). 전기 작동기는 예상되는 조작력 이상을 생성하도록 규정된다.

상승 스템을 적용하는 전기 작동기는 하나의 통합 장치로서 전동기, 감속 기어장치, 나사가공된 구동 너트, 리미트 스위치, 토크 스위치, 기어 케이스, 보조 핸드휠을 포함한다. 기어 감속장치는 헬리컬, 베벨, 웜기어로 구성된다. 전기 작동기는 통상적으로 자기고정(self-locking)된다.

기어와 축은 비마찰 베어링으로 지지된다. 모든 기어와 베어링은 그리스 또는 오일로 윤활된다. 윤활유의 누설과 먼지 또는 오염물질의 유입을 방지하기 위해 기어 케이스의 모든 축 관통부를 밀봉하여야 한다.

전기 작동기에 장착되는 개방 및 폐쇄 리미트 스위치는 현장에서 조정 가능하며, 완전개방, 완전폐쇄, 임의 중간 위치에서 설정될 수 있어야 한다. 또한, 전기 작동기는 밸브 운영 동안 구성요소의 과부하를 방지하기 위해 반드시 조정 가능한 토크 스위치를 포함하여야 한다. 모든 1/4 회전 작동기는 완전개방 및 완전폐쇄 위치에서 과도한 이동을 방지하기 위해 독립적으로 조정 가능한 정지 리미트 장치가 장착된다. 이 장치는 외부에서 조정 가능하여야 하고 습기 또는 다른 오염물질의 침입을 방지하기 위해 적정하게 밀봉되어야 한다.

개방/폐쇄 및 교축 용도의 전기 작동기에는 역방향 기동장치가 설치되어야 하며 이를 위해 푸시 버튼 또는 선택 스위치가 필요하다.

전기 작동기는 다회전운동을 생성하기 위해 그리고 1/4 회전의 경우 구동기어헤드(gear head drive)를 운영하기 위해 사용된다. 이외 유량 조정의 작동기는 요구되는 밸브 동적 토크의 최소 2배 이상을 생성하여야 한다. 전동기 규격은 작동기 토크 요구조건의 1.5배로 결정되어야 한다.

1/4 회전하는 전기 작동기는 하나의 통합 장치로서 전동기, 감속 기어, 최종 구동 기어와 밸브 스템 사이 구동 커플링, 토크 스위치, 위치 리미트 스위치, 기어 케이스 및 보조 핸드휠로 구성된다. 1/4 회전 작동기는 다음 두 형식 중 하나로 공급될 수 있다.

· 최종 보조 구동기어박스에 직접 연결되는 다회전 작동기
· 하나의 하우징 내 전기 작동기와 최종 구동 기어 조립체의 조합

어느 경우든 밸브와 작동기 조합은 반드시 자기고정형식이어야 하며 스퍼, 헬리컬, 베벨, 웜기어로 감속된다.

필요시 언시팅(unseating) 용도로 작동기 기어열(gear train)의 통합체로 기어 백래시(backlash)와 무관한 lost motion device가 설치되어야 한다. 이 장치는 부하가 걸리

기 전에 전동기가 정격 속도(full speed)에 도달하는 것을 허락한다. 유량조정 용도로 공급된 작동기에는 이 lost motion device가 통합되지 않는다.

12.1.4 유압 작동기

통상적으로 유압 실린더와 베인 형식 작동기는 AWWA의 요구조건을 만족시키도록 설계된다. AWWA C541 Standard는 게이트, 볼, 플러그, 콘, 글로브, 버터플라이 밸브 외부에 그리고 슬라이드 게이트에 장착되는 유압 작동기를 기술한다(AWWA, 2016a). AWWA Manual of Water Supply Practice M66은 유압 및 공압 작동기의 선정, 규격 결정, 설치에 사용되는 일반적인 원칙을 제시한다. 유압 및 공압 작동기는 예상 요구되는 것보다 큰 작동력(operating force)을 생성하도록 규정된다(AWWA, 2015).

유압 작동기는 빈번하게 높은 수두에서 운영되는 대형 밸브에서 사용되지만, 수두가 낮은 작은 밸브에서 더욱 범용적으로 사용된다. 유압 작동기는 실린더-작동기, 구동 매체(오일, 물, 등), 전동기, 펌프, 축압기, 제어, 보조 장치로 구성된다. 통상적으로 유압 작동기는 밸브 제어장치에 직선운동을 제공하기 위해 하나 이상의 유압 실린더를 사용한다. 유압 실린더는 강성체 압력 배관과 플렉시블 연결부를 통해 중앙 유압동력장치 HPU(hydraulic power unit)에 연결된다. 연결부에서 누유 가능성을 방지하기 위해 가능하면 유압배관을 용접으로 연결하여야 한다. 통상적으로 유압 작동기의 최대 용량은 $350kg/cm^2$ 인 반면 운영압력은 $140 \sim 210kg/cm^2$ 이기 때문에 유압 실린더를 컴팩트하게 제작할 수 있다. AWWA는 실린더의 최대 운영압력은 $175kg/cm^2$ 에 적합하고, 최소 파열압력은 $700kg/cm^2$ 가 되도록 규정한다.

그림 12.4 유압 작동기

유압 실린더는 타이-로드(tie-rod) 또는 볼트 체결 플랜지 구조가 되어야 하고, ANSI B93.15와 ANSI B93.10은 장착 구조와 압력 등급을 규정한다. 실린더는 NFPA(National Fluid Power Association) 기준을 준수하여 제작된다. 유압 실린더는 수중 운영 용도로 설계될 수 있고, 원격 밸브 위치 감지를 위한 전자 센서가 장착될 수 있다. 모든 정적 및 동적 밀봉은 반드시 압력으로 여자되어야 하고, 밀봉재질은 사용된 압력 유체와 호환되어야 한다. 통상적으로 유압 실린더는 크롬으로 도금된 강, 고강도 스테인레스 스틸 로드(rod)로 제작된다.

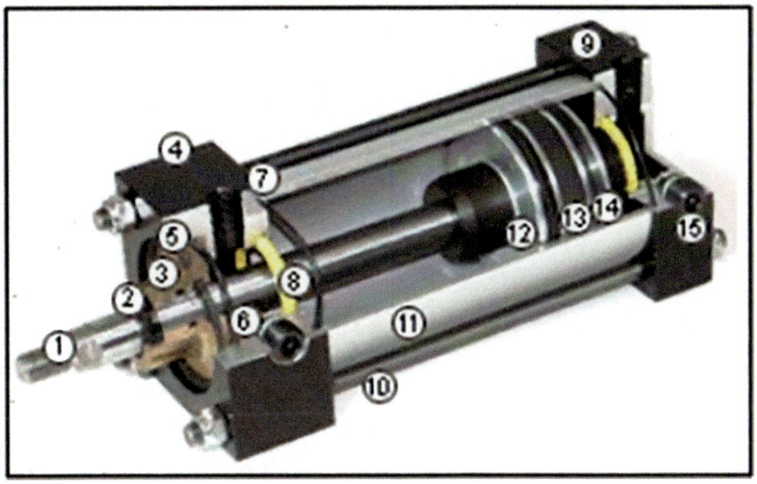

①피스톤 로드, ②double lipped urethane rod③로드 베어링 ④헤드 & 캡
⑤레테이닝 링⑥로드 seal⑦배럴 seal⑧회전 쿠션seal⑨포트 ⑩타이 로드
⑪배럴⑫피스톤⑬웨어 링(wear ring)⑭피스톤 seal⑮쿠션 니들

그림 12.5 유압 실린더

유압 작동기는 주로 압유를 사용하지만 오일 또는 물을 사용할 수 있다.

· 유압 작동기 : 유압 실린더는 타이-로드, 볼트 플랜지 또는 용접 구조로 되어 있다. 실린더 장착 치수는 ANSI B93.15의 요구조건에 따른다. 실린더 압력 등급은 ANSI B93.10에 따라 결정된다. 모든 정적 및 동적 밀봉은 반드시 압력으로 여자되어야 하고 사용하고자 하는 유압 매체와 호환되어야 한다. 피스톤 로드 속도를 제어하기 위해 조정 가능한 유량제어장치를 실린더에 장착하여야 한다.
· 수압 작동기 : 수압 실린더는 타이로드 또는 볼트 플랜지 구조이다. 이들은 ANSI B93.15의 요구조건을 따르고, 장착 치수 및 압력 등급은 ANSI B93.10의 요구조건을 준수한다. 실린더 배럴(barrel)은 반드시 청동, 유리섬유보강 플라스틱, 또는 스테

인레스 스틸이어야 한다. 배럴의 내부 표면 조도는 0.5㎛ 이하로 가공되어야 한다. 헤드와 캡은 반드시 청동이어야 한다. 피스톤은 반드시 청동, 피스톤 로드는 코롬 도금된 스테인레스 스틸이어야 한다. 모든 밀봉은 물에 적합한 비금속 엘라스토머 재질이어야 하고, 피스톤 밀봉은 압력으로 여자되도록 설계하여야 한다. 피스톤 로드 속도를 제어하기 위해 조정 가능한 유량제어장치를 실린더에 장착하여야 한다.

HPU는 오일저장탱크(oil reservoir), 하나 이상의 전동기 구동유압펌프, 제어밸브, 필터, 펌프와 밸브 운영을 제어하기 위한 압력스위치, 운영압력을 제한하기 위한 완화밸브, 때로는 압유을 저장하기 위한 축압기로 구성된다. 단순히 필요한 제어밸브를 추가하여 하나의 시설에서 하나 이상의 밸브를 운영하도록 HPU를 설계할 수 있고, HPU는 운영하고자 하는 밸브 장비로부터 상대적으로 먼 거리에 위치할 수 있다.

HPU에 장착된 핸드펌프시스템을 이용하여 수동으로 운영할 수 있다. 또한, 핸드 펌프는 정전 동안 운영 용량을 제공한다. 느린 운영 속도를 제공하기 위해 핸드 펌프를 사용할 수 있지만, 필요하면 낮은 압력에서 큰 출력을 내는 2단 펌프를 사용할 수 있다.

축압기는 정전 동안 유압펌프와 전동기를 가동시킬 필요 없이 제한된 서비스, 각 밸브 운영, 유량조정을 위한 밸브운영의 유연성을 제공한다.

개선된 유압 오일은 보다 양호한 옥외 성능을 제공하고, 환경문제를 해결하기 위해 생분해성 오일을 사용할 수 있다. 일부 구식 밸브는 유압 오일 대신 물을 사용하며 물은 댐 상부의 탱크에 저장되고, 압력은 펌프에 의해 형성된다. 원리는 동일하지만 통상적으로 수압 시스템은 수동으로 운영하여 제어밸브를 개방 및 폐쇄한다. 수압시스템은 오랫동안 운영되었고 일부는 아직도 운영되고 있다. 그러나 부식, 마모, 부식된 밀봉, 누수되는 배관으로 인해 수압시스템의 신뢰성이 감소하였다. 실린더와 같은 많은 수압시스템의 구성요소의 규격은 유압시스템과 같은 높은 압력을 사용할 수 없어 매우 크다. 유압시스템은 수백 kg/cm^2 압력에서 운영되는 반면 대부분 수압시스템은 수십 kg/cm^2 압력에서 운영된다.

12.1.5 공압 작동기

공압작동기는 구동 매체가 공기인 점을 제외하고 유압 작동기와 유사하다. 공압작동기는 밸브 운영에 거의 사용되지 않는다. 공압작동기의 문제는 압축성인 공기에 있다. 즉, 공기는 설정된 밸브 위치를 유지하기가 어렵다. 만일 큰 조작력이 필요한 경우 공기 압력은 통상적으로 $9kg/cm^2$ 로 제한되기 때문에 공압실린더와 제어 시스템은 상당히 커지게

된다. 압축된 공기의 습도는 영하 온도에서 운영 문제를 발생시킬 수 있고, 공압 장비의 내부 부식을 발생시킬 수 있다. 또한, 압축된 공기가 제어되지 않은 상태로 대기로 팽창 방출되면 큰 손상이 발생할 수 있어 위험하다.

공압 실린더는 압력 범위가 최소 $10kg/cm^2$ 인 타이로드 또는 볼트 플랜지 구조를 갖는다. 실린더 장착 치수는 적용 가능한 ANSI B 93.15의 요구조건을 준수하여야 한다. 실린더 배럴은 반드시 청동, 유리섬유 보강 플라스틱, 탄소강, 스테인레스 스틸, 또는 냉간인 발황동(hard drawn brass)이어야 한다. 배럴의 내부 표면 조도는 반드시 0.5㎛ 이하로 가공되어야 한다. 실린더 헤드와 캡은 탄소강, 적합한 비금속 재질 또는 덕타일주철이어야 한다. 피스톤은 스테인레스 스틸, 탄소강, 적합한 비금속 재질 또는 덕타일 철이어야 한다. 피스톤 로드는 탄소강 또는 스테인레스 스틸 그리고 경질 크롬 또는 전기분해 니켈 도금되어야 한다. 밀봉은 공기 서비스에 적합한 엘라스토머 재질이어야 한다.

1/4 회전 운영 밸브의 경우 실린더의 적선운동을 회전운동으로 변환하기 위해 중간 기계장치가 필요하며 전형적인 기계장치는 레버, 링크, 랙과 피니언, 스카치요크이다.

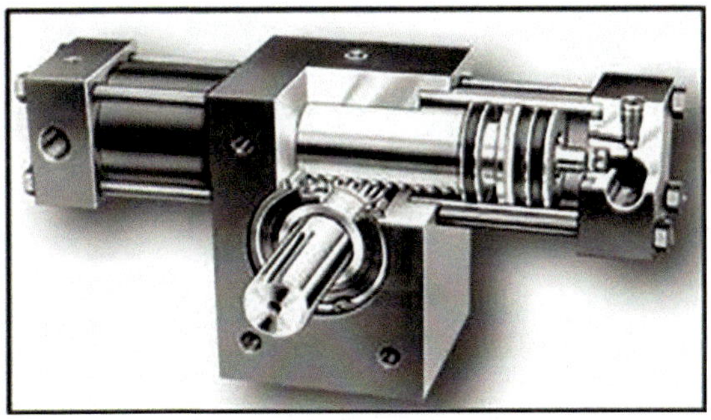

그림 12.6 랙과 피니언

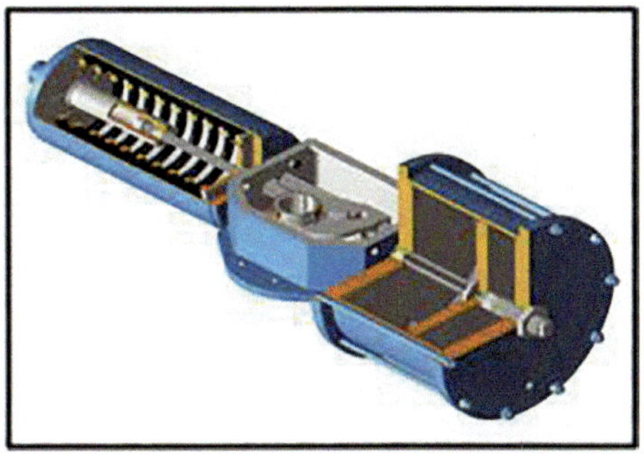

그림 12.7 스카치 요크(scotch yoke)

12.1.6 제어

제어는 전동, 유압, 공압 작동기에서의 제어와 유사하며 각 작동기는"개방-정지-폐쇄" 푸시버튼과 비상 푸시버튼으로 구성된다. 필요시 작동기는 원격으로 운영될 수 있다. 지시계 조명은 밸브의 개방-폐쇄 위치를 표시하기 위해 각 작동기에 제공된다. 지시계 조명에 대한 칼라 코드 시스템은 제작사마다 다르다. 만일 위치 지시계가 필요하면 전동 또는 수동 운영 동안 밸브 이동 범위(full-step) 내에서 지시계 다이얼이 작동기에 통합되어야 한다.

작동 시스템에 대한 전기 제어는 전동기 기동기, 푸시버튼, 지시계 조명, 현장 분리, 선택 스위치(on-off, local-remote), 단자대(terminal strips), 스페이스 히터, 리미트 스위치, 토크 스위치을 포함하고, 작동기와 일체형으로 지정된 NEMA-등급 인클로저(enclosure)에 내장된다.

12-2 원격 운영

12.2.1 일반

더욱 더 많은 설계는 원격 밸브 위치 지시 및 원격 또는 자동 밸브 운영을 제공하고 있다. 최신 운영시스템은 타당하게 저렴한 원격 위치 표시를 제공하므로 원격 또는 자동 제어가 더욱 매력적이다. 원격 또는 자동 제어는 유량 조건 변화에 대해 신속하게 반응하기 때문에 더욱 양호하게 유량을 제어할 수 있으며 원격 운영되는 시스템은 더욱 신뢰성을 갖게 된다.

12.2.2 전기 작동기

밸브 위치에 대해 4~20mA 출력 신호를 연속적으로 제공하는 위치 변환기를 전기 작동기에 장착할 수 있다. 이 신호는 강선, 광케이블, 또는 라디오 신호에 의해 수 ㎞ 떨어진 제어 판넬 또는 전산기로 전달될 수 있다. 통합 운영을 위해 변환기가 작동기 내부에 설치되고, 선택된 밸브 위치에서 계단함수(stepping functions) 또는 시그널을 생성하기 위해 쉽게 수정될 수 있다.

12.2.3 유압 실린더

전기 작동기에서 변환기의 역할을 하는 4~20mA 신호를 생성하는 선형 위치 변환기를 유압 실린더에 장착할 수 있다. 이 변환기는 밸브 위치와 관련되는 피스톤 로드 이동을 연속적인 출력 신호로 제공한다.

12-3 알람과 지시(Alarm and Instruments)

밸브 제어 시스템은 장기적으로 신뢰성 있는 시스템 운영을 제공하기 위해 반드시 다음 기능을 포함하여야 한다.

· 밸브 "개방" 및 "폐쇄" 위치 표시

· 밸브가 완전개방 및 완전폐쇄된 위치에 도달할 때 유압/전기 제어 시스템을 차단하기 위한 트립 스위치 또는 리미트 스위치

· 선택된 장비의 오작동을 나타내는 육안 및 가청 알람

· 임의 수두차에서 개방/폐쇄되지 않도록 설계된 밸브의 운영을 방지하기 위해 수두차 측정

· 수차 제작사가 명시한 시간 내 수차 가드밸브의 신속한 폐쇄

제 13 장

밸브 방류량 측정

13.1 관로손실수두

13.2 직관부 유량과 마찰계수 관계

13.3 뉴튼반복법을 이용한 비선형식 해법

13.4 유량계산

13.5 손실수두식 유량계 구성

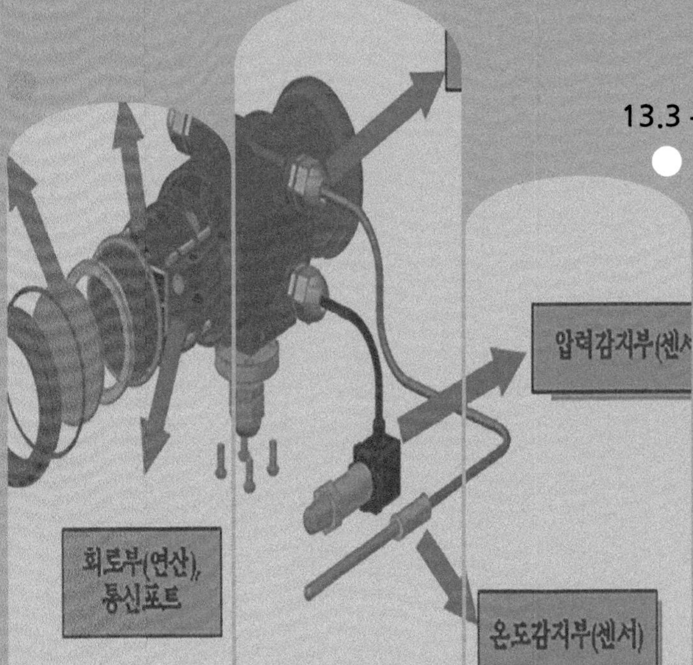

13장

밸브 방류량 측정

유량조정밸브 또는 비상방류밸브를 통과하는 유량을 구하기 위해서 통상적으로 밸브 완전개방시 밸브에서 발생하는 손실수두만을 고려한 밸브고유유량계수인 식 4.1을 사용한다. 그러나 밸브를 통과하는 유량은 밸브가 설치되는 관로조건에 따라 변화할 수 있지만 식 4.1은 이러한 조건을 반영하지 않고 있다. 이와 같이 실제 밸브가 설치된 관로조건을 고려할 때 밸브를 통과하는 유량은 다음 식으로 구할 수 있으며 이때의 유량을 밸브유효유량계수라 부른다.

$$Q = A\sqrt{\frac{2gH}{K_i + K_v + f\dfrac{L}{D}}} \qquad 13.1$$

여기서 A : 밸브 상류측 관로 단면적

g : 중력가속도

K_v : 관로 미소손실계수의 합

K_v : 밸브 개도별 손실계수

f : 관 마찰계수

L : 관로 길이

D : 관로 직경

외국 선진 밸브제작사 조차도 기술유출을 꺼려하여 상기 식에 필요한 비상방류밸브 개도별 손실계수 K_v를 제시하지 않는다. 그러나 현장 관로조건을 고려하여 표 13.1의 밸브 개도별 밸브 개방단면적과 함께 다음 식과 같은 추세식으로 밸브를 통과하는 유량을 제시하고 있다. 이 식에서 밸브 폐쇄시 정수두 H_S는 댐수위에서 밸브가 설치된 고도를 감한 것이다.

$$Q = \sqrt{\frac{2gH_SA_V^2}{1 + 1.26617A_V^2}}\ m^3/s \qquad 13.2$$

여기서 A_V : 할로우제트밸브 개도별 개방 단면적 $\left[A_V = \frac{\pi(D_O^2 - D_I^2)}{4}\right]$

H_S : 밸브 폐쇄시 정수두

D_I : 밸브 내경(1.63m)

D_O : 밸브 외경(2.30m)

개도율 (%)	$D_I(m)$	$D_O(m)$	$A_V(m^2)$	개도율 (%)	$D_I(m)$	$D_O(m)$	$A_V(m^2)$
0	1.63	1.6300	0.0000	50	1.63	1.9650	0.9458
5	1.63	1.6635	0.0867	55	1.63	1.9985	1.0501
10	1.63	1.6970	0.1751	60	1.63	2.0320	1.1562
13	1.63	1.7171	0.2290	65	1.63	2.0655	1.2640
15	1.63	1.7305	0.2652	70	1.63	2.0990	1.3735
20	1.63	1.7640	0.3572	75	1.63	2.1325	1.4849
25	1.63	1.7975	0.4509	80	1.63	2.1660	1.5980
30	1.63	1.8310	0.5464	85	1.63	2.1995	1.7128
35	1.63	1.8645	0.6436	90	1.63	2.2330	1.8294
40	1.63	1.8980	0.7426	95	1.63	2.2665	1.9478
45	1.63	1.9315	0.8433	100	1.63	2.3000	2.0680

표 13.1 할로우-제트밸브 개도별 개방단면적 A_V (공치직경 $D=1.5m$)

$H_S = 50m$ 로 가정하고 표 13.1에 주어진 단면적 A_V를 식 13.2에 대입한 결과 밸브 개도별 유량의 관계는 다음 그림과 같이 게이트밸브와 유사한 급개방특성을 갖는다.

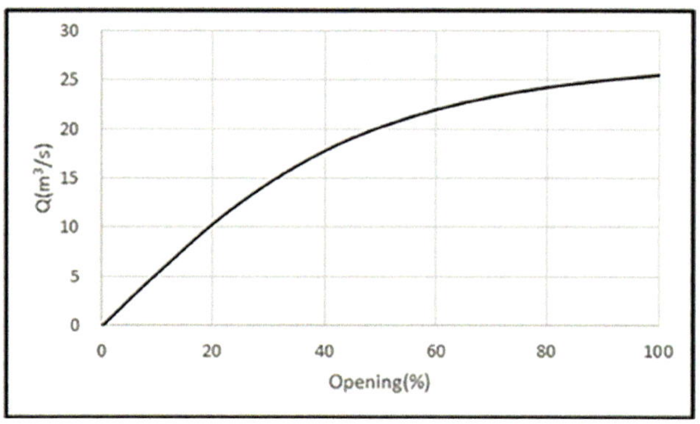

그림 13.1 할로우-제트밸브 유량특성

유체역학식으로부터 유량이 변화하면 관 마찰계수 f가 변화하여 유량에 영향을 미치므로 식 13.1을 사용하여 밸브를 통한 유량을 정확하게 표현하여야 하지만 식 13.2는 f의 영향을 무시하기 때문에 대략적인 유량만을 표현하기 때문에 실제 방류량과는 큰 차이가 발생할 수 있다.

수도사업장에서 유량은 곧 돈으로 이어지기 때문에 유량계로 요금과 관련된 유량을 정확하게 측정한다. 그러나 수자원에서는 댐 시설의 안정성이 중요하기 때문에 통상적으로 비상방류관로 대부분을 콘크리트로 매설하고 오직 밸브실에서 관로가 노출되어 유량계를 설치하기 위한 상류측과 하류측 직관거리를 확보할 수 없어 유량계를 설치하지 않고 밸브 제작사가 제시하는 식 13.2를 이용하여 방류량을 구하고 있는 것이 세계적으로 공통적인 현실이다.

통상적으로 밸브 개도에 따른 손실계수 K_v 관계는 완전 개방시에는 식 13.1에서 K_v가 작아 유량 정확도에 큰 문제가 없지만 적은 개도에서는 그림 13.2와 같이 K_v가 급격히 증가하여 유량에 큰 영향을 미치며 전술한 것과 같이 밸브 제작사는 밸브 개도별 정확한 손실계수 K_v를 제공하지 않고 있으며, 제작사가 제시한 식 13.2를 이용하여 구한 유량 Q는 손실수두 $h_L \approx Q^2$의 관계를 따르지 않고 선형관계를 보여주기 때문에 이 식의 신뢰성도 문제가 된다.

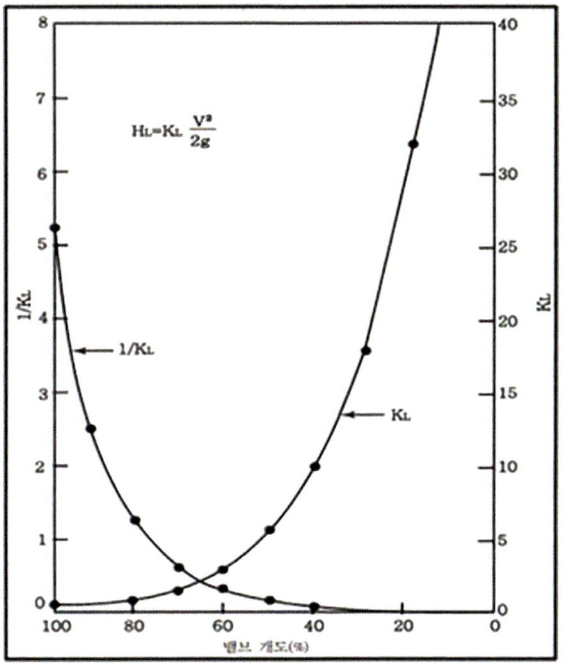

그림 13.2 B/F밸브 개도-K_L과 $1/K_L$ 관계

본절에서는 이러한 문제를 극복하여 정확한 방류량을 구하기 위한 이론을 전개하고 이 이론을 바탕으로 K-water와 ㈜협성이 공동으로 개발한 이른바 "손실수두식유량계"장치의 유량측정원리를 소개한다.

13-1 관로 손실수두

손실수두식 유량계의 유량측정원리는 관로 특정 지점에 압력계를 설치하여 유동 정지 시 정수두 H_S를 측정하고, 관로 하류측 밸브를 개방하여 유동이 형성된 상태에서 동수두 H_D를 측정한다. 이 동수두 H_D는 관로 내 유동에 따른 마찰과 미소손실로 인해 손실수두 h_L만큼 정수두 H_S 보다 작게된다. 이때 손실수두 h_L은 관로 내 관로 표면과 유체와의 마찰에 의한 마찰손실 h_f와 밸브, 곡관 등에서 유동교란에 의해 손실되는 미소손실 h_m의 합이 된다. 이를 식으로 표현하면 다음과 같다.

$$h_L = H_S - H_D \qquad 13.3$$

여기서 H_S : 유동이 정지된 상태에서 수두

H_D : 유동이 형성된 상태에서 수두

h_f : 관로 내 마찰손실수두

h_m : 관로 내 미소손실수두

h_L : 관로 내 손실수두($h_L = h_f + h_m$)

달시-바하식으로 마찰손실수두 h_f와 미소손실수두 h_m을 다음과 같이 구할 수 있다.

$$h_f = f\frac{L}{D}\frac{V^2}{2g} = f\frac{L}{D}\frac{1}{2g}\left(\frac{Q}{A}\right)^2 \qquad 13.4$$

$$h_m = K_i\frac{V^2}{2g} = K_i\frac{1}{2g}\left(\frac{Q}{A}\right)^2 \qquad 13.5$$

여기서 V : 관로 내 평균 유속

K_i : 각종 손실계수

전체손실수두 h_L은 다음과 같다.

$$h_L = \left(K_i + f\frac{L}{D}\right)\frac{1}{2g}\left(\frac{Q}{A}\right)^2$$

상기 식을 정리하면 다음과 같고, 유량 Q가 증가할수록 h_L이 증가하는 것을 알 수 있다.

$$h_L = \left(K_i + f\frac{L}{D}\right)\frac{1}{2g}\left(\frac{4Q}{\pi D^2}\right)^2 = \left(K_i + f\frac{L}{D}\right)\frac{Q^2}{D^4} \qquad 13.6$$

13-2 직관부 유량과 마찰계수 관계

관로 직관부에서 유동형성시 관로 내 마찰손실이 작용할 때 유량 Q와 마찰계수 f의 관계는 다음 Colebrook-White 식으로 표현할 수 있다.

$$\frac{1}{\sqrt{f}} = 1.14 - 2Log_{10}\left[\frac{e}{D} + \frac{7.3434728\nu D}{Q\sqrt{f}}\right] \qquad 13.7$$

여기서 e : 배관 절대조도

ν : 유체 동점성계수

관로 임의 지점에 압력계를 설치하여 H_S와 H_D를 구하면 식 13.3으로부터 h_L을 구할 수 있다. 그리고 식 13.6과 13.7로부터 관로조건이 주어지면 L, D, e 그리고 곡관부, 밸브와 같은 유동교란에 의한 미소손실계수 K_i 가 기저가 된다. 또한, 액체 종류가 명시되면 온도에 따른 동점성계수 ν가 기저가 된다. 따라서 식 13.6과 13.7에서 미지수는 f와 ν가 되므로 이제 미지수 두 개와 비선형식 두 개로 단순화되므로 뉴튼반복법으로 비선형식을 해결하여 이 두 미지수를 구할 수 있다.

13-3 뉴튼반복법을 이용한 비선형식 해법

미지수가 n개인 비선형공식시스템을 해결하기 위한 뉴튼 반복식을 다음과 같이 작성할 수 있다.

$$\{x\}^{(m+1)} = \{x\}^m - [D]^{-1}\{F\}^{(m)} \qquad 13.8$$

여기서 $\{x\}$는 전체 미지수 x 의 열벡터, $\{F\}$는 전체 공식의 열벡터, 그리고 $[D]^{-1}$은 자코비언행렬 $[D]$ 의 역행렬이다. 자코비언은 수학의 여러 분야에서 적용되고 있으며 다음과 같은 도함수의 행렬로 나타낼 수 있다.

$$[D]=\begin{bmatrix} \frac{\partial F_1}{\partial x_1} & \frac{\partial F_1}{\partial x_2} & \cdot & \cdot & \frac{\partial F_1}{\partial x_n} \\ \frac{\partial F_2}{\partial x_1} & \frac{\partial F_2}{\partial x_2} & \cdot & \cdot & \frac{\partial F_2}{\partial x_n} \\ \cdot & \cdot & \cdot & \cdot & \cdot \\ \cdot & \cdot & \cdot & \cdot & \cdot \\ \frac{\partial F_n}{\partial x_1} & \frac{\partial F_n}{\partial x_2} & \cdot & \cdot & \frac{\partial F_n}{\partial x_n} \end{bmatrix} \qquad 13.9$$

유사하게 $\{x\}$와 $\{F\}$를 다음과 같이 나타낼 수 있다.

$$\{x\}=\begin{vmatrix} x_1 \\ x_2 \\ \cdot \\ \cdot \\ x_n \end{vmatrix} \qquad \{F\}=\begin{vmatrix} F_1 \\ F_2 \\ \cdot \\ \cdot \\ F_n \end{vmatrix} \qquad 13.10$$

$[D]^{-1}\{F\}$ 는 선형 공식시스템의 해를 나타내므로 뉴튼법을 사용하여 선형공식시스템을 반복법으로 풀어 비선형 공식시스템을 해결할 수 있다는 것을 식 13.8이 보여주고 있다.

$$[D]\{z\}=\{F\} \qquad 13.11$$

식 13.8의 현재 추정치의 미지 벡터 $\{x\}$에서 식 13.11인 선형공식시스템의 해 벡터 $\{z\}$를 빼면 다음 반복에서의 해 벡터가 된다. 실제로 뉴튼법은 반복법으로 공식시스템을 해결하는 것이다.

$$\{x\}^{(m+1)}=\{x\}^{(m)}-\{z\} \qquad 13.12$$

상기 식에서 $\{z\}$는 $[D]\{z\}=\{F\}$ 를 해결함으로써 구할 수 있는 해 벡터이다. 만일 오직 선형식만이 포함되면 1회 반복으로 엄밀해를 구할 수 있다.

13-4 유량 계산

통상적으로 관로자료 D와 L은 도면으로부터 구할 수 있고, 관로 라이닝 재료에 따라 결정되는 절대조도 e, 온도에 따라 결정되는 유체의 동점성계수 ν, 곡관, 유입구, 유출구, 밸브 등 각종 장치에서 발생하는 손실계수 K_i는 관련 문헌으로부터 구할 수 있다. 현장에서 특정 관로 지점에 압력계를 설치하여 H_S와 H_D를 측정하면 h_L를 구할 수 있다.

이제 두 개의 비선형식인 식 13.11과 13.12 그리고 두 개의 미지수 f와 Q를 가지므로 뉴튼반복법으로 미지수 f 와 Q 를 해결할 수 있으며, 식 13.11과 13.12를 다음과 같이 표현할 수 있다.

$$F_1 = h_L - \left(K_i + f\frac{L}{D}\right)\frac{Q^2}{D^4} = 0 \qquad 13.13$$

$$F_2 = \frac{1}{\sqrt{f}} - \left\{1.14 - 2Log_{10}\left[\frac{e}{D} + \frac{7.3434728\nu D}{Q\sqrt{f}}\right]\right\} = 0 \qquad 13.14$$

F_1 식을 f 에 관해 편미분하면 다음과 같다.

$$\frac{\partial F_1}{\partial f} = -\frac{8}{g\pi^2}\frac{LQ^2}{D^5} = -C_1\frac{LQ^2}{D^5} \qquad 13.15$$

여기서 $C_1 = \frac{8}{g\pi^2} = 0.0251985(ES),\ 0.0828(SI)$

F_1 식을 Q 에 관해 편미분하면 다음과 같다.

$$\frac{\partial F_1}{\partial Q} = -2C_1\frac{fLQ}{D^5} = -C_2\frac{fLQ}{D^5} \qquad 13.16$$

여기서 $C_2 = 0.0504(ES),\ 0.1656(SI)$

F_2 식을 f 에 관해 미분하면

$$\frac{\partial F_2}{\partial f} = -\frac{1}{2}f^{-\frac{3}{2}} + \frac{2}{ln_{10}}\left(\frac{0.5eQf^{-0.5}}{eQ\sqrt{f} + 7.3434728\nu D^2} - \frac{0.5DQf^{-0.5}}{DQ\sqrt{f}}\right) \qquad 13.17$$

$$= -\frac{1}{2}f^{-\frac{3}{2}} + C_3\left(\frac{0.5eQf^{-0.5}}{eQ\sqrt{f} + C_4\nu D^2} - \frac{0.5}{f}\right)$$

여기서 $C_3 = 2/ln_{10} = 0.868589$, $C_4 = 7.3434728$

F_2 식을 Q에 관해 미분하면

$$\frac{\partial F_2}{\partial Q} = C_3\left[\frac{e\sqrt{f}}{eQ\sqrt{f} + C_4\nu D^2} - \frac{1}{Q}\right] \qquad 13.18$$

이제 전술한 절차에 따라 식 13.13과 13.14, 그리고 식 13.15~13.18을 식 13.11에 대입하여 $\{z\}$ 를 구하고, 이를 식 13.12에 대입하여 개선된 해를 구한다. 이와 같이 개선된 해의 오차가 허용범위 이내가 될 때까지 상기 절차를 반복하면 식 13.13과 13.14에서의 미지수인 마찰계수 f 와 유량 Q 에 대한 엄밀해를 구할 수 있다.

예제 13.1

아래 관로에서 하류측 밸브 상류측에 압력계를 설치하고 밸브 완전폐쇄시 측정한 수두 $H_S = 50.0m$, 밸브를 일부 개방하여 측정한 수두 $H_S = 47.0m$ 일 때 관로 내 마찰계수 f 와 유량 Q 를 구하라. 미소손실은 유입부 $K_i = 1.0$, 배관 내경 $D = 0.5m$, 관 길이 $L = 1005m$, 압력계는 $L = 1000m$ 지점에 설치된다. 배관 내부는 에폭시로 코팅되며 수온은 15℃이다.

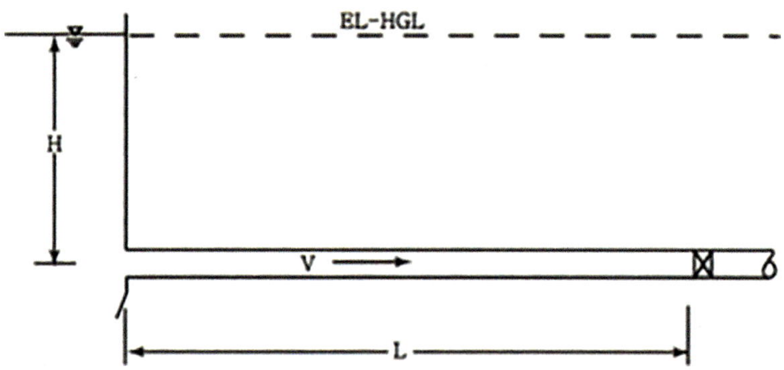

그림 1 밸브가 설치된 단순 관로

풀이

부록 C로부터 관련자료 수치를 구하고 식 13.3으로부터 손실수두를 구한다.

· 동점성계수 $\nu = 1.14 \times 10^{-6} m^2/s$

· 에폭시 라이닝 $e = 0.0002m$

$$h_L = 50.0 - 47.0 = 3.0m$$

점화수치 $f = 0.015$, 유량 $Q = 0.25m^3/s$ 로 설정하고 식 13.13으로부터 F_1 를 계산한다.

$$F_1 = 3.0 - \left(1.0 + 0.015\frac{1000}{0.5}\right)\frac{0.25^2}{0.5^4} = 0.433352 \qquad (1)$$

식 13.14로부터 F_2 를 계산한다.

$$F_2 = \frac{1}{\sqrt{0.015}} - \left\{1.14 - 2Log_{10}\left[\frac{0.0002}{0.5} + \frac{7.3434728 \times 1.14 \times 10^{-6} \times 0.5}{0.25\sqrt{0.015}}\right]\right\} \quad (2)$$

$$= 0.484440$$

식 13.15~13.18로부터 도함수를 계산한다.

$$\frac{\partial F_1}{\partial f} = -0.0828\frac{1000 \times 0.25^2}{0.5^5} = -165.59 \quad (3)$$

$$\frac{\partial F_1}{\partial Q} = -0.1656\frac{0.015 \times 1000 \times 0.25}{0.5^5} = -20.53 \quad (4)$$

$$\frac{\partial F_2}{\partial f} = -0.5 \times 0.015^{-1.5} \quad (5)$$

$$+0.868589\left(\frac{0.5 \times 0.0002 \times 0.25 \times 0.015^{-0.5}}{0.0002 \times 0.25\sqrt{0.015} + 7.3434728 \times 1.14 \times 10^{-6} \times 0.5^2} - \frac{0.5}{0.015}\right)$$

$$= -279.54$$

$$\frac{\partial F_2}{\partial Q} = 0.868589\left[\frac{0.0002\sqrt{0.015}}{0.0002 \times 0.25\sqrt{0.015} + 7.3434728 \times 1.14 \times 10^{-6} \times 0.5^2} - \frac{1}{0.25}\right] \quad (6)$$

$$= -0.88497$$

이제 상기 수치를 식 13.11에 대입하여 행렬식을 해결하여 $\{z\}$를 구한 후 $\{z\}$를 식 13.12에 대입하여 개선된 f 와 Q 를 구하여야 한다. 수계산으로 이 행렬식을 해결하는 것은 상당히 어렵지만 엑셀의 행렬식 기능을 이용하면 다음과 같이 쉽게 구할 수 있으며 엑셀 사용법은 부록 D를 참조한다.

$$\begin{bmatrix} z_1 \\ z_2 \end{bmatrix} = \begin{bmatrix} -0.001710 \\ -0.007316 \end{bmatrix} \quad (7)$$

상기 수치를 식 13.12에 대입하여 다음과 같이 개선된 f와 Q를 구한다.

$f = 0.015 - (-0.001710) = 0.01671$, $Q = 0.25 - (-0.007316) = 0.257316$,

이제 $f = 0.01671$, $Q = 0.257316$ 을 이용하여 식 (1)~(7)의 과정을 통상적으로 3~4회 반복하면 $\{z\} = 0$ 이 되며, 이는 더 이상 개선되지 않는 엄밀해라는 것을 의미한다. 본 예제에서 4회 반복과정은 그림 1~4와 같고, 4회 반복결과는 다음과 같다.

$f=0.01688,\ \ Q=0.255271m^3/s$

구분	1회	2회	3회	4회
f	0.015	0.01671	0.01688	0.01688
$Q(m^3/s)$	0.25	0.257316	0.255269	0.255271
$z_1(\Delta f)$	-0.001710	-0.000165	-0.000001	0.000000
$z_2(\Delta Q)$	-0.007316	0.002047	-0.000002	0.000000

표 1 뉴튼반복법으로 구한 f와 Q

13-5 손실수두식 유량계 구성

13.5.1 유량계 구성

본 손실수두식 유량계는 크게 다음 그림과 같이 온도와 압력감지부, 각종 인자를 받아 유량을 계산하는 회로부, 계산된 자료를 보여주는 디스플레이부로 구성된다.

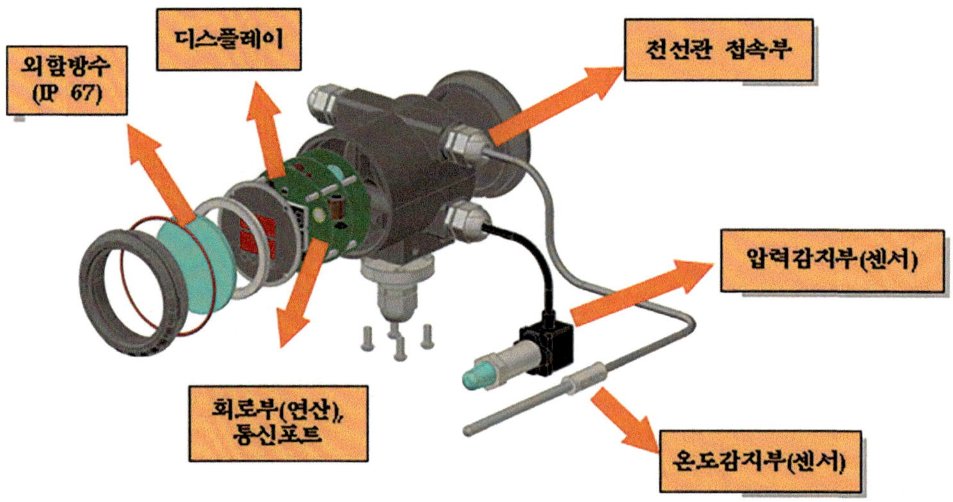

그림 13.3 손실수두식 유량계 구성

본 제품의 자료 처리 개념도는 다음과 같이 관로와 관련된 자료인 직경 D, 길이 L, 절대조도 e, 중력가속도 g, 각종 손실계수 K 등의 관로 특성계수를 입력한다. 온도센서로 수온에 따른 물의 동점성계수 ν를 구하고, 압력센서로 유동 정지된 상태에서 정수두 H_S와 유동 형성시 동수두 H_D를 구한 후 식 13.3에 따라 손실수두 h_L를 계산한다.

연산부에서는 상기 인자들을 앞에서 기술한 식에 대입하여 뉴튼법으로 비선형식인 식 13.6과 13.7을 반복하여 엄밀해를 구하여 최종 유량 Q와 관마찰계수 f를 디스플레이 한다.

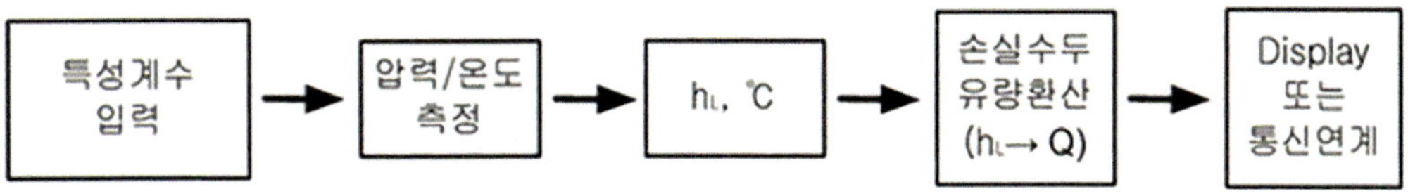

그림 13.4 유량 Q과 관말찰계수 f 연산 절차

13.5.2 제품 사양

(1)온도감지부(온도센서)

· 측정범위 : 0℃ ~50℃
· 정확도 : Pt 1000Ω, Class A [± (0.15 + 0.002 |t|)]
· 센서 직경 : 10㎜
· 센서 길이 : 390㎜
· 재질 : STS 316
· 반응시간 : 0.5초 이내
· 센서 케이블 : 10m

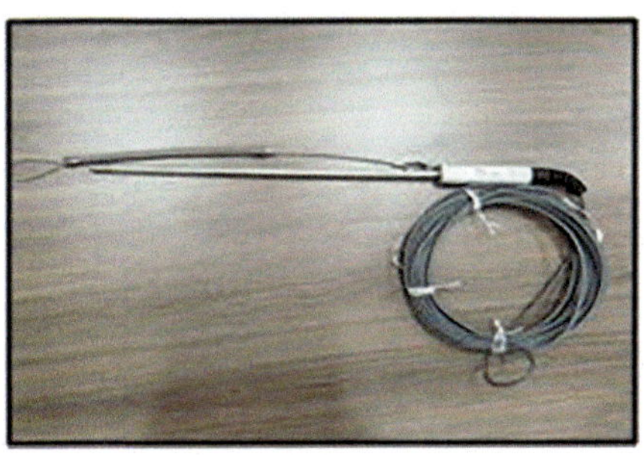

그림 13.5 온도센서

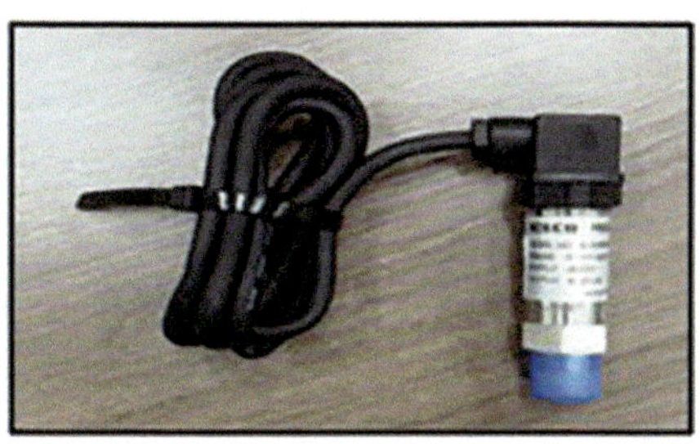

그림 13.6 압력센서

(2)압력감지부(압력센서)

· 측정범위　: 0~10 bar
· 정확도　: ±0.1% F.S 이내
· 접속부　: compressor fitting
· 재질　: STS 316
· 반응시간　: 1초 이내
· 센서 케이블　: 10m

(3)회로부(연산, 통신포트)

· 정확도　: 표출 유량 연산 ± 2.0% 이내
· 입력포트　: 온도센서, 압력센서
· 통신포트　: RS 485
  -수신 DATA : 수위레벨(저수위)
  -발신 DATA : 압력, 온도, 유량(실시간, 적산)
· 정격전원　: AC 220V 60㎐ 또는 DC 125V
· 화면구성　: Process discharge, Pressure, Temperature, Water level
· 주위온도　: -30℃~70℃
· 스위치　: Membrane 4-key with tactile feedback

그림 13.7 회로 기판

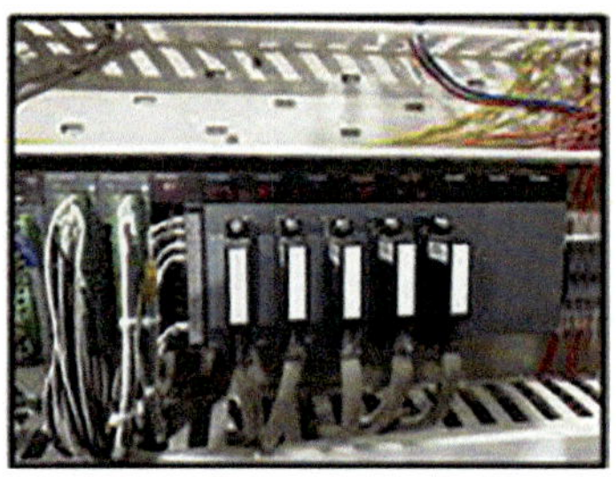
그림 13.8 실시간 통신

그림 13.9 케이스

(4)케이스(외함)

· 재질　: Die casting Aluminum
· 규격　: 110(W) * 179(H) * 115(D)㎜
  M20 * P1.5 Electrical connection standard × 4
  Standard Panel Mounting or wall Mount

(Option. 2inch pipe Mounting)

· 커버 : Safety Glass, IP 67 (Indoor Dustproof & Waterproof)

· 무게 : Approx. 2.0kg

그림 13.10 유량과 수온 디스플레이[(주)협성, K-water 수자원연구원 협찬]

제 14 장

밸브 이상현상

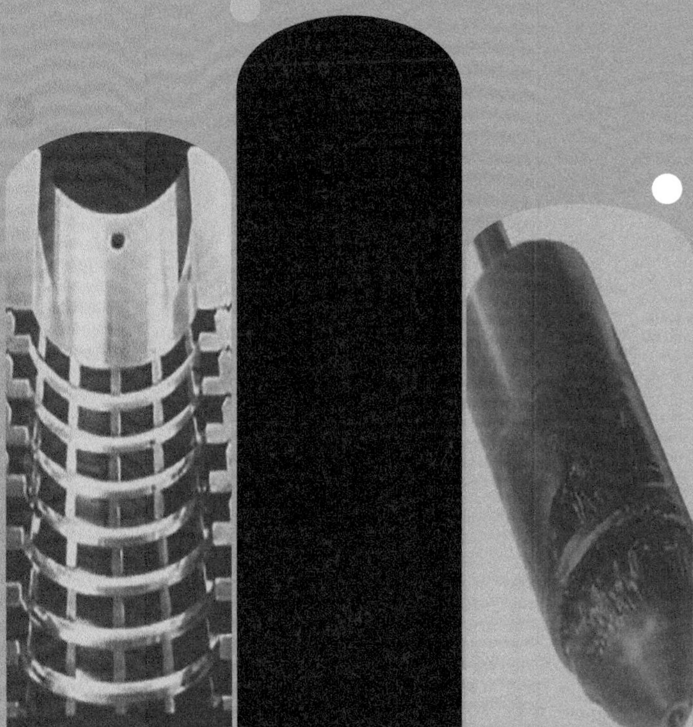

14장

밸브 이상현상

14-1 공동현상

14.1.1 공동현상 개요

공동현상은 액체에서만 발생하는 현상으로서 해군 기술자가 선박 프로펠러의 높은 회전속도에서 증기기포가 발생하는 것을 인지한 1900년대 초에 처음 발견되었다. 이 기포는 프로펠러의 물리적인 성능저하는 물론 선박 속도를 감소시키는 것으로 보였다.

대기압이 액체의 증기압과 동일하게 될 때마다 증기기포가 발생한다. 즉, 대기압에서 액체를 가열하여 액체의 압력이 증기압까지 상승하거나 또는 대기압력을 액체의 증기압으로 감소시켜도 증기기포가 발생한다. 베나 축소부를 통과하면서 유속이 가속되면 액체의 압력은 증기압 이하로 저하되어 증기기포가 형성된다. 그림 14.1과 같이 액체가 베나 축소부를 통과한 후 확장된 단면에 도달하면 유속이 낮아지면서 압력이 회복되어 압력은 액체의 증기압 이상으로 증가된다.

베나 축소부에서 형성된 증기기포는 압력회복이 될 때까지 하류측으로 이동한 후 내파(implosion)된다. 베나 축소부에서 기포 형성 및 하류측에서 내파와 같은 2단 과정을 "공동현상(cavitation)"이라 한다. 단순한 표현으로 공동현상이란 μs와 같이 아주 짧은 시간 동안 짧은 거리에서 액체-증기-액체 과정으로 변화하는 과정으로 표현할 수 있다.

공동현상으로 인한 손상이 작아 정기적인 유지보수 동안 손상을 보수할 수 있으면 정상으로 간주할 수 있다. 공동현상을 무관심하게 방치하거나 인지하지 못하면 심각한 공동현상으로 인해 정상적인 밸브수명이 단축된다. 또한, 과도한 시트 누수, 유동특성 변화, 궁극적으로 압력을 받는 밸브 몸체, 배관 등을 파괴할 수 있다. 심각하게 높은 압력저하가 발생하면 공동현상으로 인해 수분 이내 밸브 부품이 파괴될 수 있다.

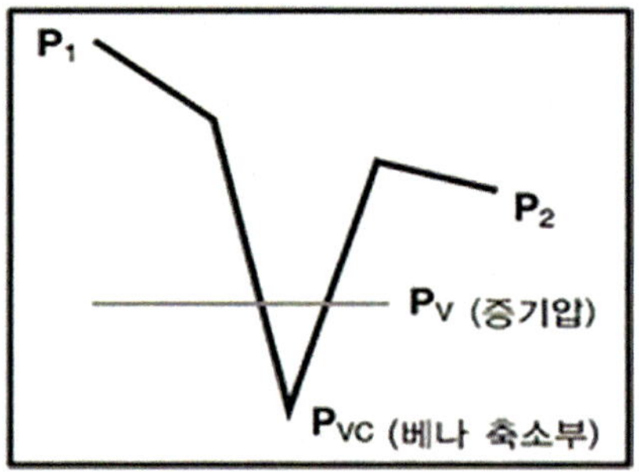

그림 14.1. 공동현상을 보여주는 유동곡선

통상적으로 공동형상이 발생하기 위해서 5개 조건이 필요하다. ①밸브 상류측과 하류측 모두 액체 상태를 유지하여야 한다. ②액체가 밸브로 유입될 때 또는 압력저하로 인해 밸브 하류측에 증기가 발생할 때 액체는 반드시 포화된 상태가 아니어야 한다. ③베나 축소부에서 액체의 압력은 증기압 이하로 저하되어야 한다. ④유출부에서 압력은 액체의 증기압 이상으로 회복되어야 한다. ⑤액체는 반드시 증기기포 형성의 주 인자(host)가 되는 가스 또는 불순물을 포함하여야 한다. 이 주 인자는 때로 핵(nuclei)이라 불린다. 이 핵은 미세입자 또는 용해된 가스로서 액체에 포함된다. 대부분 액체처리공정에서 미세입자 또는 용해가스가 포함되기 때문에 증기기포가 형성될 수 있는 기회는 항상 존재한다. 전문가는 이론적으로 공동현상은 액체 내 이러한 핵이 전혀 존재하지 않으면 발생하지 않는 것으로 믿고 있으나 열역학적 영향을 고려할 때 이러한 조건은 거의 불가능하다.

공동기포의 생성과 내파는 다음과 같이 5단계로 진행한다. ①액체가 밸브 축소부를 통과하면서 유속은 증가하고 압력은 저하된다. ②액체는 핵 주위 증기 내부로 팽창한다. ③유동이 베나 축소부로부터 이동할 때까지 기포는 성장하고 압력회복은 기포 성장을 억제한다. ④유동이 베나 축소부로부터 이동하면서 단면적은 확대되어 유속이 감소하고 압력은 증가한다. 이 증가된 압력은 증기기포를 붕괴하거나 내파하여 액체의 상태로 환원시킨다. ⑤기포가 밸브 표면 근방에 있을 경우 내파력은 표면에 작용하여 재료 피로를 발생시킨다.

공동현상에 의해 생성된 기포는 가열에 의해 생성되는 기포보다 작고 강력하다. 기포의 내파에 의한 에너지 방출은 밸브 내 또는 하류 배관 내 소음으로 작용한다. 공동현상 초기단계에서는 기포가 터지는 소리(popping) 또는 깨지는 소리(cracking)가 발생하고, 공동현상 성장단계에서는 규칙적인 쉬익하는 소리(hissing) 또는 자글자글하는 소리(sizzling)가 발생한다. 혹자는 배관 내 자갈이 구르는 소리라고도 표현한다. 통상적으로 소음은 과도한 진동을 동반하며 이 진동은 금속 또는 배관 피로 또는 민감한 측정기의 오작동을 유발한다. 특정 경우에는 밸브 또는 배관의 지지를 통해 진동을 최소할 수 있다.

공동현상으로 인한 대부분의 영구 손상은 기포 내파에 의한 밸브 내부 손상이다. 기포가 베나 축소부에서 팽창하면서 밸브 하류측으로 이동하고 압력이 회복되면서 내파하게 된다. 기포가 밸브 몸체와 같은 금속 표면 근처에 있으면 내파 에너지를 방출하는 경향이 있다. 이러한 현상은 기포에 불균형 압력이 작용할 때 발생한다. 물체와 근접한 공동기포 주변의 유체 압력은 낮아 그림 14.2와 같이 내파 에너지는 표면으로 향한다.

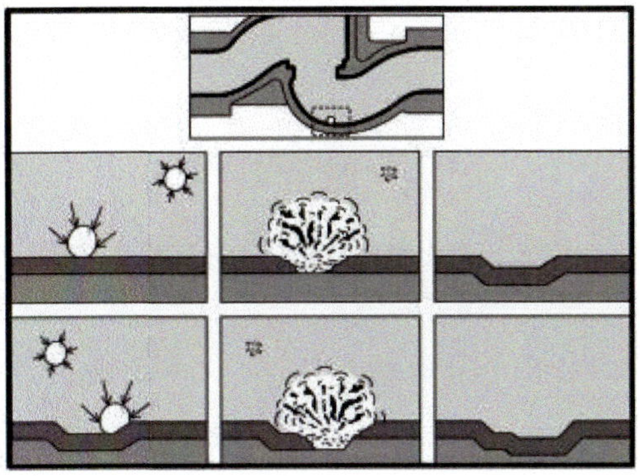

그림 14.2 밸브 몸체 벽에서 공동기포의 내파

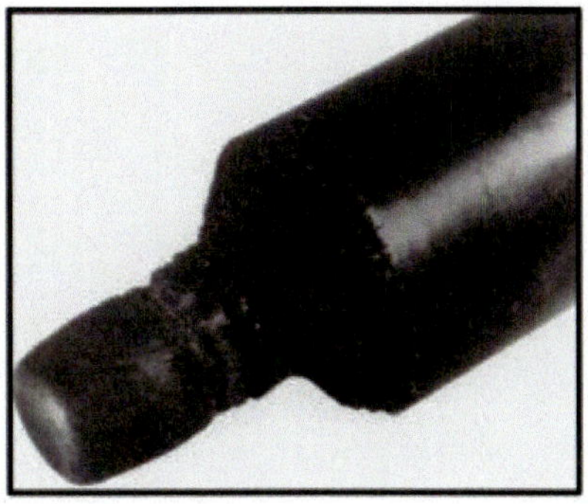

그림 14.3 공동현상으로 손상된 플러그

공동이 발생하여 기포가 내파하면 이 과정의 후반부에서 실제 손상이 발생한다. 금속 표면에서 파열되는 이 에너지의 압력강도가 밸브 재료의 인장강도 이상이 되면 소량의 금속 조각이 박리된다. 이러한 충격파는 최대 6900bar에 이르는 것으로 보고되었다. 박리된 밸브 표면 내 항력(drag)은 다른 내파하는 기포를 끌어당겨 유지하기 때문에 더욱 심한 공동화 손상을 유발하여 초기 파괴는 더욱 확대된다. 공동현상에 의해 손상된 밸브 부분은 그림 14.3과 같이 피팅(pitting)되거나 또는 샌드 블라스트된 표면처럼 보인다. 이 공동현상에 의해 손상된 외관은 플래싱 또는 침식에 의해 손상된 부드러운 외관과는 확연히 다르다. 다른 장기적인 관점에서 공동현상의 영향은 재료 코팅막을 공격하거나 산화시켜 모재를 화학 또는 부식조건에 노출시킬 수 있다.

재료 표면의 경도는 공동기포에 의해 금속이 얼마나 쉽게 박리될 수 있는지에 대해 큰 역할을 한다. 알루미늄과 같은 연한 재료는 공동기포에 의해 발생된 힘에 의해 쉽게 항복하여 박리된다. 경화된 재료는 공동현상에 대해 더욱 양호하게 저항할 수 있으나 짧은 시간 경과 후 피로가 발생하여 박리되기 시작한다.

공동현상에 대해 무기한으로 대항할 수 있는 재료는 없으며 가장 경도가 큰 재료에서도 궁극적으로 박리가 발생한다.

또 다른 공동현상으로 인한 심각한 문제는 밸브의 성능감소와 공정 시스템의 효율감소이다. 공동현상이 발생하면 전체 압력저하를 유량으로 변환시키는 밸브 용량이 감소한다. 다시 말해 공동현상은 밸브를 통한 유량 즉, 당초 계산되었던 C_v 용량을 감소시킨다.

다음 세 방법 중 하나로 공동현상을 제어 또는 제거할 수 있다. ①시스템 수정 ②밸브 몸체 내 특정 부품에 대해 경화된 재료를 사용한다. ③밸브 내의 공동을 밸브 표면으로부터 멀리 떨어지게 하거나 공동형상 자체를 방지하는 특별한 장치를 설치한다.

14.1.2 초기 및 질식 공동현상

축소부에서 압력이 저하되면서 커다란 압력저하가 발생하여 공동이 출현하기 시작하는 것을 초기 공동화라 부르며 장치에 손상이 발생할 때 이 단계를 초기 공동화 손상이라 한다. 유량이 증가하면 궁극적으로 유동은 질식되며 이러한 현상을 질식 공동화라 한다. 그림 14.4는 식 14.1에 근거한 유량 Q 와 압력차의 제곱근 $\sqrt{\Delta P}$ 사이 선형 상관관계를 보여준다.

$$Q = C_v \sqrt{\frac{\Delta P}{G_s}} \qquad 14.1$$

여기서 Q : 유량
C_v : 유량계수
ΔP : 압력저하
G_s : 비중

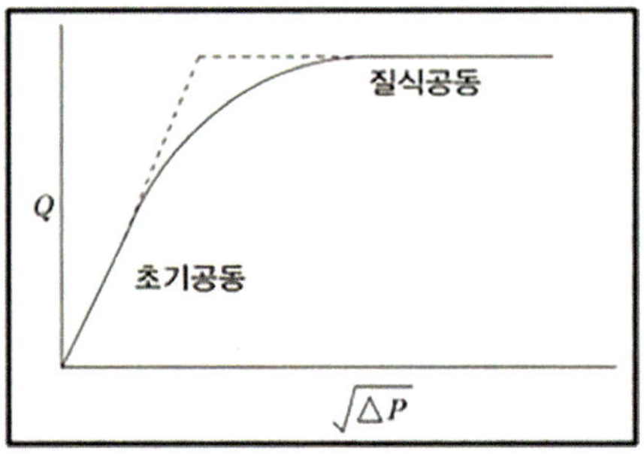

그림 14.4 $Q - \sqrt{\Delta P}$ 상관관계

14.1.3 공동지표(Cavitation Indices)

수년 동안 공동현상 전문가는 밸브를 포함한 공정 시스템에서의 공동현상 가능성을 예측하기 위해 많은 공동지표를 개발하였다. 공동현상을 예측하는 능력은 밸브의 설계 및 적용에 있어 매우 중요하다. 예를 들어 공동현상이 존재하면 공동현상의 영향을 최소화하거나 제거하기 위해 밸브를 특별한 트림으로 설계하여야 한다. 플러그 또는 시트와 같은 특정 부품을 경화된 재료로 제작하거나, 밸브를 통한 압력저하를 최소화하여 공동현상이 발생하지 않도록 공정 시스템을 변경한다.

오래전부터 밸브 산업에서는 유량과 압력저하 제곱근 사이의 선형 상관관계에서 공동현상의 영향을 보여주는 공동지표(flow curve cavitation index) K_C를 사용하여왔다. 이 K_C 지표는 오늘날에도 사용되며 때로는 다음 식을 사용해 계산한다.

$$K_C = \frac{H_1 - H_2}{H_1 - H_v} = \frac{\Delta H}{H_1 - H_v} \qquad 14.2$$

여기서 : K_C공동지표

H_1 : 밸브 유입측 수두

H_2 : 밸브 유출측 수두

H_v : 밸브 유입구 및 베나 축소부에서 액체의 증기압 수두

공동지표는 K_C로 계산된 압력저하보다 작은 임의 압력저하에서 공동현상 없이 밸브가 동작하는 것으로 가정한다. 공동지표 K_C와 관련된 기본적인 문제는 밸브를 손상시킬 수 있는 사전질식(prechoked) 공동화 조건을 고려하지 않았다는 것이며 표 14.1은 밸브 형식에 따른 통상적인 K_C 수치를 보여준다.

밸브 형식	K_C
버터플라이밸브	0.50K_M
볼밸브	0.67K_M
회전 플러그	K_M
경화된 트림을 갖는 글로브밸브(케이지 특성)	K_M
글로브밸브(플러그 특성)	0.85
특별 트림을 갖는 글로브밸브	1.0

Fisher Controls International 자료 제공
K_M은 압력회복계수 F_L^2 과 동일

표 14.1 대표적인 K_C 수치

밸브에 대한 더욱 유용한 공동지표는 σ이며 이 지표는 1995년 미국 계측 협회(Instrument Society of America)에 의해 증명되었다. σ의 일반적인 개념은 공동화를 촉진하는 힘과 공동화에 대항하는 힘의 비로서 다음 식과 같다.

$$\sigma = \frac{H_2 - H_v}{H_1 - H_2} \qquad 14.3$$

여기서 σ : 공동지표

H_1 : 밸브 유입측 수두(밸브로부터 배관 직경의 1배 상류측에서 측정)

H_2 : 밸브 유출측 수두(밸브로부터 배관 직경의 5배 하류측에서 측정)

H_v : 액체 온도에서의 액체 증기압 수두

밸브 내에서 공동손상이 발생할 확률은 σ가 클수록 적은 반면 σ가 작을수록 밸브 내에서 공동손상이 발생할 확률이 크다. σ가 0 또는 음의 수가 되면 플래싱이 발생한다.σ는 초기σ와 질식σ 두 형태로 표현되며 초기 σ는 공동화가 언제 시작하는지를 나타내는 수치이고, 질식 σ는 질식유동 또는 완전 공동화가 발생하는 시점을 나타내는 수치이다.

만일 계산된 σ 수치가 초기σ와 질식σ사이일 경우 밸브 내 공동현상으로 인한 손상을 방지하기 위해 특별 트림, 경화 재료, 공정 변화 등과 같은 조치를 취하여야 한다. 초기 σ와 질식σ수치는 실험실과 현장 실험을 통해 결정되며 밸브의 대표적인 수치는 표 14.2와 같다.

밸브 형식	유동 방향	트림 규격	초기 σ	질식 σ
글로브	플러그 상부 플러그 상부 플러그 하부	전체 단면적 감소 전체/감소	0.73 0.93 0.52	0.38 0.56 0.52
버터플라이	60° 개방 90° 개방	전체 전체	1.40 3.16	0.73 2.19
볼	60° 개방 90° 개방	전체 전체	1.40 5.20	0.64 2.19
특별한 트림을 갖는 글로브	플러그 하부	전체/감소	0.30~0.001	*

Valtek International 자료 제공

주의 : 오직 추정하기 위해 사용하고 σ는 특정 밸브설계에 따라 변화한다.

*적절히 적용하면 질식유동은 발생하지 않는다.

표 14.2 대표적인 σ수치

그림 14.5는 물을 매체로 한 버터플라이, 게이트, 글로브, 볼밸브의 초기 공동지수를 나타낸다. 이 지수는 시드니 광역시 상하수도국(Sydney Metropo-litan Water Sewerage and Drainage Board)의 실험 결과와 여러 문헌에 기록된 자료들을 편집한 것이다. 온도, 동반된 공기, 불순물, 모델 오차, 그리고 관측자의 판단 등이 실험 결과에 영향을 미칠 수 있으므로 오직 참고자료로만 이 그림을 사용하여야 한다.

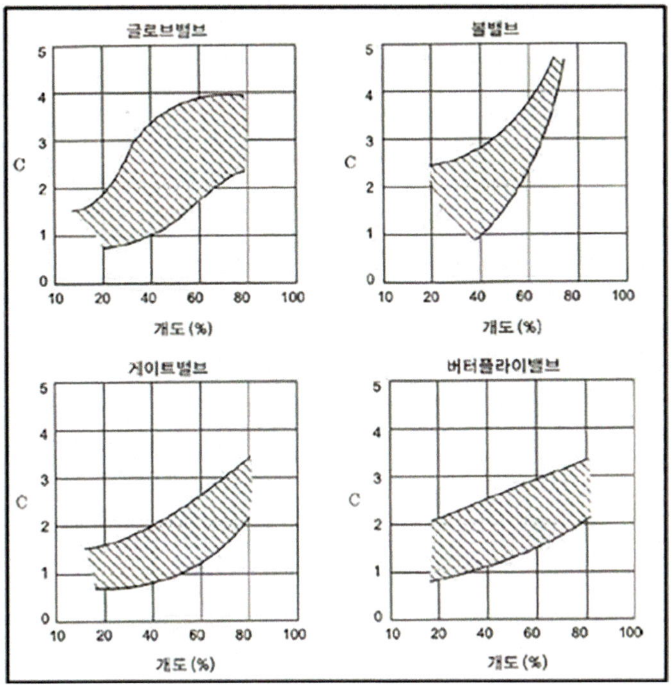

그림 14.5 인라인 밸브의 초기 공동지수

예제 14.1

아래와 같이 직경 $D=0.5m$, 관로길이 $L=1000m$인 관로의 중간 지점과 하류측 말단부에 버터플라이밸브를 설치하여 개도 60%로 교축할 경우 공동현상 발생여부를 결정하라. 단 밸브개도 60%에서 손실계수는 $K_v=4.2$, 유입부와 유출부 손실계수는 $K_{en}=0.5$, $K_{exit}=1.0$, 밸브 완전폐쇄시 정수두는 $H_S=50m$, 배관 내부 절대조도 $e=0.0002m$, 수온은 15℃이다.

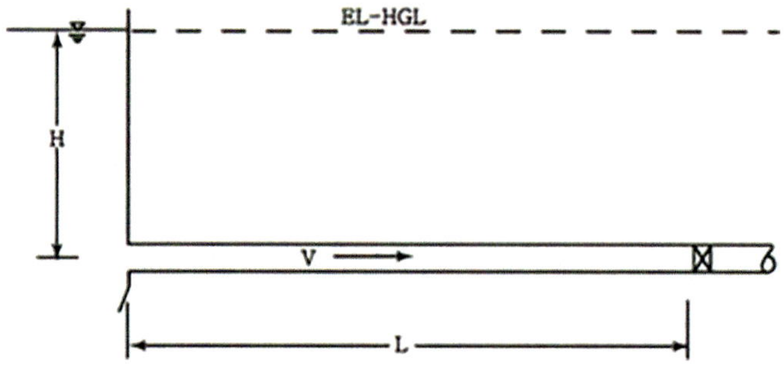

그림 1 밸브가 설치된 단순 관로

풀이

밸브가 관로 중간에 설치된 경우

문제를 해결하기 위해서는 먼저 점화수치로서 $f=0.015$ 로 설정하고, 이를 식 14.33에 대입하여 관로를 통한 유량 Q를 구한다.

$$Q=3.14\frac{0.5^2}{4}\sqrt{\frac{2\times9.81\times50}{\left(1.5+4.2+0.015\frac{1000}{0.5}\right)}}=1.0288m^3/s \tag{1}$$

$f=0.015$ 를 식 14.46의 좌변에 대입한다.

$$F_1=\frac{1}{\sqrt{f}}=\frac{1}{\sqrt{0.015}}=8.164966 \tag{2}$$

부록 C로부터 $e=0.0002m$, $\nu=1.14\times10^{-6}m^2/s$ 그리고 문제에서 주어진 자료를 식 14.46의 우변에 대입한다.

$$F_2=1.14-2Log_{10}\left[\frac{0.0002}{0.5}+\frac{7.3434728\times1.14\times10^{-6}\times0.5}{1.0288\sqrt{0.015}}\right]$$
$$=7.866463 \tag{3}$$

상기 $F_2=7.806750$을 F_1 식에 대입하여 다음과 같이 새로운 $f=0.0171$을 구한다.

$$f=\left(\frac{1}{7.866463}\right)^2=0.0162 \tag{4}$$

이제 $f=0.0164$ 을 상기 식 (1)~(3)에 대입하여 새로운 f 를 구한다. 이러한 절차를 4~5회 반복하면 f 와 Q의 엄밀해를 구할 수 있으며 반복 결과는 다음 표와 같다.

배관	1	2	3	4	5
e/D	0.000400	0.000400	0.000400	0.000400	0.000400
f	0.0150	0.0162	0.0162	0.0162	0.0162
$V(m/s)$	5.2420	5.0796	5.0798	5.0798	5.0798
$Q(m^3/s)$	1.0288	0.9969	0.9969	0.9969	0.9969
F_1	8.164966	7.866463	7.866846	7.866846	7.866846
F_2	7.866463	7.866846	7.866846	7.866846	7.866846

표 1 f와 Q 계산결과

밸브 상류측 관로, 밸브, 밸브 하류측 관로에서 발생하는 손실수두 h_{Lu}, h_{Lv}, h_{Ld} 는 다음과 같다.

$$h_{Lu} = \left(K_{en} + f\frac{L}{D}\right)\frac{V^2}{2g} = \left(0.5 + 0.0162\frac{1000}{2\times 0.5}\right)\frac{5.0798^2}{2\times 9.81} = 21.91m$$

$$h_{Lv} = K_v\frac{V^2}{2g} = 4.2\frac{5.0798^2}{2\times 9.81} = 5.52m$$

$$h_{Ld} = \left(K_{exit} + f\frac{L}{D}\right)\frac{V^2}{2g} = \left(1.0 + 0.0162\frac{1000}{2\times 0.5}\right)\frac{5.0798^2}{2\times 9.81} = 22.25m$$

식 14.3으로부터 공동지수 σ를 구하면 다음과 같다.

$$H_1 = H_S - h_{Lu} = 50 - 21.91 = 28.09m$$

$$H_2 = H_S - h_{Lu} - h_{Lv} = 50 - 21.91 - 5.52 = 22.57m$$

$$\sigma = \frac{22.57 - (-10)}{28.09 - 22.57} = 5.896$$

밸브가 관로 하류측 말단부에 설치된 경우

밸브가 관로 하류측 말단부에 설치되면 물은 대기로 자유방류되므로 밸브 상류측 관로와 밸브에서 발생하는 손실수두 h_{Lv} 와 h_{Lv} 는 다음과 같다.

$$h_{Lu} = \left(K_{en} + f\frac{L}{D}\right)\frac{V^2}{2g} = \left(0.5 + 0.0162\frac{1000}{0.5}\right)\frac{5.0798^2}{2\times 9.81} = 43.16m$$

$$h_{Lv} = K_v\frac{V^2}{2g} = 4.2\frac{5.0798^2}{2\times 9.81} = 5.52m$$

식 14.3으로부터 공동지수 σ를 구하면 다음과 같다.

$$H_1 = H_S - h_{Lu} = 50 - 43.16 = 6.84m$$

$$H_2 = H_{atm} = 0m$$

$$\sigma = \frac{0.0 - (-10)}{6.84 - 0.0} = 1.462$$

표 14.2와 그림 14.5로부터 버터플라이밸브 개도 60%인 경우 $\sigma < 1.4 \sim 2.8$에서 초기 공동이 발생하고 이 수치보다 작을 때는 질식 공동이 발생하며, 이 수치보다 크면 공동현상이 발생하지 않는 것을 알 수 있다. 계산 결과 관로 중간에 밸브가 설치될 때는 공동현상이 발생하지 않지만 관로 하류측 말단부에 설치될 때는 초기공동현상이 발생한다. 따라서 관로 말단부에 설치하여 방류할 경우에는 표 2.2로부터 적합한 밸브형식을 선정하여야 한다.

14.1.4 공동현상방지를 위한 시스템 수정

공동현상 제거 방법은 부분 폐쇄된 밸브 또는 베나 축소부에서 압력이 증기압 이하로 저하되는 것을 방지하는 것이다. 이러한 압력저하가 이루어지면 증기기포가 형성되지 않아 공동현상도 방지된다. 필요한 하류측 압력을 얻기 위한 연속적인 소량의 압력저하를 발생시키기 위해서 시스템의 수정 또는 특별 트림이 요구된다. 그림 14.1과 같이 한 번에 큰 압력저하보다는 그림 14.6과 같이 연속적인 작은 압력저하를 발생시켜 압력이 증기압 이하로 저하되는 것을 방지할 수 있다.

어느 경우에는 공동현상을 최소화하기 위해 공정시스템 및 관련 서비스 조건, 또는 시스템에서 사용된 공정장치를 수정한다. 밸브형식 또는 시스템에 사용된 밸브 숫자로도 공동현상의 영향을 수정할 수 있다. 또 다른 공동현상 방지법은 시스템 내로 공기를 주입하는 것이다. 처음에는 이 공기 주입으로 추가된 공기는 증기기포의 발생 원인인 핵을 추가로 제공하면서 더욱 악조건으로 만들어 손상을 증대시키는 것처럼 보인다. 그러나 공동현상에 관한 연구결과는 프로세스 유선에 특정 점까지 공기를 추가하면 내파하는 기포의 파괴력을 방해하여 전체적인 손상을 감소시킬 수 있는 것으로 증명되었다. 이러한 해결책은 규격이 큰 밸브를 통해 탱크로 유출하거나 유체 내 큰 입자로 인해 공동화-제어 트림, 공동화방지 트림 또는 하류측 장치를 사용할 수 없을 때 최적이다.

하류측 압력을 변화시켜 공동현상의 강도를 조정할 수 있다. 하류측 압력을 상승시키면 공정 유동 용량이 감소되지만 압력이 증기압 이하로 저하되는 것을 충분히 방지할 수 있다.

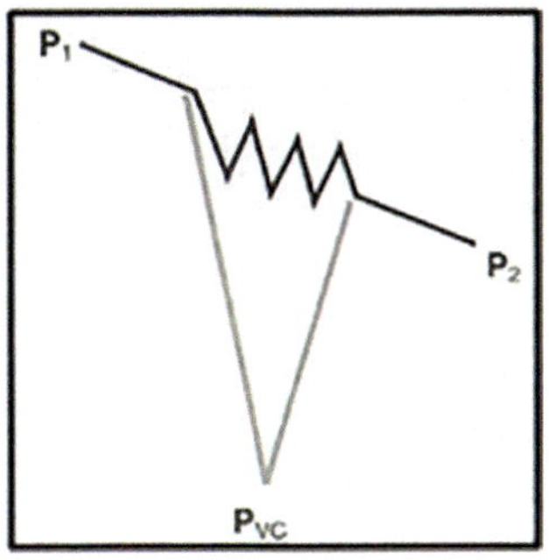

그림 14.6 완만한 압력저하의 유동곡선

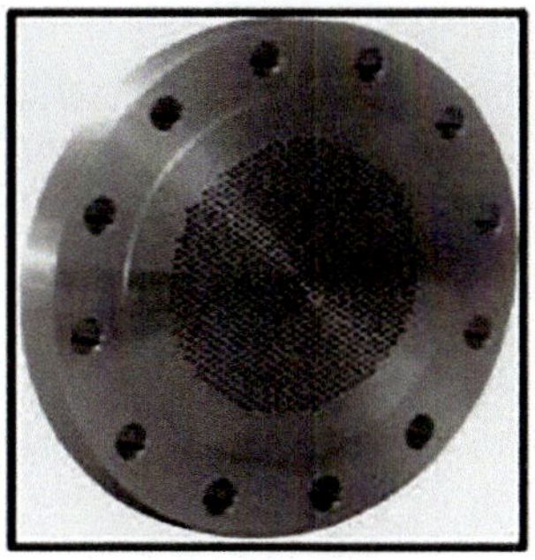

그림 14.7 글로브밸브에 사용되는 배압장치

그림 14.8 회전밸브에 사용되는 배압장치

밸브와 하류측 배관 사이에 그림 14.7과 14.8의 "배압장치"를 설치하여 하류측의 저항과 압력을 증가시켜 밸브에 의한 압력저하를 낮춘다. 오늘날 다양한 배압 장치를 사용할 수 있지만 대표적인 장치는 그림 14.7과 같다. 배압장치는 밸브의 유동 능력을 제한하므로 더 큰 밸브가 요구될 수 있다. 정기적으로 이 장비를 점검하여 침식 또는 공동현상에 의한 마모 여부를 확인하여야 한다. 배압장치가 마모되면 궁극적으로 하류측 압력이 저하되고, 압력저하가 증가하여 공동현상이 발생한다. 특히, 배압장치를 사용할 때는 유량 범위의 적합 여부를 반드시 확인하여야 한다. 그렇지 않으면 장비 하류측 배관 내 공동현상이 발생할 수 있다. 통상적으로 배압장치는 그림 14.7의 회전밸브형식으로 사용되며 설계 한계로 인해 밸브 내부 공동현상 방지장치로 설계될 수 없다.

그림 14.8의 배압장치는 하류측 압력을 상승시키는 기능뿐만 아니라 공동현상이 소구경 튜브 내에서 발생하여 공동현상 강도를 낮추고, 튜브가 공동화로 인한 충격을 흡수하여 공동현상을 제어할 수 있다. 회전밸브와 함께 하류측 공동제어장치를 사용할 때 다음 사항을 주의하여야 한다. 회전밸브가 개방(30 ° 이하)되기 시작하면 유체가 하류측 장치에 도달하기 전에 밸브 몸체의 후반부에서 가장 심각한 공동현상이 발생하여 밸브와 장비 사이에서 심각한 손상이 발생한다.

특정 밸브는 공동현상으로 인한 손상을 최소화하기 위해 설계된다. 예를 들어 글로브형식 선형밸브는 밸브 몸체 저부가 공동현상에 노출되고, 앵글형식 선형밸브는 베나 축소부로부터 연속적인 직선유동이 형성되어 배관 중앙부로 향해 밸브 또는 배관 표면이 증기기포의 직접적인 폭발에 노출되지 않도록 하여 공동현상으로 인한 손상이 감소된다.

일반적으로 버터플라이, 편심 플러그, 볼밸브와 같은 회전밸브의 면간거리는 글로브밸브와 비교하여 상당히 짧다. 따라서 회전밸브에 의해 형성되는 베나 축소부는 밸브 자체보다 하류측 배관에서 발생하기 쉽다. 이 경우 공동현상이 밸브 하류측 배관에서 발생하므로 공동현상으로 손상된 배관을 주기적으로 교체하여야 한다. 다른 선택사항은 하나의 밸브 대신 두 개 또는 세 개의 밸브를 설치하여 적은 압력저하를 두 번 또는 세 번에 걸쳐 발생하도록 하여 한번에 많은 압력저하로 인해 압력이 증기압 이하로 저하되는 것을 방지한다. 이 선택사항은 밸브 비용 때문에 고가이지만 특별 제작되는 밸브에 비해 저가이다. 상류측 압력이 높은 경우 첫 번째 밸브 개방시 문제가 발생할 수 있다. 유동이 두 번째 밸브에 도달할 때까지 극히 짧은 시간 동안 첫 번째 밸브는 전체 압력저하를 수용한다. 따라서 특정 경우 첫 번째 밸브에 공동화 손상이 발생할 수 있으며 이 경우 밸브의 공동화 방지 트림을 설치하는 것이 좋을 수 있다.

14.1.5 구성재료

인장강도가 낮은 연성재료는 경화재질보다 공동현상에 민감하다. 공동현상에 대처하는 가장 일반적인 방법 중 하나는 밸브를 Rockwell 경도가 40 이상인 경화재료로 제작하는 것이다. 일반적으로 밸브 몸체는 크롬-몰리브덴, 강합금(ASTM SA-217 Grade WC9 및 C5)과 같은 재료로 제작되고, 트림 부분은 스테인리스 316 또는 416과 같은 경화재질로 도포된 솔리드 합금으로 제작된다.

앵글밸브 사용시 공동현상에 대한 하나의 장점은 경화된 시트링, 연장된 벤트리 시트링 또는 몸체 라이너 3개 중 하나를 밸브 몸체 후반부에 설치할 수 있다는 것이다. 공동현상으로 이 부품이 어느 정도 손상되면 정기적으로 대체할 수 있으며 이 라이너는 합금 6 또는 17-4ph 스테인리스강으로 제작된다.

PTFE 라이너 또는 플라스틱과 같은 비금속 재질로 제작된 몸체는 금속재질보다 항복점이 낮아 더 쉽게 공동화 손상에 영향을 받으므로 이를 방지하기 위해서는 이러한 재질은 권장되지 않는다.

14.1.6 공동현상 제어장치

특정 밸브는 증기기포를 포함한 공동을 금속 표면으로부터 멀리 이동시키기 위한 특별한 트림이 함께 설치될 수 있다. 공동제어트림은 공동현상을 방지하기 위해 트림을 설계하는 것만큼 어렵지 않기 때문에 저가이고 개념적으로도 단순하다.

그림 14.9는 공동현상 제어장치의 동작원리를 설명한다. 플러그 상부 유입인 경우 밸브 내부에 특별하게 설계된 구멍들을 갖는 특별한 리테이너(retainer)를 설치하여야 한다. 정밀 피팅(close-fitting) 플러그가 시트로부터 들리면 특별한 제어기 내 구멍들이 노출되면서 유량이 시트를 통해 흐르도록 허용한다. 이 경우 제어기 내 구멍들은 제한부가 되어 그 부분에서 공동현상이 발생한다. 구멍들은 서로 정반대로 위치하기 때문에 하나의 구멍으로부터의 공동화 유동은 다른 구멍으로 부터의 유동과 충돌하여 공동현상 제어기의 중앙에 유지된다. 이제 공동현상에 의해 영향을 받는 유일한 금속 표면은 플러그의 바닥으로서 이 부분은 경화된 재료로 제작될 수 있다. 플러그의 바닥 중앙은 평편하고 차단될 필요가 없으므로 일정기간 희생할 수 있으며 플러그 시트 표면이 손상되면 플러그를 교체하면 된다.

이와 같은 공동제어설계는 광범위한 C_v를 갖는 선형 또는 등비유동특성으로 설계할 수 있다. 유동은 항상 플러그 위로 형성되기 때문에 시트 근방에서 불안정성을 방지하기 위해 압력-평형 트림이 필요하다.

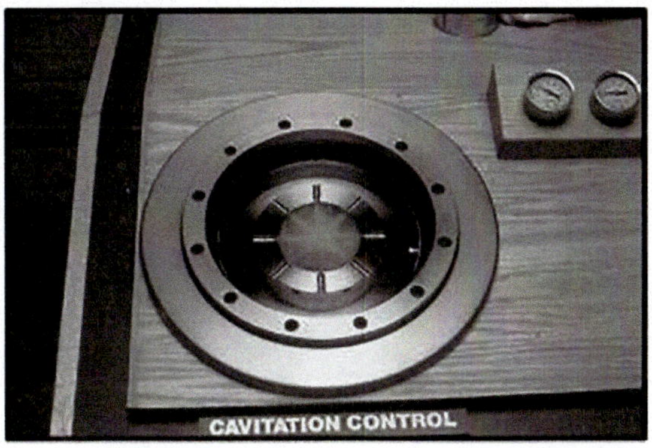

그림 14.9 공동현상 제어트림을 사용하여 몸체 표면으로부터 공동을 멀리 유지시키는 장치

14.1.7 공동현상 제거장치

특정 밸브는 공동현상의 형성 자체를 방지하도록 설계된다. 이 밸브는 고가이지만 불가피한 경우 유일한 선택일 수 있다. 밸브를 통과할 때 압력저하를 감소시키기 위해 확대된 유동 단면적, 압력저하 단계, 굽은 유로(tortuous path)를 사용하여 공동현상을 방지할 수 있도록 글로브밸브를 설계할 수 있다.

그림 14.10의 굽은 유로장치는 일련의 구멍 또는 수로를 사용하여 트림을 통과하는 유

동의 저항을 증가시킨다. 이 유로는 밸브를 통한 전체 유속을 감소시켜 압력회복을 감소시킨다. 더욱이 굽은 유로는 유동이 트림을 통과하면서 높고 낮은 압력 포켓을 생성하여 상당한 마찰손실을 발생시킨다. 단순관로에 설치된 90도 엘보에서 발생하는 손실은 배관길이 18m에서 발생하는 마찰손실과 동일한 점을 알면 이 트림 내 마찰손실의 영향을 쉽게 이해할 수 있다. 대표적인 굽은 유로장치는 일련의 직각 회전으로 마찰손실을 발생시켜 유속을 저하시킨다. 각 회전은 속도수두 1 V_H을 감소시킨다. 다음 식과 같이 유속을 변화시켜 유속 감소를 계산할 수 있으며 굽은 유로장치 설계시 회전 숫자는 전체 속도수두 손실과 스택(stack)의 직경을 결정하기 때문에 매우 중요하다.

$$V = \sqrt{2G_s V_H} \quad \Rightarrow \quad V = \sqrt{\frac{2G_s V_H}{N}} \qquad 14.4$$

여기서 V : 요구 유속(음속 이하 또는 일반적으로 90m/s)

G_s : 비중

V_H : 속도수두$\left(V_H = \rho V^2/2\right)$

N : 각 유로에서 일련의 회전 숫자(number of turns)

그림 14.10 유속 감소를 위한 굽은 유로 트림

압력저하를 감소시키는 다른 방법은 "단(staged) 압력 감소"를 이용하는 것이다. 이 방법은 트림을 통과할 때 하나의 큰 저항보다는 많은 작은 저항을 발생시키는 것이다. 실제로 이 장치는 하나의 커다란 압력저하 대신 많은 작은 압력저하를 발생시킨다. 유동이 트림을 통과하면서 첫 번째 제한부 또는 단에 도달하면 제한부 또는 단에서 일정량의 에너지를 흡수하여 적은 압력저하를 발생시키며 이러한 과정은 이후에도 계속된다. 전체 압력저하는 동일하지만 베나 축소부에서 압력을 증기압 이하로 저하시키지 않으면서 일련의 작은 압력저하를 통해 완전한 압력저하가 발생한다. 특정한 경우 시스템 압력은 변화할 수 있으며 이 압력 변화는 "단 압력 저하 트림"을 사용하여도 밸브의 운전 매개변수를 초과하여 밸브 내 공동현상을 발생시킬 수 있다. 이 경우 공동현상이 발생하여도 공동방지트림은 압력차이를 계속 수정하며 공동현상은 그리 심각하지 않게 된다.

"단 압력 저하 트림"과 관련된 개념은 그림 14.11과 같은 확장된 유동 단면적(expanded flow-area) 개념이다. 트림 내 여러 제한부를 계속해서 유동하게 되며, 유동 단면적은 각 단에서 증가한다. 압축성 유체의 경우 질량보전의 법칙에 따라 유체 압력과 밀도가 감소되면 유동 단면적은 반드시 증가되어야 한다. 이 개념으로 가장 큰 압력저하 부분은 첫 번째 제한부에서 흡수되고, 다음 제한부에서 작은 압력저하 부분이 흡수된다. 유동이 최종 제한부에 도달하면 최소 압력저하가 흡수되고 이 지점에서 압력회복은 상당히 감소하여 공동현상 발생이 방지된다. 밸브 제작사는 굽은 유로, 단 압력 감소, 확장유로 단면적 개념 중 하나를 사용하거나 또는 조합하여 다양하고 정교한 트림을 개발하여왔다.

그림 14.11 단 압력 감소를 위한 확장이(expanding tooth) 트림

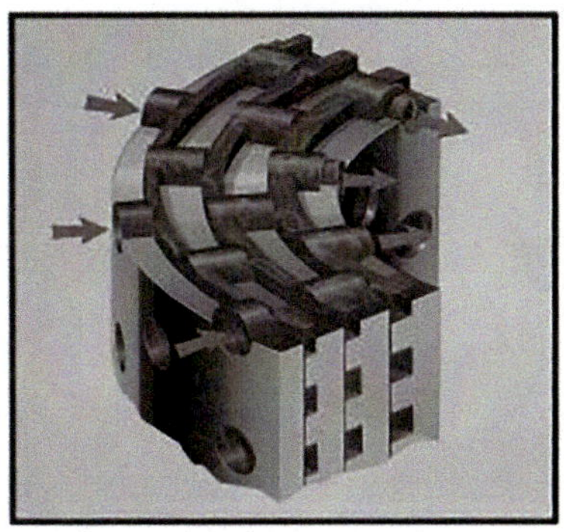

그림 14.12 다단 압력 감소 구조를 갖는 공동방지트림

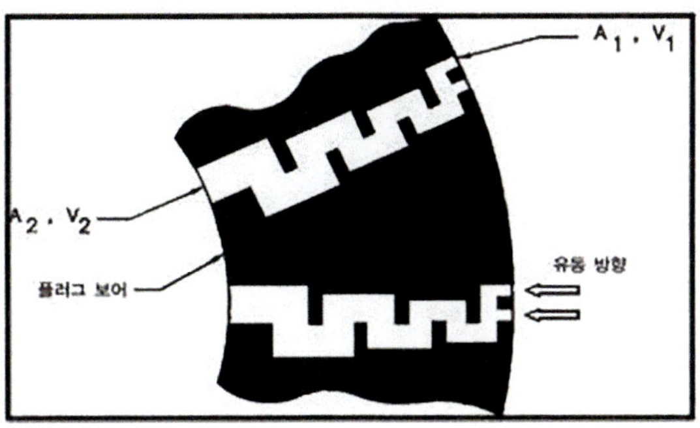

그림 14.13 굽은 유로 트림의 확장 유동 단면적

예를 들어 그림 14.12는 각 실린더가 단과 같은 역할을 하며 유동이 일련의 폐쇄된 실린더를 통과하도록 하는 플러그 상부 유입 트림을 보여준다. 유동은 일련의 좁은 직각 유로와 드릴 구멍을 통해 굽은 유로를 통과하여야 하기 때문에 마찰손실이 증가된다. 압력은 일련의 실린더를 통과하면서 증기압 이상으로 유지되면서 감소된다. 수로는 상당히 깊고 각 단에서의 구멍 숫자는 증가하여 유동 단면적이 확장된다. 이러한 원리를 이용하는 또 다른 설계는 그림 14.13과 같은 확장하는 굽은 유로를 갖는 트림으로서 직각 회전을 통한 유속제어와 함께 굽은 유로가 확장되어 유동 단면적이 확대된다.

굽은 유로는 그림 14.14와 같은 에치(etched) 디스크를 갖는 수평 방향, 또는 그림 14.15와 같은 펀치 가공된 판으로 제작된 디스크로 제작될 수 있다.

일부 공동방지트림은 등비유동특성으로 설계되지만 대부분은 선형 특성으로 설계된다. 디스크 또는 트림의 유동 단면적이 전체 스택에 걸쳐 동일하면 트림은 선형 특성을 따른다. 행정이 계속되면서 유량을 증가시키는 디스크 또는 유로를 사용하여 등비유동특성을 얻을 수 있다.

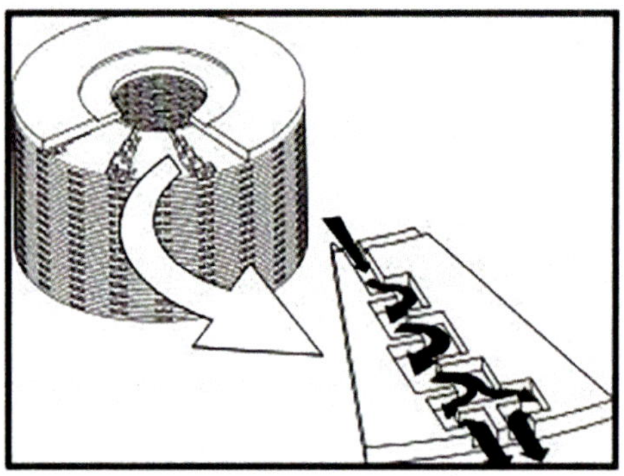

그림 14.14 수평 유동의 에치(etched) 굽은 유로 트림

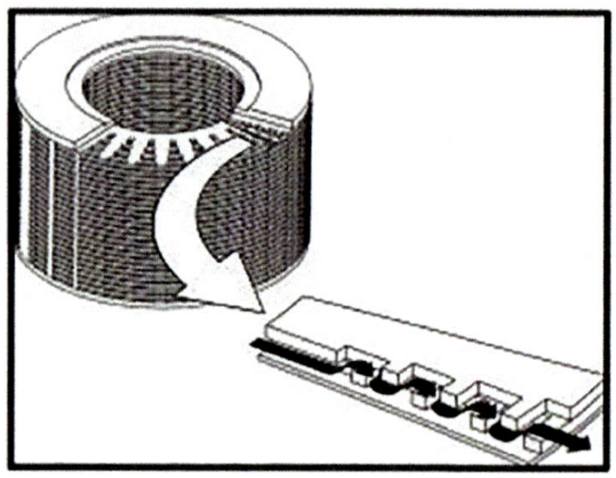

그림 14.15 수직 및 수평 유동 펀치 가공된 굽은 유로 트림

14-2 수격현상

상하수도 관로에 설치된 펌프의 기동, 정지, 정전 그리고 밸브의 급조작으로 수격현상이 발생한다. 본절에서는 지면이 제한되어 수격해석이론을 간략하게 기술하고,밸브폐쇄에 따른 수격해석방법에 대해 기술한다. 펌프장 정전시와 수차의 부하차단시 그리고 이 두 경우 수격완화설비설치시 수격현상 및 해석에 대한 상세한 내용은 "엑셀로 푸는 수격

해석"을 참조한다(박한영, 2018).

14.2.1 수격현상의 물리적 개념

관로시스템 내 유속이 급속히 변화할 때 발생하는 수격현상을 해석하려면 반드시 배관과 유체의 탄성 특성을 고려하여야 하며 이러한 수력적 부정류를 통상적으로 수격이라 한다. 이러한 수격해석은 강성주해석보다 더욱 복잡하다. 다음 절에서 이러한 수격현상을 기술하기 전에 단순 관로에서 발생하는 수격현상의 물리적 개념을 살펴보며 이는 유속이 급변할 경우 관로 내에서 발생하는 이벤트를 고찰하여 수격현상을 이해하는데 중요한 기본 개념을 제공한다.

그림 14.16과 같이 관로와 밸브가 저수지에 설치되어 있는 단순한 상황에서 일련의 절차에 따라 수격파가 시간에 따라 어떻게 전개되는지 관찰할 수 있다. 관로 내 정상유동시 유속을 V 라고 가정한다. 마찰이 없으면 관로 내 전 구간에 걸쳐 피에조미터의 수두는 H 이다. 만일 어떤 방법으로든 밸브 개도가 변화하면 밸브의 상류측과 하류측 관로 모두에서 부정류가 발생하지만 여기에서는 관로 상류부에만 집중한다.

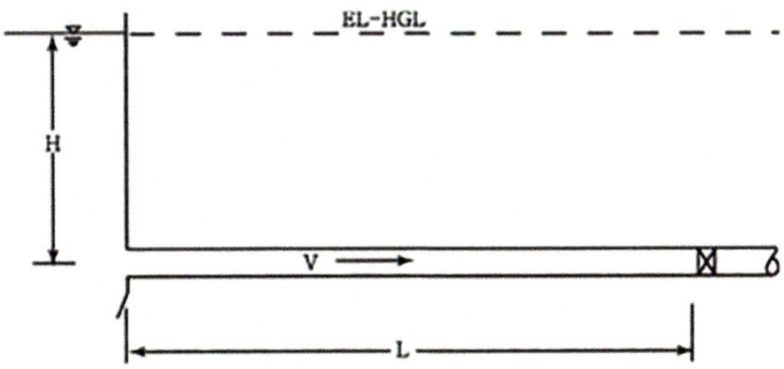

그림 14.16 마찰이 없을 때 관로 내 정상유동상태

정상유동시 밸브 개도를 조작하면 유속이 변화하고, 유속이 변화하는 곳에서는 압력파(pressure wave)가 발생하며 이 압력파는 유속변화가 발생한 지점을 중심으로 상류측과 하류측으로 음속에 가까운 파속 a로 전파된다. 밸브가 급속하게 100% 폐쇄된다고 가정하면 밸브에서 물은 급속히 힘을 받아 유속은 $V=0$ 이 되며 다음 자이코스식에 따라 밸브에서의 수두는 급작스럽게 증가한다.

$$\Delta H = \pm a \frac{\Delta V}{g} \qquad 14.5$$

상기 수두증가 ΔH는 유동하는 물의 모멘텀을 충분히 감소시켜 유속을 0으로 만든다. 이와 같이 밸브에서 증가된 수두는 관로를 약간 확장시키는 동시에 유체를 압축시켜 밀도를 증가시킨다. 배관의 팽창량은 배관의 직경, 두께, 재질, 액체의 압축성에 따라 결정되지만 통상적으로 1.5% 보다 적으며 그림 14.17에서의 관로변형은 과장된 것이다.

압력수두의 상승은 전면이 예리한 압력파를 파속 a로 상류측으로 전파시키며 a의 크기는 관로와 액체 특성의 함수이다. 밸브가 폐쇄되고 L/a초 후 압력파의 전면은 저수지에 도달하며 이 순간 관로 전체에 걸쳐 유속은 0이 되며 압력수두는 관로 전체에 걸쳐 $H+\Delta H$ 로 형성되며 관로는 확장되고 액체는 압축된다. 저수지에 도달한 압력파는 저수지에서 반사되어 방향이 반전된다.

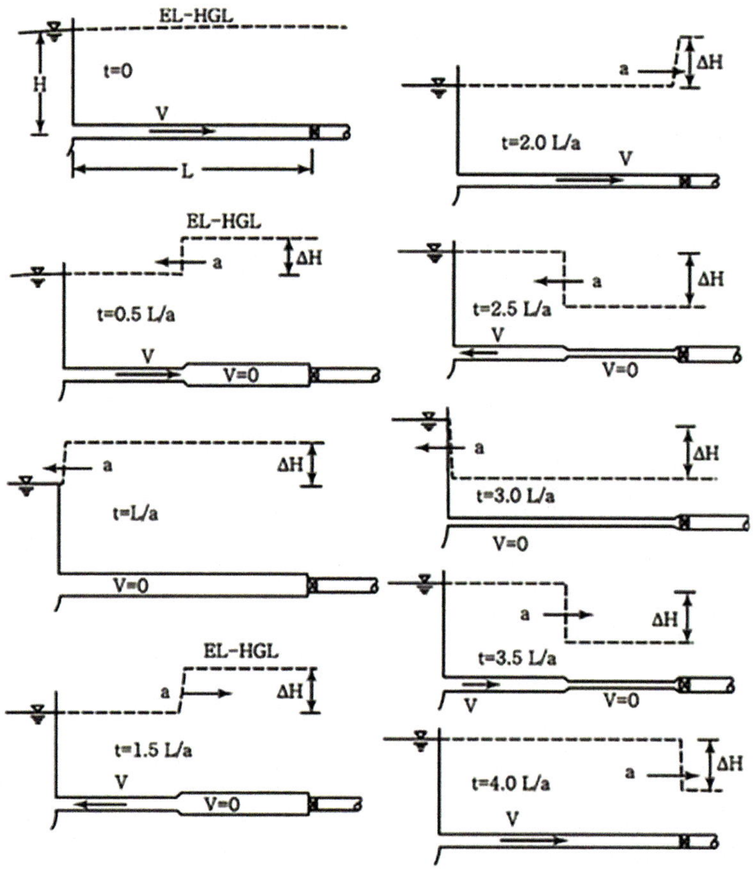

그림 14.17 시간에 따른 관로 내 압력파의 거동

L/a 초에서 저수지에서의 압력수두는 항상 H 이지만 저수지와 연결된 관로 내 압력수두는 $H+\Delta H$ 가 되어 부분적으로 불평형상태가 되어 물은 압력이 높은 곳에서 낮은 곳으로 즉, 관로로부터 저수지 방향으로 유동이 시작된다. 마찰이 없으면 저수지 방향으로 향하는 유속의 크기는 수두 증가 $2L/a$에 의해 유발되는 정상유동상태의 유속과 같다. 증가된 압력수두에 의해 팽창된 관로에 압축 저장된 액체는 이러한 유동에 대한 에너지원이 된다. 상기 절차는 시간과 함께 계속하여 전개된다. 시작점으로부터 시간이 $2L/a$ 초 경과하면 전체 관로의 압력은 원래의 수치로 회복되며 유속 방향은 원래 방향과 반대가 된다. 이 순간 압축 저장된 액체가 모두 배출되고 압력파는 폐쇄된 밸브에서 반사되면서 압력수두는 원래 정상유동상태에서의 수두보다 ΔH 만큼 감소되고 이 저하된 압력과 폐쇄된 밸브는 압력파 뒤에 있는 유속을 0이 되도록 한다. 이러한 압력파 뒤의 관로 단면은 수축되며 액체는 팽창한다. 이와 같이 압력파가 관로를 1 왕복하기 위한 소요시간 $t=2L/a$을 "관로주기"라 부른다.

압력파는 시간 $3L/a$ 초에 저수지에 도달하여 반사되며 모든 관로에서 유속은 0이 된다. 그러나 저수지 근방 관로 내 압력수두 $H-\Delta H$ 는 저수지 수두 H와 불평형 상태가 되어 물은 유속 V로 저수지로부터 관로 방향으로 유입되며 이 압력파 뒤의 관로 내 수두는 저수지 수위와 평형이 된다.

압력파는 시간이 $4L/a$ 초에 밸브에 도달하며 이 순간 모든 변수는 밸브 폐쇄 전의 정상유동상태로 복귀한다. 이 시간 간격 $4L/a$ 은 수력적 부정류의 완전한 한 주기가 되며, 이와 같이 압력파가 관로를 2 왕복하여 밸브를 기준으로 업서지와 다운서지가 모두 나타나는 시간 $t=4L/a$ 을 "압력파주기"라 부른다.

만일 마찰이 존재하지 않으면 상기 과정은 무한히 반복된다. 그러나 현실적으로 관로에는 항상 마찰과 부차적 손실이 존재하고 저수지가 아닌 용량이 작은 배수지에서는 압력파 일부만이 반사되기 때문에 이러한 부정류 현상은 수격이 발생된 후 일정 시간이 경과하면 정상유동상태로 복귀한다. 시간에 따른 상기 수격현상의 진행과정인 그림 14.17로부터 다음 결론에 도달할 수 있다.

- 압력파와 유속이 마주보는 방향으로 진행할 때의 압력파를 상승 압력파 또는 업서지(up-surge)라 하며 이는 관로 내 압력을 상승시키며 $t=0\sim L/a$ 동안 발생한다.
- 압력파가 유속을 따라가는 방향으로 진행할 때의 압력파를 하강 압력파 또는 다운서지(down-surge)라 하며 이는 관로 내 압력을 하강시키며 $t=2L/a\sim 3L/a$ 동안 발생한다.

· 압력파와 유속이 서로 반대 방향으로 진행하거나 또는 유속이 압력파를 따라가는 방향으로 진행하면 관로 내 유동은 정상유동상태로 복원되며 이 과정은 시간 $t=L/a \sim 2L/a$ 과 $t=3L/a \sim 4L/a$ 동안 발생한다.
· 업서지로 인해 상승된 압력이 밸브에 작용하는 시간은 $t=0 \sim 2L/a$, 다운서지로 인해 감소된 압력이 작용하는 시간은 $t=3 \sim 4L/a$ 이다.

만일 시간 함수로 관로 임의 지점에서 피에조미터 수두변화를 작성하면 그림 14.18과 같고, 이 결과를 이용하여 여러 기본적인 특징을 추론할 수 있다. 한 예로 임의 지점에서 수두는 시간 단독이 아닌 L/a 단위 시간 주기로 변화한다는 것을 분명하게 보여준다. 밸브에서의 수두는 그림 14.18a와 같이 $H+\Delta H$ 와 $H-\Delta H$ 수치를 취하고, 관로의 중간 지점에서의 수두는 그림 14.18b와 같이 H, $H+\Delta H$ 및 $H-\Delta H$ 수치를 취하고, 저수지에 연결된 관로에서의 수두는 그림 14.18c와 같이 순간적으로 H, $H+\Delta H$ 및 $H-\Delta H$ 수치를 취한다.

그림 14.18b와 14.18c로부터 수두차 ΔH는 초기에는 발생하지 않으나 밸브가 급폐쇄되면 압력파가 발생하고 이 압력파는 한정된 파속 a로 다른 지점으로 이동한다. 관로 전 구간을 이동하는데 필요한 시간의 절반이면 압력파가 관로의 중간 지점에 도달한다. 그림 14.18a와 같이 밸브에서의 증가된 수두는 압력파가 1 왕복하는 시간동안 계속 유지되고, 저수지로부터 돌아오는 압력파에 의해 수두는 감소된다. 사실 밸브에서 발생하는 수두증가는 순간적으로 완전하게 ΔH로 발달될 필요는 없다. 즉, 이 수두증가는 관로 1 왕복하는 시간인 관로주기보다 적은 시간 동안에 작은 수두증가가 더해져서 완전히 발달된 수두증가 ΔH로 점진적으로 발달할 수도 있다. 관로에서 유량을 조정하기 위해 밸브를 조작할 때 과도한 수격현상을 방지하기 위해서는 관로주기보다 충분히 긴 시간 동안 밸브를 조작하면 즉, 밸브를 "완폐쇄"하면 업서지와 다운서지 또는 다운서지와 업서지가 서로 중화되어 수두변화가 완화된다. 반대로 관로주기 시간보다 짧게 밸브를 조작하면 즉, 밸브를 "급폐쇄"하면 밸브에서는 식 14.5의 수두변화가 발생한다. 이와 같은 현상은 예제를 통해 증명하며 여기서 밸브 조작시간이란 밸브에서 발생하는 실제 유속변화 시간을 의미한다.

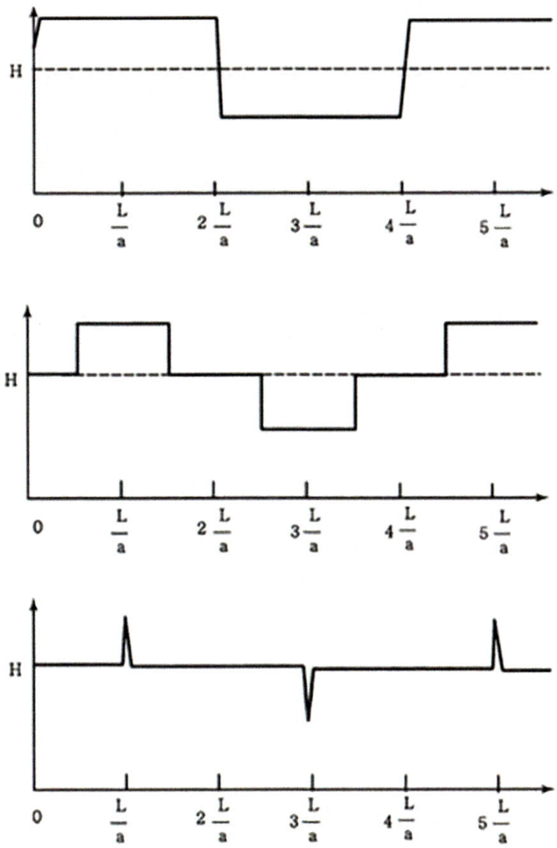

그림 14.18 a.밸브, b.관로 중간, c.저수지에
연결된 관로에서 시간에 따른 수두변화

14.2.2 수격해석 이론

그림 14.19와 같이 배관 중심부의 유체에 조그만 원통형 검사체적(control volume)을 적용하고, 그림 14.20과 같이 배관 내부 길이 ds 와 일치하는 검사체적에 질량보본법칙을 적용하여 다음과 같은 오일러식 14.6과 질량보전식 14.7을 유도할 수 있다.

$$\frac{dV}{dt}+\frac{1}{\rho}\frac{\partial p}{\partial s}+g\frac{dz}{ds}+\frac{f}{2D}V|V|=0 \qquad 14.6$$

$$a^2\frac{\partial V}{\partial s}+\frac{1}{\rho}\frac{dp}{dt}=0 \qquad 14.7$$

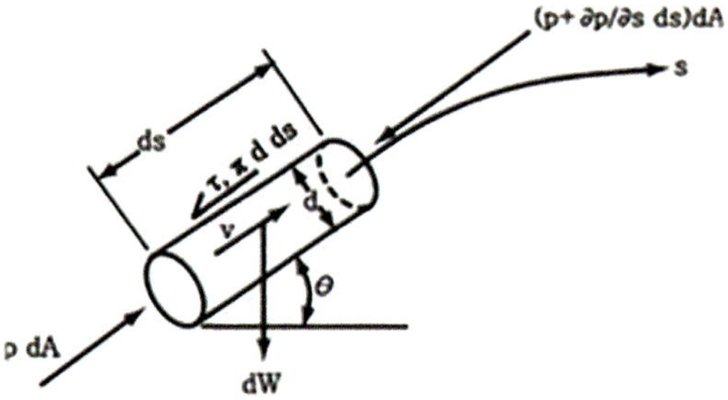

그림 14.19 원통형 유체에 작용하는 힘

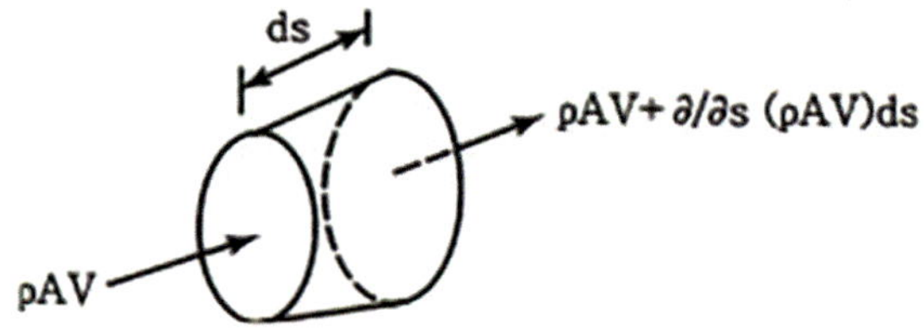

그림 14.20 배관 내부표면과 일치하는 검사체적

오늘날에도 많은 기술자는 특성법 사용에 익숙하지 않으므로 식 14.6과 14.7로부터 특성법에 도달하는 과정을 소개한다. 식 14.6과 14.7에서 공간과 시간이 변화하는 항들이 나타날 때 V와 p의 시간 변화만을 고려하고 공간 변화를 무시하여 특성법을 얻을 수 있다. 그 이유는 거동을 결정할 때 공간 변화는 시간 변화 항보다 덜 중요하기 때문이다. 이러한 개념으로 상 두 식을 다음과 같이 표현할 수 있다.

$$\frac{dV}{\partial t}+\frac{1}{\rho}\frac{\partial p}{\partial s}+g\frac{dz}{ds}+\frac{f}{2D}V|V|=0 \qquad 14.8$$

$$a^2\frac{\partial V}{\partial s}+\frac{1}{\rho}\frac{\partial p}{\partial t}=0 \qquad 14.9$$

특성법의 본질은 다음과 같이 상기 한 쌍의 편미분 방정식을 이에 상응하는 상미분 방정식으로 대체하는 것이다.

$$\frac{dV}{dt}+\frac{g}{a}\frac{dH}{dt}+\frac{f}{2D}V|V|=0 \qquad \frac{ds}{dt}=+a \qquad 14.10$$

$$\frac{dV}{dt}-\frac{g}{a}\frac{dH}{dt}+\frac{f}{2D}V|V|=0 \qquad \frac{ds}{dt}=-a \qquad 14.11$$

상기 식에서와 같이 s와 t 사이에는 $ds/dt=+a$ 와 $ds/dt=-a$ 의 특별한 관계가 유지되어야 하며 이 관계를 상기 식의 특성이라 부르며 해석절차를 "특성법"이라 부른다.

상기 식의 해를 구하기 위해 이 특성을 어떻게 사용하는지 살펴보기 위해 횡축 s와 종축 t로 구성된 $s-t$ 평면으로 연구한다. 그림 14.21은 실제적인 문제에서 $s-t$ 평면이 어떻게 관련되는지 보여준다. 여기서 s 좌표는 상류 끝 부분으로부터 관로의 거리를 나타낸다. a가 상수이므로 적정한 형태로 역변환하여 식 14.10의 $ds/dt=+a$ 특성식을 쉽게 적분하면 $t=s/a+C$가 되며 여기서 C는 상수이다. 이 식은 $s-t$ 평면에서 경사가 $1/a$인 직선군을 표현한다. 적분 상수는 임의 한 직선의 위치에 의해 결정된다. 이러한 직선들은 (+) 부호의 a 수치를 갖는 특성식과 관련되므로 C$^+$ 특성이라 한다. 그림 14.21은 원점을 지나는 C^+ 특성 직선을 보여준다. 유사하게 식 14.11의 특성식은 $s-t$ 평면에서 경사가 $-1/a$ 인 직선군을 표현한다. 식 14.11의 특성식을 C$^-$ 특성이라 하며 그림 14.21은 C$^-$ 지점을 통과하는 C$^-$ 특성 직선을 보여준다.

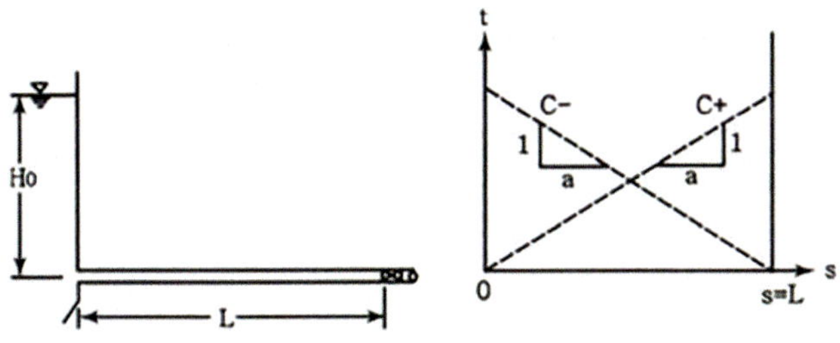

그림 14.21 단순 관로 유동에 대한 $s-t$ 평면

특성의 개념을 더욱 깊이 이해하기 위해 전술한 단순한 수격사례를 살펴보자. 이 사례에서 관로 하류 말단부에 설치된 밸브가 급작스럽게 폐쇄되어 압력파가 상류측으로 속도 a로 전파되며 이 상황에서 마찰을 무시하면 식 14.10과 14.11을 다음과 같이 표현할 수 있다.

$$\frac{dV}{dt} \pm \frac{g}{a}\frac{dH}{dt} = 0 \qquad 14.12$$

상기 식에 dt 를 곱하여 다시 정리하면 다음과 같다.

$$dH = \pm a\frac{dV}{g} \qquad 14.13$$

상기 식은 자이코프스식 14.5와 동일하다. 그림 14.21로부터 우측으로부터 좌측으로 진행하는 경사가 $1/a$ 인 C$^+$ 특성을 추적하면 압력파는 $t = L/a$ 시점에서 원점인 관로의 상류 말단부에 도달한다는 것을 알 수 있다. 이러한 결과는 전술한 단순 관로의 수격현상이 유효한 것으로 증명하고 압력파는 특성 직선을 따라 전파되는 것을 보여준다. 이러한 중요한 사실로부터 수치해석으로도 신뢰성 있는 결과를 얻을 수 있다고 결론 내릴 수 있다.

식 14.10과 14.11의 해답을 물리적으로 이해하기 위한 절차를 더욱 조심스럽게 공식화하여 진행하도록 한다. 관로의 여러 지점들에서 시간을 함수로 하는 H 와 V 수치를 계산하기 위해 $s-t$ 평면에서 s 축에서의 초기조건 그리고 모든 시간에서의 관로 양쪽 말단부 지점인 $s=L$과 $s=L$에서의 경계조건과 관련된 자료를 갖고 시작하여야 한다. 시간 경과에 따른 H와 V 수치를 구하기 위해 $s-t$ 평면에서 전방(상 방향)으로 진행 할 수 있다.

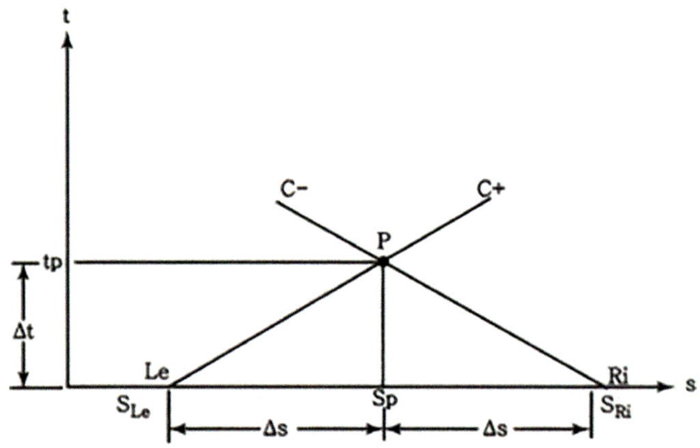

그림 14.22 식 14.10과 14.11의 특성을 보여주는 $s-t$ 평면

이러한 진행 과정을 어떻게 전개하는지 살펴보기 위해서 아직 정의되지 않은 $s-t$ 평면인 그림 14.22를 참조한다. $s-t$ 평면의 임의 점 P에서 연속적인 변수 H와 V 수치는 유일해로서 이 수치들은 서로 관련된 특성과는 독립적이다. 다음은 P를 통과하여 s 축 선상의 점 P의 좌측과 우측의 점 Le와 Ri와 교차하도록 C^+와 C^- 특성선을 연장한다. 이 경우 두 점의 간격은 점 P로부터 같은 거리 Δs가 된다. C^+와 C^- 특성에 따라 식 14.10과 14.11을 적용한다. 시간 경과에 따른 H와 V 수치를 결정하기 위한 정보는 특성을 따라 Le와 Ri 로부터 전방(상 방향)으로 전파된다.

문제에 대한 해를 구하기 위해 식 14.10과 14.11을 다음과 같이 유한 차분 형태로 나타낼 수 있다.

$$\frac{V_P - V_{Le}}{t_P - 0} + \frac{g}{a}\frac{H_P - H_{Le}}{t_P - 0} + \frac{f}{2D}V_{Le}|V_{Le}| = 0 \qquad 14.14$$

$$\frac{V_P - V_{Ri}}{t_P - 0} - \frac{g}{a}\frac{H_P - H_{Ri}}{t_P - 0} + \frac{f}{2D}V_{Ri}|V_{Ri}| = 0 \qquad 14.15$$

상기 식을 전개하면서 두개의 중요한 가정을 한다. 첫 번째, 시간 간격 Δt 동안의 평균 유속이 아닌 시간 간격이 시작되는 시점에서 유속은 마찰효과를 충분히 나타낸다고 가정하여 V_{Le}와 V_{Ri}을 사용한다. 만일 마찰항의 미지의 수치 V_P가 포함되면 미분식은 비선형이 되고 반복 해법이 필요하게 된다. 이 방정식을 해결하기 위한 많은 시간과 성가신 비선형의 특성을 고려하면 이와 같은 방식을 채택하면 안 된다. 일반적으로 부정류 문제를 풀기 위해 미소한 시간 증분 Δt를 취하므로 이러한 가정은 계산 결과의 정확도를 크게 손상시키지는 않는다.

두 번째, 정상유동상태의 마찰계수 f는 유속이 변화하는 부정류 유동에서도 마찰 손실을 충분히 나타낼 수 있다고 가정한다. 부정류해석에 있어 정상유동시의 마찰계수 f를 상수로 가정하면 정확한 해가 아닌 근사해를 구할 수 있다. 정상유동상태에서 달시-바하식의 f를 사용한다는 것은 배관 내 유동을 완전히 거친 유동으로 취급하여 상수로 간주한다는 것을 의미한다. 즉 부정류 발생시 유속이 변화하면 레이놀즈수가 변화하고 이에 따라 f 수치도 변화하지만 f를 상수로 간주한다는 것이다. 하젠-윌리엄식의 C_{HW}를 사용하면 상응하는 f가 부정류 유속의 변화에 따라 다소 조정되게 함으로써 부분적으로 보상이 된다. 그러나 상기 두 방법 모두 부정류 유동의 기본적인 거동에 기초하지 않는다.

유속은 반대 방향의 유속조차도 상대적으로 급속하게 변화하므로 유속분포는 상당히 복잡하게 된다. Silva-Araya와 Chaudhry는 복잡한 전단 응력과 에너지 분산의 계산문제에 대한 최신 평가기법에 대해 기술하였다. 그들은 달시-바하 마찰계수 f를 보유하지만 이 f에 에너지분산계수를 곱하여 부정류에서의 추가적인 마찰손실을 반영한다. 이 방법은 점성과 난류에 의한 전단 응력의 영향을 포함하는 축 대칭 유동에 대한 분산함수를 포함한다. 이러한 방법을 수행하기 위해 추가적으로 계산하는데 소요되는 노력은 실용적인 측면에서 과도한 것으로 판단된다. 결과적으로 정상유동상태의 마찰계수에 대한 전통적인 접근 방식을 계속해서 사용하여야 한다. 식 14.14와 14.15에서 $t_P - 0 = \Delta t$ 로 대체하고 Δt를 곱하면 다음과 같이 된다.

$$(V_P - V_{Le}) + \frac{g}{a}(H_P - H_{Le}) + \frac{f\Delta t}{2D} V_{Le}|V_{Le}| = 0 \qquad C^+$$
$$\Rightarrow (V_P - V_{Le}) + C_1(H_P - H_{Le}) + C_2 V_{Le}|V_{Le}| = 0 \qquad 14.16$$

$$(V_P - V_{Ri}) - \frac{g}{a}(H_P - H_{Ri}) + \frac{f\Delta t}{2D} V_{Ri}|V_{Ri}| = 0 \qquad C^-$$
$$\Rightarrow (V_P - V_{Ri}) - C_1(H_P - H_{Ri}) + C_2 V_{Ri}|V_{Ri}| = 0 \qquad 14.17$$

상기 식에서 C_1과 C_2는 다음과 같은 상수이다.

$$C_1 = \frac{g}{a},\ C_2 = \frac{f\Delta t}{2D} \quad 14.18$$

식 14.16와 14.17을 C^+와 C^- 식이라 부르며 이 식에 대한 특성을 유한차분형태로 표현하면 다음과 같다.

$$\Delta s = \pm a \Delta t \quad 14.19$$

이제 유한차분법으로 수치해석하기 위해서 s축 방향으로의 공간 간격 즉, 관로 분절의 숫자를 설정하여야 한다. 만일 관로를 N개 등분절로 결정하면 각 분절의 길이는 $\Delta s = L/N$ 이 된다. 따라서 Δs가 결정되면 식 14.19를 사용하여 Δt를 결정한다. 이제 그림 14.23과 같은 특성 격자를 구축할 수 있다. s축에 따른 격자점 $S_1 \sim S_{n+1}$ 은 관로 축을 따라 공간 Δs 만큼 떨어진 점들이고 이 점들에서의 H와 V 수치는 초기 조건들이다. 통상적으로 이러한 초기조건들은 부정류가 발생하기 전 관로 내 정상유동상태에서의 H와 V 수치이다.

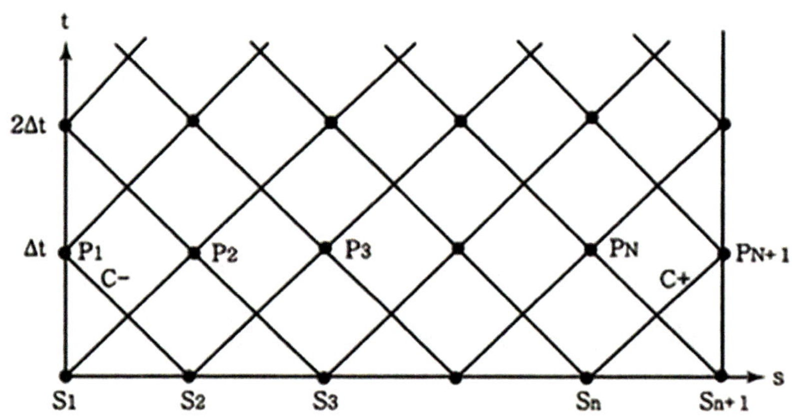

그림 14.23 단순관로에 대한 특성 격자

정상유동에서 점 Le와 Ri에서 알고 있는 수치 V_{Le}, V_{Ri}, H_{Le}, H_{Ri} 그리고 상수 g, a, f, D를 이용하여 식 14.16과 14.17을 동시에 해결하여 시간 $t = \Delta t$ 에서 점 2로부터 N까지 각 점에서의 H_P와 V_P를 구한다. 경계점인 $s = 0$과 $s = L$에서 H_{P_1}과 $H_{P_{N+1}}$ 수치를 계산하기 위해 경계와 관련된 C^+와 C^- 식과 경계조건을 사용하여야 한다. 이와 같은 절차로 시간 $t = \Delta t$ 에서 모든 H와 V 수치를 구할 수 있다. 다음 시간 $t = 2\Delta t$ 에서의 H와 V를 계산하기 위해서는 식 14.16과 14.17을 사용해 시간 $t = \Delta t$ 에서 구한 수치를 사용하여 한다. 이러한 과정을 $s-t$ 평면에서 연속하여 반복한다.

최종적으로 지금까지 해석한 결과로부터 얻을 수 있는 중요한 개념에 대해 강조한다. 관로 내에서 한 점에서 압력파가 파속 a으로 다른 점으로 전파하는데 소요되는 시간이 경과되기 전까지는 다른 점에서의 유속 또는 수두의 변화를 결정하면 안되며 이에 따른 결과는 그림 14.24와 같다. 즉, 그림 14.24는 점 S에서 그리고 언제 교란이 후속적인 시간에서 결정되는지에 대한 추론적 개념을 설명하고 있다. 결론적으로 오직 C^+와 C^- 특성 삼각형의 변에 의해 형성된 구역 내에 포함된 이벤트가 점 P에서 H와 V 수치에 영향을 미쳐야한다.

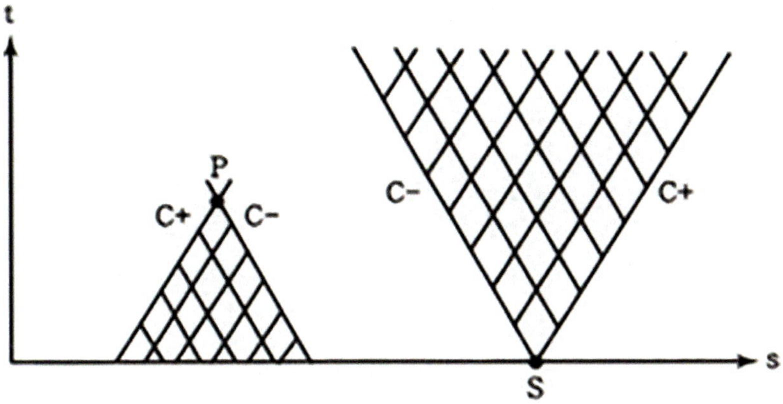

그림 14.24 $s-t$ 평면에서 교란의 전파

14.2.3 수치해석 절차

· 내부절점

앞 절에서 C^+와 C^- 특성선을 이용하여 미리 설정된 교차점 P에서 H와 V를 계산할 수 있는 유한차분식을 전개하였다. 관로 말단부에서는 경계조건을 사용하여 H와 V 수치를 결정한다. 이제 해결 절차를 정리하여 컴퓨터가 쉽게 수행할 수 있도록 한다. 우선 내부 점(점 2~N까지)에서 H와 V를 구하기 위해서 한 쌍의 식 14.16과 14.17을 동시에 해결한다. 즉, 식 14.16과 14.17을 더하여 정리하면 다음과 같이 된다.

$$2V_P - V_{Le} - V_{Ri} + C_1(H_{Ri} - H_{Le}) + C_2(V_{Le}|V_{Le}| + V_{Ri}|V_{Ri}|) = 0$$

$$\Rightarrow V_P = \frac{1}{2}[(V_{Le} + V_{Ri}) + C_1(H_{Le} - H_{Ri}) - C_2(V_{Le}|V_{Le}| + V_{Ri}|V_{Ri}|)] \qquad 14.20$$

식 14.16과 14.17을 감하여 정리하면 다음과 같이 된다.

$$-V_{Ri}+V_{Le}-2C_1H_P+C_1(H_{Ri}+H_{Le})-C_2(V_{Le}|V_{Le}|-V_{Ri}|V_{Ri}|)=0$$

$$\Rightarrow H_P=\frac{1}{2}\left[\frac{1}{C_1}(V_{Le}-V_{Ri})+(H_{Le}+H_{Ri})-\frac{C_2}{C_1}(V_{Le}|V_{Le}|-V_{Ri}|V_{Ri}|)\right] \quad 14.21$$

관로의 양쪽 말단부에서 경계조건은 외부에서 부여된 유속 또는 압력수두에 의해 결정된다. 어떻게 경계조건들을 적용하는지 독자의 이해를 돕기 위해 광범위하게 사용되는 몇 가지 예를 들기로 한다.

· 저수지 경계조건(관로 상류측 저수지)

저수지로부터 관로가 연결되어 물이 유입된다면 이 유입부에서의 피에조미터 수두 H는 저수지 수위에 상응한 수치로 가정한다. 만일 수위가 시간이 지나도 일정하면 H는 상수가 되고 유입부에서의 유입 손실은 무시한다. 저수지 수위가 시간에 따라 변화하면 H도 변화한다. 이러한 경계조건을 다음 식으로 나타낼 수 있다.

$$H_{P_1}=H_{P_{N+1}}=H_0 \quad 14.22$$

상기 H_{P_1}을 식 14.17에 대입하여 다음과 같이 V_{P_1}을 구할 수 있다.

$$V_{P1}=V_2+C_1(H_0-H_2)-C_2V_2|V_2| \quad 14.23$$

만일 저수지가 하류측 관로 말단부에 있으면 같은 방법으로 식 14.16을 사용하여 다음과 같이 $V_{P_{N+1}}$를 구할 수 있다.

$$V_{P_{N+1}}=V_N+C_1(H_N-H_{P_{N+1}})-C_2V_N|V_N| \quad 14.24$$

· 유속 경계조건(관로 하류측 밸브)

관로 하류측 말단부에서 유속 $V_{P_{N+1}}$을 알면 식 14.16과 조합하여 $H_{P_{N+1}}$ 식을 전개할 수 있다. 한 예로 밸브가 시간 T_C에 걸쳐 개도가 선형적으로 감소되어 0가 된다고 가정하면 각 시간 단계에서 밸브의 개도와 개도별 손실계수 K_v를 알 수 있다. 따라서 다음과 같이 유속을 표현할 수 있다.

$$V_{P_{N+1}}=\sqrt{\frac{2gH}{K_i+K_v+f\frac{L}{D}}}, \quad 0\le t\le T_C \quad 14.25$$

$$V_{P_{N+1}} = 0, \qquad t \geq T_C \qquad 14.26$$

이제 $V_{P_{N+1}}$ 이 기저이므로 이를 식 14.16에 대입하여 $H_{P_{N+1}}$ 을 구할 수 있다.

14.2.4 수치해석절차의 전산화

· 내부절점

앞에서 전개한 문제해결법은 상대적으로 컴퓨터 프로그램을 하기 쉽다. 관로는 N 분절로 나누어져 있어 각 분절의 절점은 관로의 상류부 1부터 시작하여 끝 단 N+1로 구분된다. 식에서 아래 첨자들의 조합과 컴퓨터 프로그램에 있어 아래 첨자 변수의 지표를 명심하여 식 14.16과 14.17을 다시 쓰면 다음과 같이 된다.

$$(V_{P_i} - V_{i-1}) + C_1(H_{P_i} - H_{i-1}) + C_2 V_{i-1}|V_{i-1}| = 0 \qquad C^+ \qquad 14.27$$

$$(V_{P_i} - V_{i+1}) - C_1(H_{P_i} - H_{i+1}) + C_2 V_{i+1}|V_{i+1}| = 0 \qquad C^- \qquad 14.28$$

이제 앞에서와 같이 식 14.27과 14.28을 이용하여 내부절점 $2 \leq i \leq N$ 에서의 H_P와 V_P를 다음과 같이 구할 수 있다.

$$V_{P_i} = \frac{1}{2}[(V_{i-1} + V_{i+1}) + C_1(H_{i-1} - H_{i+1}) - C_2(V_{i-1}|V_{i-1}| + V_{i+1}|V_{i+1}|)] \quad 14.29$$

$$H_{P_i} = \frac{1}{2}\left[\frac{1}{C_1}(V_{i-1} - V_{i+1}) + (H_{i-1} + H_{i+1}) - \frac{C_2}{C_1}(V_{i-1}|V_{i-1}| - V_{i+1}|V_{i+1}|)\right] \quad 14.30$$

예제 14.1 특성법을 이용한 밸브 폐쇄시 수격현상 해석

아래 그림의 관로 길이 $L = 5{,}000m$, 직경 $D = 0.5m$, 마찰계수 $f = 0.02$, 버터플라이밸브 완전 개방시 정상유동을 해석하라. 그리고 아래 표의 밸브 스템이 10초 동안 선형적으로 폐쇄되어 밸브가 완전폐쇄되어 $V = 0m/s$ 될 때 특성법을 사용하여 수격현상을 해석하라. 단, 파속은 $a = 1000m/s$, 완전개방시 밸브 손실계수 $K_v = 0.17$ 이고 관로 내 미소손실은 무시한다.

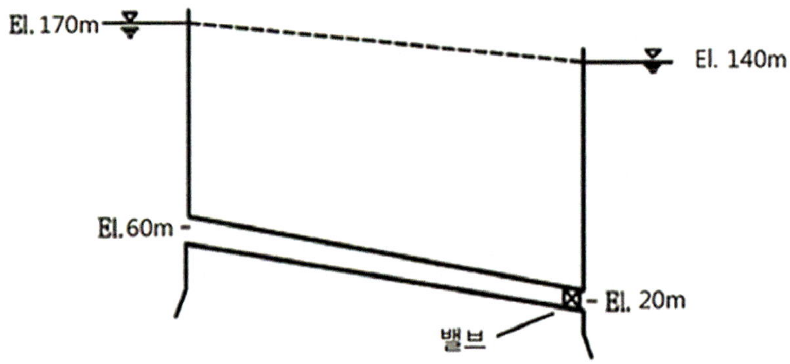

그림 1 유속이 선형으로 변화하는 단순 관로

$time(s)$	개도(%)	K_v	$V_0(m/s)$
0	100	0.17	1.71
1	90	0.30	1.71
2	80	0.64	1.71
3	70	1.80	1.71
4	60	4.20	1.70
5	50	10.90	1.67
6	40	29.00	1.60
7	30	101.0	1.40
8	20	724.0	0.80
9	10	13549	0.21
10	0	5.E+08	0.00

표 1 버터플라이밸브 특성 및 개도에 따른 유속

1. 정상유동해석

주어진 자료로부터 관로를 5개 분절로 나누면 간 분절의 길이는 다음과 같다.

$$\Delta s = \frac{L}{N} = \frac{5,000}{5} = 1,000m$$

문제에서 주어진 자료와 식 14.25를 이용하여 정상유동에서 유속을 구하면 다음과 같다.

$$V_0 = \sqrt{\frac{2gh}{K_v + f\frac{L}{D}}} = \sqrt{\frac{2\times 9.8\times(170-140)}{0.17+0.02\frac{5000}{0.5}}} = 1.71m/s$$

1개 분절에서 발생하는 마찰손실은 다음과 같다.

$$\Delta H_f = f\frac{\Delta s}{D}\frac{V^2}{2g} = 0.02\frac{1000}{0.5}\frac{1.71^2}{2\times 9.8} = 6.0m$$

각 분절 말단부에서의 피에조미터수두 H 는 다음과 같다.

H_i = 상류측 수위-분절 마찰손실

$$H_1 = H_0 = 170m$$

$$H_2 = H_0 - \Delta H_f = 170 - 6.0 = 164.0m$$

$$\vdots$$

$$H_6 = H_5 - \Delta H_f = 146.0 - 6.0 = 140.0m$$

각 분절에서 관로 고도 $PIPE_i$ 는 다음과 같다.

$PIPE_i$ = 상류측 관로 고도-분절수×분절기울기

$$PIPE_1 = 60m$$

$$PIPE_2 = 60 - 8 = 52m$$

$$\vdots$$

$$PIPE_6 = 28 - 8 = 20m$$

각 분절에서 수두 $HEAD_i$ 는 다음과 같다.

$$HEAD_i = H_i - PIPE_i$$

$$HEAD_1 = H_1 - PIPE_1 = 170 - 60 = 110m$$

$$\vdots$$

$$HEAD_6 = H_6 - PIPE_6 = 140 - 20 = 120m$$

상기 계산결과를 요약하면 다음 표와 같다.

절점	$X_i(m)$	$H_i(m)$	$H_i(m)$	$PIPE_i(m)$	$HEAD_i(m)$
1	0	1.71	170.00	60	110.00
2	1000	1.71	164.00	52	112.00
3	2000	1.71	158.00	44	114.00
4	3000	1.71	152.00	36	116.00
5	4000	1.71	146.00	28	118.00
6	5000	1.71	140.00	20	120.00

표 2 정상유동해석 결과

2. 밸브 폐쇄 1초 후 부정류해석

식 14.19로부터 시간증분을 다음과 같이 결정한다.

$$\Delta t = \frac{\Delta s}{a} = \frac{1,000}{1,000} = 1.0s$$

· 내부절점

식 14.20과 14.21을 사용하여 밸브 폐쇄 1초 후 내부절점 2~5에서의 유속 V_{P_i}와 수두 H_{P_i}를 구할 수 있다. 예를 들어 절점 2에서의 유속 V_{P_2}와 H_{P_2}는 다음과 같으며 계산결과는 표 2와 같다. 여기서 사용하는 V_i와 H_i 수치는 정상유동해석 결과인 표 1의 수치를 사용하여야 한다. 동일한 방법으로 내부절점 3~5에서의 V_{P_i}와 H_{P_i}를 구할 수 있다.

$$V_{P_2} = 0.5[(V_1 + V_3) + C_1(H_1 - H_3) - C_2(V_1|V_1| + V_3|V_3|)]$$
$$= 0.5[(1.71 + 1.71) + 0.0098(170 - 158) - 0.02(1.71|1.71| + 1.71|1.71|)]$$
$$= 1.71m/s$$

$$H_{P_2} = 0.5\left[\frac{1}{C_1}(V_1 - V_3) + (H_1 + H_3) - \frac{C_2}{C_1}(V_1|V_1| - V_3|V_3|)\right]$$
$$= 0.5\left[102(1.71 - 1.71) + (170 + 158) - \frac{0.02}{0.0098}(1.71|1.71| - 1.71|1.71|)\right]$$
$$= 164m$$

· **상류저수지 경계절점**

절점 1에는 저수지 수위를 경계조건으로 취할 수 있다. 즉, 식 14.22에 따라 다음과 같이 H_{P_1}을 설정하고, 이 수치를 식 14.17에 대입하여 유속 V_{P_1}를 구할 수 있다.

$$H_{P_1} = H_0 = 170m$$

$$C_4 = 1.71 - 0.0098 \times 164 - 0.02 \times 1.71|1.71| = 0.04431$$

$$V_{P_1} = 0.04431 + 0.0098 \times 170 = 1.71m/s$$

· **밸브 경계절점**

밸브 스템이 선형적으로 변화하는 식 14.25를 사용하여 절점 6에서의 V_{P_6}를 구하고, 이 V_{P_6} 수치를 식 14.16에 대입하여 H_{P_6}를 구할 수 있다. 이 경계절점에서 계산시 주의하여야 할 점은 표 1의 정상유동시 V_6를 사용하는 것이 아니라 $t = 1.0s$ V_{P_6}를 사용하여야 한다는 사실이다.

$$V_{P_6} = \sqrt{\frac{2 \times 9.8 \times (170 - 140)}{0.30 + 0.02\dfrac{5000}{0.5}}} = 1.71m/s$$

$$H_{P_6} = H_5 - \frac{1}{C_1}\left(V_{P_6} - V_5\right) - \frac{C_2}{C_1} V_5 |V_5|$$

$$= 146 - 102(1.54 - 1.71) - \frac{0.02}{0.0098} 1.71|1.71|$$

$$= 157.5m$$

마지막으로 각 분절 $i = 1 \sim 6$ 에서 수두 $HEAD_1$는 단순히 각 절점에서의 피에조미터 수두 H_i에서 관로의 고도 $PIPE_i$ 를 뺀 것으로 예를 들어 절점 1에서 $HEAD_1$ 은 다음과 같다.

$$HEAD_1 = 170 - 60 = 110m$$

밸브 폐쇄 1초 후 관로 내부절점과 경계절점에서 계산한 결과는 표 3과 같다.

절점	$V_{P_i}(m/$	$V_{P_i}(m/s)$	$H_{P_i}(m)$	$HEAD_i(m)$
1	0	1.71	170.00	110.00
2	1000	1.71	164.00	112.00
3	2000	1.71	158.00	114.00
4	3000	1.71	152.00	116.00
5	4000	1.71	146.00	118.00
6	5000	1.54	157.50	137.50

표 3 밸브 폐쇄 1초 후 부정류 해석 결과

3. 밸브 폐쇄 2~10초 후 부정류해석

본 해석에서는 상기 표 3에서의 $V_{P_i} = V_i$, $H_{P_i} = H_i$로 대체하여 밸브 폐쇄 2~10초 후 부정류해석 과정을 반복한다.

4. 밸브 폐쇄 10초 이후 부정류해석

밸브 폐쇄 10초가 경과하면 밸브가 완전폐쇄되므로 식 14.25의 경계조건을 사용하여 $V_{P_6} = 0m/s$로 설정하고 이 수치를 식 14.16에 대입하여 V_1 를 구한다.

5. 밸브 폐쇄 80초 부정류해석

밸브 폐쇄 개시 후 80초까지 부정류를 해석한 결과는 그림 2 및 3과 같다. 그림 2는 절점 1인 저수지와 절점 6인 밸브 직상류 관로 내 유속 V_1과 V_6를 보여주며 그림 3은 절점 6에서의 피에조미터수두 H_{P_6}와 압력수두 $HEAD_6$를 보여준다.

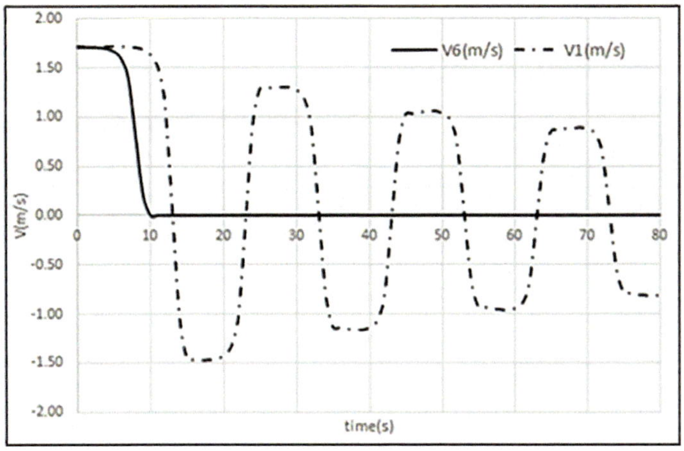

그림 2 부정류 해석 결과 밸브와 저수지에서 유속변화

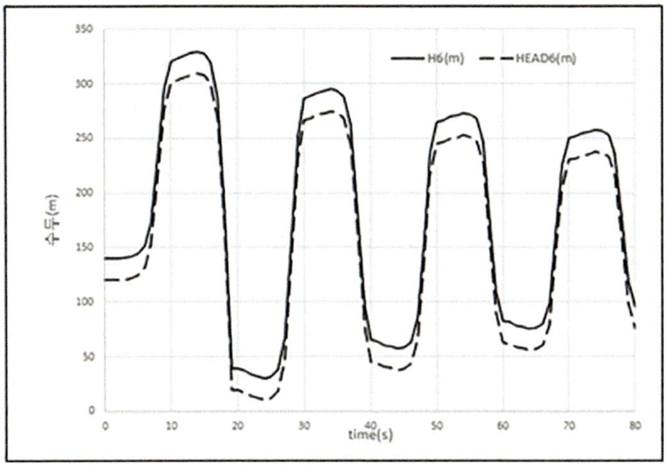

그림 3 부정류 해석 결과 밸브에서 수두변화

그림 3으로부터 밸브 폐쇄로 인한 실제적인 밸브에서의 유속변화는 7초 후에 발생하기 시작하며 이에 따른 결과로서 그림 3으로부터 수두는 7초 이후 급격하게 증가하고, 이 시간 이후 압력파가 관로를 1 왕복하는데 소요되는 시간인 10초 후인 17초에서 수두가 급격하게 감소한다.

단순히 밸브 폐쇄시간 $T_C = 10s$ 와 다음 관로주기시간 t_p 를 고려하면 $T_C > 5t_p$ 가 되어 밸브는 충분히 완폐쇄되는 것으로 오해할 수 있다. 그러나 밸브에서 실제 유속변화시간은 약 $T_C = 2s$ 이므로 $T_C \le t_p$ 가 되어 급폐쇄가 되며 이때는 식 14.5를 사용하여 수두변화를 구할 수 있다.

$t_p = 2L/a = 2 \times 1000/1000 = 2s$

이러한 수두변화를 완화시키기 위해서는 밸브 작동기의 운영시간을 더욱 연장시켜 업서지와 다운서지가 중화되켜야 한다.

14.2.5 체크밸브의 동적성능

체크밸브의 동적성능이란 관로 내 역류 발생시 역류에 대한 체크밸브의 반응을 의미한다. 펌프장 토출관로에 설치된 체크밸브의 역할은 펌프장 정전시 관로 내 역류가 펌프로 유입되어 펌프의 역회전을 방지하는 것이다. 펌프장 정전시 관로 내 유속은 점차 감소하여 일정 시간(통상적으로 0.5~3초 이내) 경과 후 역류가 발생한다. 이상적인 체크밸브의 동적성능은 관로 내 유속이 0이 되었을 때 즉, 역류가 발생하는 순간 밸브가 폐쇄되면 식 14.5에 따라 수격현상으로 인한 압력상승을 감소시키는 것이다(그림 14.25 하단부). 그러나 통상적으로 체크밸브는 구조상 역류가 어느 정도 발생한 후 폐쇄되므로 수격현상으로 인한 압력상승과 동시에 관로 내 수체와 함께 체크밸브 디스크가 밸브 몸체에 충격을 가하면서 폐쇄되고, 이로 인해 밸브 몸체뿐만 아니라 관로에도 충격하중을 가하게 되며 이러한 현상을 슬래밍현상이라 한다(그림 14.25 상단부).

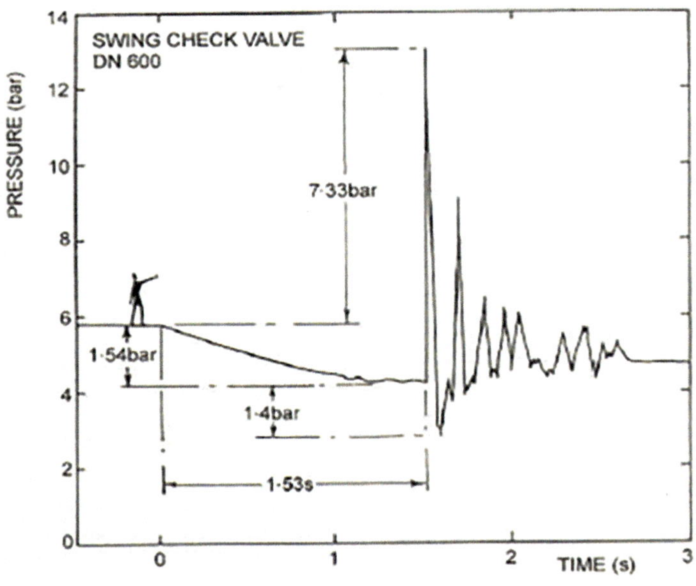

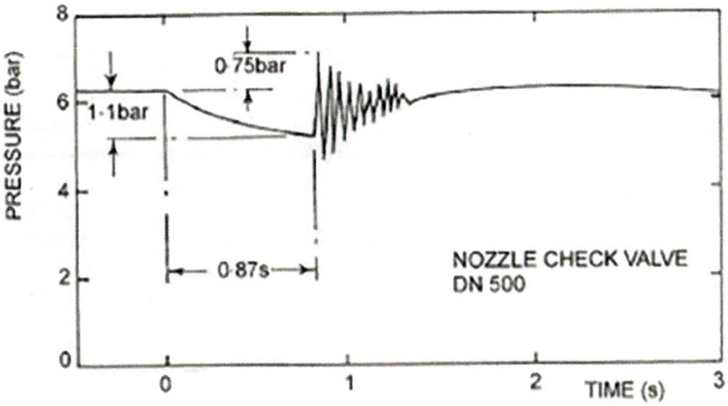

그림 14.25 정전시 체크밸브 폐쇄시간에 따른 수격현상

설계자 또는 기술자는 체크밸브에 카운터웨이트를 부착하면 정전시 디스크의 낙하속도가 증가하여 밸브가 신속하게 폐쇄되어 수격으로 인한 압력변화가 작은 것으로 오해하고 있다. 그러나 이 카운터웨이트의 효과는 펌프가 정상 운전시 저항으로 작용하여 카운터웨이트가 부착되지 않은 체크밸브의 개도보다 적게 개방되어 유량과 유속이 감소하여 식 14.5의 ΔV가 감소하여 ΔH가 감소한다는 것이다. 그러나 카운터웨이트의 부작용은 펌프에 대해 저항체로 작용하여 동일한 유량을 송수하기 위해서는 펌프의 수두가 증가되어 전력량이 증가한다는 것이다.

체크밸브는 시스템 내 변화하는 유동조건에 대해 신속하게 반응하는 것이 가능하여야 하며 특히, 유량이 0으로 감소하면 신속하게 폐쇄되어야 한다. 유속변화비율은 관로시스템 마다 다르기 때문에 관로시스템에 적합한 체크밸브를 선정하는 것이 중요하다. 체크밸브가 반응하는 속도를 동적성능특성으로 표현할 수 있으며 대표적인 4개 체크밸브형식의 동적성능특성은 그림 14.26과 같다.

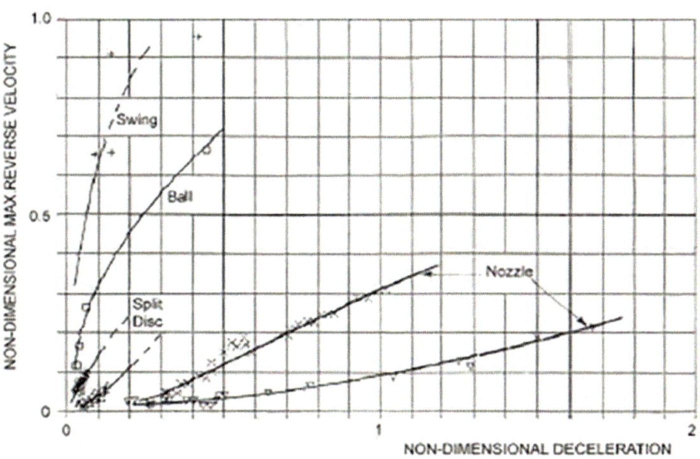

그림 14.26 규격과 형식이 다른 비감쇄 체크밸브의 동적성능비교

이 선도로부터 볼밸브형식과 스윙형식 체크밸브의 반응이 상대적으로 느린 것을 알 수 있다. 또한, 두 스플릿 디스크 밸브의 강한 스프링은 밸브의 동적 반응을 개선시킬 수 있는 것을 보여준다(두 곡선 중 하부 곡선). 노즐밸브가 최상의 성능을 보여주며 두 노즐밸브 곡선은 형식이 다르며 각 곡선에서 하나 이상의 스프링 강도가 나타나며 이 밸브에서 스프링 강도는 덜 중요한 것으로 나타난다.

체크밸브 슬램으로 인한 위험이 가장 큰 배관시스템은 트립되는 펌프의 하류측에 다른 펌프가 병렬로 계속 운영되거나 에어챔버 내 저장된 에너지와 같이 높은 에너지원이 유지되는 시스템이다.

위험이 최소가 되는 체크밸브는 변화하는 유동에 가장 신속하게 반응하는 체크밸브로서 최상의 반응은 그림 14.26 동적성능특성의 x 축에 가장 인접한 곡선이다. 이와 같이 양호한 반응을 갖는 체크밸브의 물리적 특징은 다음과 같다.

· 이동부인 디스크의 질량은 작다.

· 완전 개방위치부터 폐쇄위치까지 이동부의 이동거리가 짧다.

· 폐쇄를 개시하고 돕는 스프링은 이로울 수 있다.

Thorley가 펌프의 상사법칙과 유사하게 개발한 무차원 비감쇄 체크밸브특성을 사용할 수 있다. 이는 한 밸브규격에 대한 실험으로 결정된 동적성능특성을 기하학적 상사를 유지하는 동일한 시리즈의 다른 밸브에 대해 확대 적용할 수 있다는 것을 의미한다.

개발된 8개 무차원 특성 중 주된 두 특성은 다음과 같이 밸브를 통과하는 최대역류속도비와 체크밸브 직하류 수주의 평균감속비이다.

$$\text{최대역류속도비} = \frac{v_R}{v_0} \qquad 14.31$$

$$\text{평균감속비} = \frac{dv}{dt}\frac{D}{v_0^2} \qquad 14.32$$

여기서 dv/dt : 체크밸브 직하류 수주의 평균감속

D : 체크밸브 공칭 직경최

v_0 : 폐쇄시 밸브를 통과하는 액체의 최대역류속도

v_0 : 체크밸브 완전 개방시 정상유동 유속

만일 관로시스템에서 체크밸브슬램 위험이 있으면 체크밸브공급자가 그림 14.27 또

는 14.28과 같은 동적성능특성을 제공하도록 독려하여야 한다. 그림 14.29는 권장되는 스프링 체크밸브의 시험 인증서양식을 보여준다.

그림 14.28을 사용하기 위한 절차는 다음과 같다. 먼저 이상적인 체크밸브는 펌프 토출측 유동에 영향을 미치지 않고 유속이 0에 도달하는 순간 폐쇄되는 것이다. 그러나 실제로는 체크밸브 내 이동부는 폐쇄에 영향을 주는 방향으로 이동하기 때문에 통상적으로 약간의 역류 속도가 존재한다. 체크밸브가 최종적으로 폐쇄되면서 역류 속도가 갑자기 정지될 때 그림 14.25와 같이 단차 압력변화가 존재하지만 수용할 수 있는 범위 안에 들어오도록 보장되어야 한다.

체크밸브 폐쇄시 수용할 수 없는 조건을 발생시키지 않고 허용압력을 만족시킬 수 있는 밸브형식을 선정하기 위해 자이코프스키식 14.5로부터 허용수준에 상응하는 최대 역류 속도 v_R를 계산하고, 식 14.31을 이용하여 무차원 형태로 변환한다. 전산해석결과로부터 펌프 하류측 수주의 평균 감속을 구하고 이를 식 14.32에 따라 무차원 형태로 변환한다.

그림 14.30과 같이 동적성능특성그래프에 이 두 수치에 대한 선들을 작도한다. 체크밸브 슬램 문제의 위험을 최소화하는 측면에서 수직선이 횡단하는 $T4$ 와 $T5$ 특성을 갖는 밸브를 선택할 수 있다.

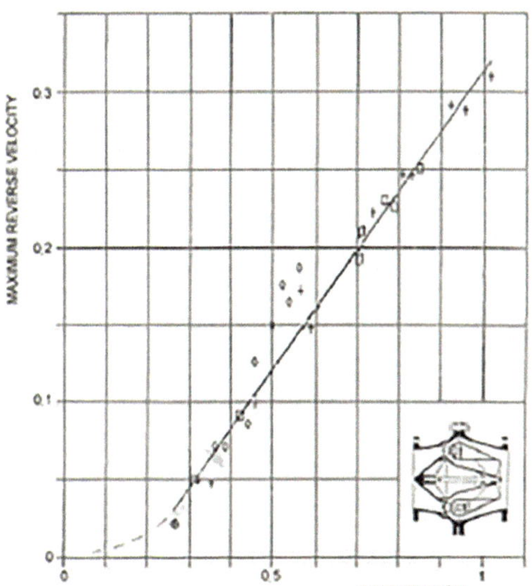

그림 14.27 스프링강도가 다른 800㎜ 노즐체크밸브의 무차원 동적성능특성

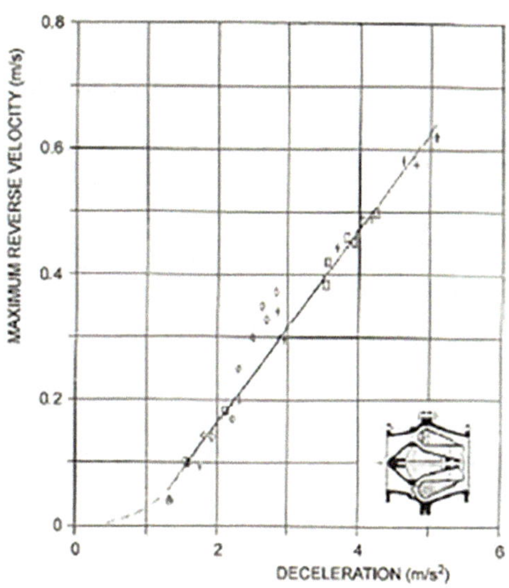

그림 14.28 차원이 있는 그림 14.27

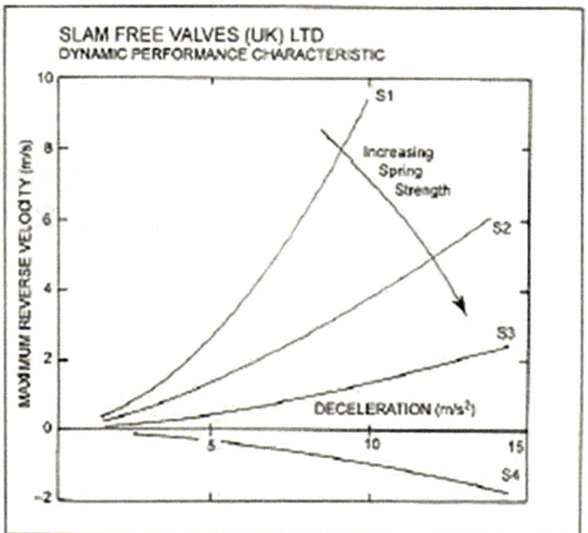

Valve Type	Model No.	Serial No.
Nominal Dia.	Rated Press.	
Test Press.	Initial Flow	Spring Strength
Axis Horiz/Vert		Ctr. Wt.
Date of Test	Tested by	

그림 14.29 권장된 동적성능특성표현(비감쇄 체크밸브)

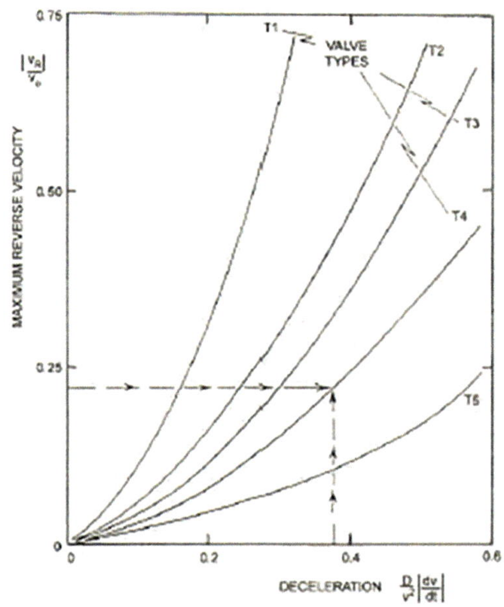

그림 14.30 적합한 체크밸브형식을 식별하기 위해 펌프트립 후 허용된 최대역류유속 V_R과 밸브가 완전 개방되었을 때 정상적인 전방 유속 V_0를 결정하고, 정전 후 수주의 감속을 결정한다. 통상적으로 수직선을 횡단하는 밸브가 적합하다.

통상적으로 체크밸브의 동적반응이 개선되면 비용은 증가하므로 밸브형식 $T4$ 가 더 저렴하고 목적에 부합된 판단기준을 만족시키기 때문에 $T4$ 를 선택할 수 있다.

예제 14.2 체크밸브 선정

펌프 1대 운전시 관로 직경 $D=500$ ㎜, 길이 $L=1000m$ 로 유량 $Q=0.5455m^3/s$ 를 송수한다. 펌프장 정전시 2.5초 후 역류가 발생하며 체크밸브 폐쇄 후 과도한 수두상승을 방지하기 위해 최대역류속도를 $v_r=0.5m/s$ 으로 제한하기 위해 그림 14.30을 이용하여 적정한 체크밸브를 선정하라.

풀이

문제에서 주어진 정상 운전시 펌프 유량 $Q=0.5455m^3/s$ 를 유속 v_0 으로 변환한다.

$$v_0=\frac{4Q_0}{3.14\times 0.5^2}=2.8m/s$$

식 14.31로부터 다음과 같이 최대역류속도비를 구한다.

$$\frac{v_R}{v_0}=\frac{0.5}{2.8}=0.1786$$

식 14.32로부터 다음과 같이 평균감속비를 구한다.

$$\frac{dv}{dt}\frac{D}{v_0^2}=\frac{2.8}{2.5}\frac{0.5}{2.8^2}=0.072$$

상기 수치와 그림 14.30으로부터 $T_1\sim T_5$ 모든 체크밸브형식을 선정할 수 있다. 즉, 이 관로 시스템에서는 관로주기가 짧아 반사파 완화효과로 인해 체크밸브가 다소 늦게 동작하여도 과도한 압력상승이 발생하지 않는다는 것을 암시한다.

지금까지 비감쇄 체크밸브에 대해 기술하였으나 체크밸브슬램을 최소화하는 측면에서 상황에 적합한 두 체크밸브형식인 감쇄 체크밸브와 APS(antipressure surge)체크밸브를 사용할 수 있다. 이 체크밸브는 폐쇄시 수용할 수 없는 압력상승의 발생을 방지할 수 있다.

감쇄 체크밸브가 밸브 슬램을 방지하는 원리는 유압댐퍼와 같은 미케니즘이 밸브 내 포함되어 이동부가 시트에 접근하면서 최종단계에서 폐쇄 비율이 완만하게 된다. 통상적으로 이 밸브는 자유롭게 개방될 수 있고 폐쇄 초기 단계는 구속받지 않는다. 그러나 실제로 모든 밸브는 매우 비선형 폐쇄 특성을 갖는다는 사실에 유의하고, 최종 폐쇄단계에서의 시간을 관로주기의 수배로 연장하여 매우 완만하게 폐쇄하면 관로의 하류측 말단부 또는 하류측 다수의 접합부로부터의 이로운 반사파는 최종 폐쇄시 압력상승을 완화시킨다.

14-3 기타현상

14.3.1 플래싱(Flashing)

그림 14.31에서 볼 수 있듯이 액체를 다루는 시스템에서 하류측 압력이 증기압 이하가 되면 베나 축소부에서 형성된 증기기포는 붕괴되지 않은 채 그대로 유지된다. 압력회복이 충분하지 못할 경우 이러한 현상이 발생하며 이러한 현상을 “플래싱”이라 한다. 플래싱이 발생하면 하류측 유체는 증기와 액체의 혼합체로서 매우 높은 유속으로 이동하여 그림 14.32와 같이 밸브 내 그리고 하류측 배관 내에 침식을 유발한다.

불행하게도 플래싱현상을 완전하게 제거하려면 하류측 압력이나 시스템 자체를 수정하여야 한다. 그러나 모든 시스템을 쉽게 수정할 수 없으며 이 또한 선택사항이 될 수 없을 수도 있다. 특히 밸브가 하류측으로 플래싱 유동을 커다란 용기, 탱크 또는 응축기로 유출시킬 때는 밸브의 위치를 고려할 수 있다.

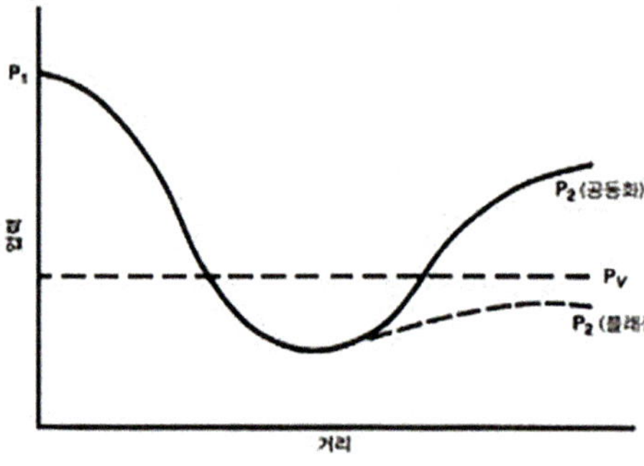

그림 14.31 유출 압력이 증기압 이하가 되어 플래싱이 발생하는 것을 보여주는 압력곡선

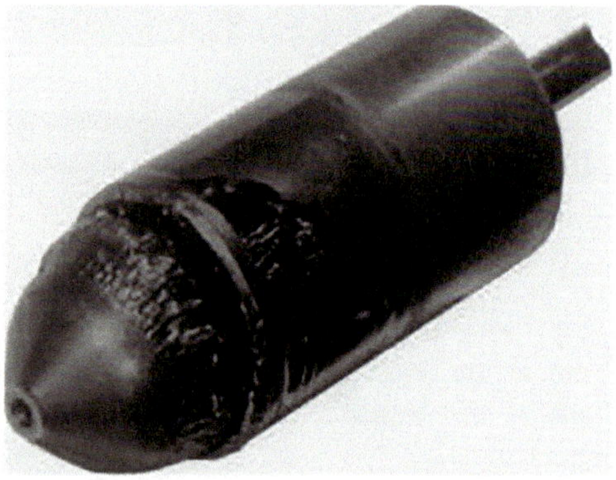
그림 14.32 플래싱에 의해 손상된 플러그

밸브를 커다란 용기 근처에 설치하면 유동이 용기의 커다란 액체 체적과 충돌하여 용기의 중요 표면으로부터 멀어지게 된다. 플래싱 현상이 발생하면 경화 트림 재료를 사용하는 것을 제외하고는 공동방지 또는 공동제어트림에서와 같이 밸브 내부 설계로 해결할 수 없다.

14.3.2 질식유동

질식유동은 가스나 증기와 같은 프로세스 유체의 속도가 밸브 또는 하류측 배관 내에서 음속에 도달하면 발생한다. 밸브 내에서 유체가 밸브 제한부에 도달하면서 압력은 감소되고 음속에 도달할 때까지 비체적은 증가한다. 질식유동이 발생하면 그 시점에서 유량은 밸브를 통과할 수 있는 유량으로 제한되고 조건을 변화시키지 않으면 유량을 증가시킬 수 없다.

유체가 액체인 경우 공동현상 또는 플래싱에 의해 발생하는 증기기포는 유체의 비체적을 상당히 증가시킨다. 이 증가는 압력차에 의한 것보다 더욱 빠른 비율로 상승한다. 액체 질식유동 조건에서 상류측 압력이 일정하면 하류측 압력을 감소하여도 유량은 증가하지 않는다. 밸브 또는 하류측 배관 내 임의 지점에서의 속도는 가스의 경우 마하 1, 액체의 경우 15.2m/s로 제한된다.

14.3.3 채터링(Chattering)

채터링이란 압력완화밸브의 급속한 개방과 폐쇄가 반복되는 현상이다. 이에 따른 진동으로 인해 오정렬이 발생하고, 이 현상이 지속되면 밸브 내부 및 관련 관로의 기계적 고장으로 이어진다.

채터링의 원인은 과도한 유입 압력 저하, 과도한 배압, 과대 규격의 완화밸브, 광범위하게 변화하는 유량을 처리하여야 하는 완화밸브를 포함한다. 첫 번째 원인을 더욱 상세하게 설명한다.

정상적인 공정 조건에서 용기압력은 완화밸브의 압력과 동일하지만 완화밸브의 설정 압력보다 낮아 완화밸브가 폐쇄된다(그림 14.33a). 만일 공정 교란으로 인해 용기압력이 증가하면 완화밸브의 압력도 동일한 크기로 증가하고, 만일 압력이 완화밸브의 설정 압력을 초과하면 밸브가 개방된다(그림 14.33b). 밸브가 개방되는 순간 배관으로부터 완화밸브로 유동이 개시되고, 이 유동은 용기와 밸브 사이 압력저하를 초래한다. 만일 이 압력저하가 충분히 크면 완화밸브의 압력은 충분히 낮을 수 있어 완화밸브가 폐쇄된다(그림

14.33c). 유동은 정지되고, 압력저하를 야기하는 유동이 존재하지 않기 때문에 완화밸브의 압력은 용기압력으로 다시 증가하여 완화밸브는 다시 개방된다(그림 14.33d) 이러한 현상이 매우 급속하게 반복되면 완화밸브, 배관, 장비에 진동과 손상을 야기할 수 있다.

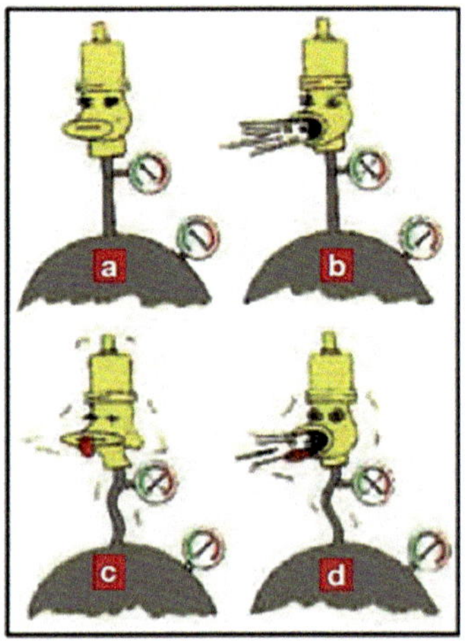

그림 14.33 밸브 채터링현상

그림 14.34 채터링 발생 조건

만일 완화밸브 채터링이 발생하면 완화밸브 설계시 밸브 채터링을 야기할 수 있는 다음과 같은 잠재적인 문제를 확인하여야 한다.

· 그림 14.34와 같이 공정 용기와 완화밸브 사이 많은 밸브, 피팅, 다른 장애물
· 그림 14.35과 같이 밸브 유입부보다 작은 완화밸브의 유입 배관
· 용기와 완화밸브 사이 매우 긴 배관, 또는 곡관부가 많은 관로
· 완화밸브 유지관리를 위해 밸브 분리시 관측된 부식 또는 공정 재료로 인한 관로 막힘 증거

그림 14.35 완화밸브 유입부보다 작은 배관

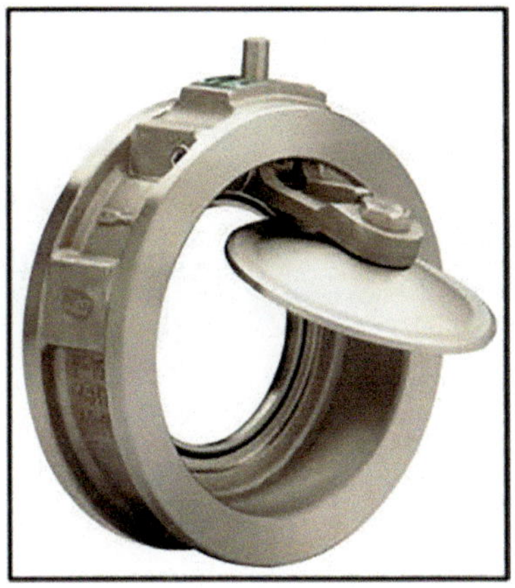

그림 14.36 플러터링 방지 스윙체크밸브

14.3.4 디스크 플러터링(Disc fluttering)

스윙체크밸브가 적은 유량에서 사용되면 부분적으로 과대 규격으로 인한 무거운 디스크로 인해 디스크는 평균 유속 3.4m/s가 되어야 완전개방된다. 유량이 작으면 이 밸브는 진정한 제어성을 소실하고 완전개방되지 않는다. 부분적으로 개방된 디스크는 장애물이 되어 높은 압력 저하로 인해 디스크의 개방과 폐쇄가 반복되는 플러팅형상(fluttering)이 발생한다.

플러팅현상을 방지하려면 밸브를 통한 관로 내 유체를 가속시켜 작은 압력에서도 완전개방되도록 설계할 필요가 있다. 운영 동안 내부 부품의 제한된 동작과 조합된 형식의 밸브는 긴 서비스 수명을 향상시킬 수 있다. 이를 위해 Bray/Rite社는 그림 14.36과 같이 낮은 유속(1m/s)에서도 완전 개방위치에 도달하도록 공학적으로 유입 포트와 디스크 형상을 최적화하여 체크밸브를 설계한다.

제 15 장

검사 및 시험 지침

15장

검사 및 시험 지침

15-1 일반 검사 지침

15.1.1 일반

Chuck R. Cooper가 2004년 5월 FEMA Outlet Works Workshop에서 발표한 백서에 기초하여 방류시설에 대한 일반 검사 지침이 개발되었다(Cooper, 2004). 본 장에서는 많은 다른 시설물에서 차수장치로서 관로 및 펜스톡과 함께 대형 밸브가 설치되어 있어 이 지침을 채택한다.

15.1.2 훈련받은 검사자

시설물의 결함과 악화는 시간이 경과하면서 서서히 진행된다. 경험이 풍부하고 훈련받은 검사자는 시설물의 현재 조건이 심각해지기 전에 잠재적인 결함과 문제를 식별할 수 있다.

15.1.3 검사 주기

정기적인 검사는 더욱 심각한 문제의 발생을 나타내는 경향을 밝혀줄 수 있다. 검사 주기는 이전 감사로부터 결정된 전반적인 상태 그리고 댐 안전 우려의 존재에 따라 다를 수 있다. 정기적인 검사는 범위와 목적, 검사를 수행하는 조직 또는 댐 운영자, 기관/지역 수준 등에 따라 다를 수 있다.

15.1.4 검사 형식

댐 안전 조직 및 댐 소유자는 댐시설 주기 동안 다양한 검사를 채택할 수 있다. 미국 추천국의 Spillways and Outlet works 검사에 기초한 검사 형식은 다음과 같다.(Reclamation, 1988a).

· 초기 또는 공식 검사(Initial or formal inspection)-초기 또는 공식 검사는 검사하

고자 하는 시설물에 대해 취득할 수 있는 모든 관련 자료에 대한 심도있는 검토를 포함한다. 잠재적인 댐 안전 문제 또는 특별한 주의를 요하는 지역을 식별하기 위해 최신 기술을 바탕으로 설계 및 건설 자료를 평가한다. 현장에서 모든 기능을 철저하게 검사하고, 가능하다면 전체 운영 범위에 걸쳐 모든 기계장비를 운영하도록 시도한다.

· 정기 또는 중간 검사(Periodic or intermediate inspection)-정기 또는 중간 검사는 공식 검사들 사이에서 수행된다. 검사하고자 하는 시설물에 대해 취득할 수 있는 모든 관련 자료를 심도 있게 검토한다. 장비의 현재 상태에 대해 집중적으로 자료를 검토하지만 최신 판단기준을 바탕으로 자료를 평가하지 않는다. 현장에서 모든 기능을 철저하게 검사한다. 임의 한 번의 검사 동안 모든 기계장비를 시험하지 않을 수 있다. 일부 장비는 다른 시간에 또는 다음 검사 동안에 운영할 수 있다.

· 일상 검사(Routine)-통상적으로 현장 또는 운영 요원이 일상 검사를 수행한다. 중점사항은 장비의 현재 상태이다. 장비에 대한 검사자의 친숙도에 따라 검사 이전에 취득 가능한 자료를 검토하고 평가할 수 있다. 일삼 검사는 정기적 시간 스케줄에 따라 계획되거나, 또는 다른 일상적인 과업과 연계하여 수행될 수 있다.

· 특별 검사(Special)-특별한 기회가 있을 때 특별 검사를 수행한다. 예를 들어 저수지 수위가 낮아 평상기 침수된 구조물이 노출되면 특별 검사를 수행할 수 있다.

· 비상 검사(Emergency)-긴박한 댐 안전 우려가 있거나, 특별한 또는 상당한 악조건(예를 들어 지진 발생 직후) 발생시 비상 검사를 수행한다.

15.1.5 검사 스케줄링

"Reclamation Preparing to Conduct a Dam Safety Inspection"에 따라 다음 요소는 방류시설의 정기 검사 스케줄링에 영향을 미칠 수 있다(Reclamation, 1988b).

• ***충분한 공지(Sufficient notice)***: 댐 소유자와 운영자는 lockout/tagout 및 제한된 공간 진입과 관련된 사전검사 또는 관로, 구조물, 감세지의 배수 등을 위한 승인 또는 특별한 장비와 같은 필요한 준비를 하기 위해 충분한 시간이 필요할 수 있다. 이 과정은 시설물에 따라 수주 또는 수개월이 소요될 수 있다.

• ***접근 일정(Scheduling access)***: 방류시설시스템의 주된 구성요소 대부분 또는 모두를 시험할 수 있을 때 검사하기 위한 접근 일정을 계획하여야 한다. 취수 구조물 및 상류측 관로 등과 같은 일부 시설물(features)은 통상적으로 침수되어 검사시 접근할 수 없다. 하류측 관로 그리고 터미널 구조물은 접근하기 위해 베수할 필요가 있을 수도 있

고 없을 수도 있다. 저수지 조건이 허락될 때 또는 검사 수행을 허락하기 위해 저수지를 배수할 수 있을 때를 알려줄 것을 댐 소유자 또는 운영자에게 요청하여야 한다. 만일 검사할 시설물이 통상적으로 침수되어 접근 불가능하면 Reclamation Technical Memorandum 6(Reclamation, 1985)과 Review/Examination Program for High- and Significant-Hazard Dam(Reclamation, 2001)에서 기술된 다음 요소를 고려하여 검사 범위와 주기를 결정하여야 한다.

· 이전 실제 검사 결과 또는 통상적으로 접근할 수 있는 시설물 부분 검사 증거. 통상적으로 접근할 수 있는 시설물 부분 검사는 접근할 수 없는 부분의 가능성 있는 상태에 대한 정보를 제공할 수 있다.
· 이전 검사 이후 시설물의 운영 기록과 성능
· 손실된 물, 동력비 등과 관련된 비용을 포함한 시설물을 검사하기 위해 접근하기 위한 상대적 비용
· 시설물(feature) 수령
· 기준, 지침, 설계기준의 변화 또는 건설 동안 시설물의 변화
· 시설물의 중요 기능
· 시설물의 안전을 손상시킬 수 있는 모든 현장 조건

• ***운영(Operation)***: 특정 문제는 통상적으로 시설물이 작동 중일 때는 나타나지만 건조된 경우에는 나타나지 않을 수 있다. 또한, 정상적인 방류보다 높은 기간 동안 시설물이 작동하는 경우 이전 검사에서 취득할 수 없었던 정보를 취득할 수 있다.

통상적으로 1 회 검사 동안 접근과 운영 모두를 최적화하는 가능성은 매우 희박하다. 검사 시점에서의 검사 목표는 다음 검사 시점으로 변경될 수도 있다. 이는 방류시설의 안전에 대한 포괄적인 관점을 제공하기 위해 정기검사와 일상검사 이외에 비정상적인 조건 동안 특별 검사를 예약할 필요가 있을 수 있다. 홍수, 지진, 또는 다른 비정상적인 이벤트 이후 특별 검사가 필요할 수 있다.

15.1.6 준비 및 계획

양호한 준비와 계획에 따라 검사의 성공 여부는 결정되며 모든 검사는 다음 사항을 고려하여야 한다.

• ***검사 팀 선정***: 검사팀 구성원은 조직 또는 댐 소유자의 요구와 자원, 검사 형식, 자

료 검토 결과, 임의 특별 요구조건에 따라 변화한다.

- ***프로젝트 자료 검토***: 취득 가능한 자료의 양은 시설에 따라 크게 변화한다. 프로젝트 자료 검토 및 평가 범위는 수행하고자 하는 검사 형식에 따라 결정된다.
- ***검사 계획의 준비***: 검사할 모든 시설물(features), 문제 지역과 잠재적 문제 지역을 식별하기 위해서는 상세한 검사 계획을 준비하여야 한다. 또한, 검사 계획은 특별한 물류(logistics), 접근, 장비 요구조건을 식별하여야 한다. 통상적으로 검사 계획의 일부로서 검사 체크리스트를 준비한다. 특별 검사 목표를 식별하기 위해서 체크리스트를 사용하며 이는 최종 검사 보고서 작성시 유용하다.

15.1.7 검사 방법

방류시설의 여러 시설물을 검사하기 위해 사용하는 방법은 주로 접근성에 의해 결정되며 다음 요소는 접근성에 영향을 미친다.

- ***침수(Inundated)***: 저수지 운영 및 수위로 인해 정상적인 검사시 일부 시설물은 검사할 수 없고, 원격으로 운영되는 차량 ROV(Remotely Operated Vehicles) 등과 같은 특화된 검사 서비스가 필요할 수 있다.
- ***제한된 공간(Confined space)***: 특정 시설물은 제한된 공간에 대한 사람의 접근을 허락하는 OSHA(Occupational Safety and Health Administration), lockout/tagout 절차, JHA(Job Hazard Analysis)를 요구할 수 있다. 사람 접근의 대안으로 CCTV와 같이 특화된 검사 서비스를 사용할 수 있다.
- ***크기 제한(Size constraint)***: 크기 제한은 사람 접근을 방해할 수 있고 CCTV와 같은 특화된 검사 서비스를 요구할 수 있다.
- ***특별 검사(Specialized Inspection)***: 특별 검사는 ROV, CCTV의 사용을 포함한다.

15-2 밸브검사 및 시험 권장사항

15.2.1 일반

밸브검사 및 시험 권장사항은 미국 추천국(Bureau of Recommendations)이 발간한 지침에 기초한다.

15.2.2 버터플라이밸브

• *검사(Inspections)* -다음 목록은 손상 또는 오동작 여부를 확인하여야 할 항목을 구별하고, 안전 검사 주기를 제시한다.

밸브 작동기(매 2년 마다)

· 작동기 : 부품의 손상 또는 파괴 여부 검사
· 전기장치 : 부식, 오염, 느슨한 접촉, 닳은 배선, 파괴된 부품 확인
· 유압시스템 : 패킹, 배관, 펌프, 밸브, 게이지로부터 누유 확인

밸브 몸체 및 디스크(매 2년 마다)

· 외부 : 크랙, 파괴, 심한 부식, 부품 소실, 플랜지와 밀봉 조정 나사 주변 누수 확인
· 내부(직경 1000㎜ 이상) : 공동화로 인한 손상, 와이어 드로잉(wire drawing), 부식, 유동로(fluidway) 또는 밀봉부의 결함, AWWA 정의에 따른 전체 수두가 작용하는 폐쇄된 밸브에서 과도한 누수 확인
· 디스크(직경 1000㎜ 이상) : 공동화 손상, 특히 폐쇄 동안 밸브 교축시 부압이 발생하기 쉬운 디스크의 하류측 면에서 공동화 손상, 트루니언 주변 와이어 드로잉(wire drawing) 확인.

• *운영 시험(Operational Test)* -밸브가 설계대로 작동하는지 확인하기 위해 다음 시험을 수행하고 운영 시험 주기를 제시한다.
· 수두 평형된 조건에서 전체 행정에 걸쳐 밸브를 운영한다. 밸브, 작동기, 제어장치가 진동/소음 없이 그리고 고착(binding)되지 않고 적정하게 동작하는지 확인한다(매년).
· 최대 수두와 전체 유량에서 밸브를 비상 폐쇄 시험하여 밸브, 작동기, 제어장치가 제대로 작동하는지 확인한다. 폐쇄 전에 충분한 통기가 제공되지는 그리고 공기통로(airway)가 확보되는지 확인한다(매 10년 마다).
· 직경 1000㎜ 이하 밸브에서는 누수량을 측정한다. AWWA 정의에 따른 같이 과도한 누수는 공동화 또는 부식 손상을 나타낼 수 있으므로 제거 또는 보수가 필요하다(매 2년 마다).

15.2.3 고정-콘밸브

• *검사(Inspections)* -다음 목록은 손상 또는 오동작 여부를 확인하여야 할 항목을 구별하고, 안전 검사 주기를 제시한다.

밸브 작동기(매 2년 마다)

· 작동기 : 부품의 손상 또는 파괴 여부 확인
· 전기장치 : 부식, 오염, 느슨한 접촉, 닳은 배선, 파괴된 부품 확인
· 유압시스템 : 패킹, 배관, 펌프, 밸브, 게이지로부터 누유 확인

밸브 몸체 및 디스크(매 2년 마다)

· 외부 : 크랙, 파괴, 심한 부식, 부품 소실, AWWA 정의에 따른 전체 수두가 작용하는 폐쇄된 밸브에서 과도한 누수 확인
· 내부 : 부식 또는 공동화로 인한 유동로(fluidway) 표면의 손상, 진동으로 인한 내부 리브(rib)에서의 크랙과 같은 피로 파괴 증조 확인
· 슬리브 : 패킹과 접촉하는 마감표면과 시팅 표면에서의 손상 확인

• *운영 시험(Operational Test)* -밸브가 설계대로 작동하는지 확인하기 위해 다음 시험을 수행한다.
· 가능하다면 전체 설계 수두와 전체 행정에 걸쳐 밸브를 운영하고, 밸브, 작동기, 제어 기능이 채터링 또는 고착(binding) 없이 적정하게 작동하는지 확인하며 유동에 의한 과도한 진동이 발생하지 않아야 한다(매년).

15.2.4 슬리브밸브

• *검사(Inspections)* -다음 목록은 손상 또는 오동작 여부를 확인하여야 할 항목을 구별하고, 안전 검사 주기를 제시한다.

밸브 작동기(매 2년 마다)

· 작동기 : 부품의 손상 또는 파괴 여부 확인
· 전기장치 : 부식, 오염, 느슨한 접촉, 닳은 배선, 파괴된 부품 확인
· 유압시스템 : 패킹, 배관, 펌프, 밸브, 게이지로부터 누유 확인

밸브 몸체 및 디스크(매 2년 마다)

· 외부 : 크랙, 파괴, 심한 부식, 부품 소실, 베이스플레이트, 지지물, 플로트웰 라이너(floatwell liner), 배플과 포트에서 공동화 또는 침식 손상 확인

· 내부 : 멀티-제트 밸브에서 포트의 막힘 또는 손상, 콘, 스템과 스템 지지물에서 공동화 또는 침식 손상, 패킹과 글랜드 상태 확인

· 슬리브 : 패킹과 접촉하는 바닥 시팅 가장자리와 마감 표면에서의 손상을 확인하고, 스템 연결부를 확인하고, 스템 너트가 조여지고 고정되었는지 확인한다.

• ***운영 시험(Operational Test)***-밸브가 설계대로 작동하는지 확인하기 위해 다음 시험을 수행한다.

· 유동 없이 평형이 된 수두 조건에서 전체 행정에 걸쳐 밸브를 운영하고, 밸브, 작동기, 제어 기능이 채터링 또는 바인딩 없이 적정하게 작동 하는지 확인(매년)

· 가능하다면 전체 설계수두에서 최대 설계 유출량을 제공하는 개도까지 밸브를 운영하고 밸브, 작동기, 제어기능이 적정하게 작동하는지 확인한다. 유동에 의해 과도한 진동은 발생하지 않아야 한다(매2년).

15.2.5 구밸브

• ***검사(Inspections)***-다음 목록은 손상 또는 오동작 여부를 확인하여야 할 항목을 구별하고, 안전 검사 주기를 제시한다.

밸브 작동기(매 2년 마다)

· 작동기 : 손상 또는 파괴된 부품 확인

· 전기장치 : 부식 또는 오염된 접촉부, 느슨한 연결, 닳은 배선, 파괴된 부품 확인 ·유압시스템 : 밀봉, 배관, 펌프, 밸브, 게이지로부터 누유 확인

밸브 몸체 및 디스크(매 2년 마다)

· 외부 : 크랙, 파괴, 심한 부식, 느슨해지거나 소실된 부품, 플랜지 연결부 또는 밸브 구성품으로부터 과도한 누수를 확인한다.

· 내부 : 침식 또는 공동화로 인해 발생한 유동로(fluidway) 표면에서 손상을 확인한다. 또한, 밸브가 폐쇄된 상태에서 전체 수두가 작용할 때 과도한 누수 여부를 확인한다.

· 구(Sphere) : 패킹과 접촉하는 시팅 표면과 마감표면의 손상과 밀봉 상태를 확인

- ***운영 시험(Operational Test)*** -밸브가 설계대로 작동하는지 확인하기 위해 다음 시험을 수행한다.

· 유동 없이 평형이 된 수두 조건에서 전체 행정에 걸쳐 밸브를 운영하고, 밸브, 작동기, 제어 기능이 채터링 또는 바인딩 없이 적정하게 작동하는지 확인(매년)

· 가능하다면 최대 수두에서 전체 유량으로 비상 정지시험을 통해 밸브를 운영하고, 밸브, 작동기, 제어기능 모두 적정하게 작동하는지 확인(매10년)

부 록

부록

부록A 용 어

· Actuator(작동기) : 밸브를 개방, 폐쇄 또는 교축하기 위한 힘을 제공하는 동력구동 장치

· Actuator barrier(작동기 베리어) : 동적 작동기 부분으로서 대기 또는 다른 작동기 챔버로부터 작동기 챔버를 분리한다. 챔버 내 매체에 의해 이 작동기 베리어(barrier)가 작동하면 작동기가 이동한다.

· Actuator stem(작동기 스템) : 선형 밸브에서 작동기 베리어를 밸브 스템과 연결하기 위해 사용되는 로드(rod)

· Advanced cavitation : 최대 수준에 도달한 공동화

· Allowable pressure drop(허용 압력 저하) : 밸브 규격 계산시 필요한 압력저하로서 질식유동이 발생하는 곳에서는 허용 압력 저하는 실제 압력 저하보다 적을 수 있다.

· Angle valve(앵글밸브) : 첫 번째 포트가 두 번째 포트에 대해 직각인 밸브 몸체 형식

· Attenuation trim(완화 트림) : 구불구불한 통로, 복수의 구멍, 확장 유동 면적, 또는 급확장 및 급축소를 사용하여 밸브에 의해 발생하는 음압 수준(sound pressure level)을 낮추기 위해 밸브 내부에 설치되는 트림

· Backflow(백플로우) : 정상 또는 예상된 유동 방향과 반대 방향의 유동

· Backlash(백래시) : 나사, 톱니바퀴 등의 서로 맞물려 운동하는 기계장 등에서 의도적으로 운동방향으로 만들어진 간극이다. 이 간극에 의해 나사와 톱니바퀴는 자유롭게 움직일 수 있다. 그러나 반대방향으로 회전할 때는 약간의 공백이 있으며 어긋남과 충격이 발생할 수 있다.

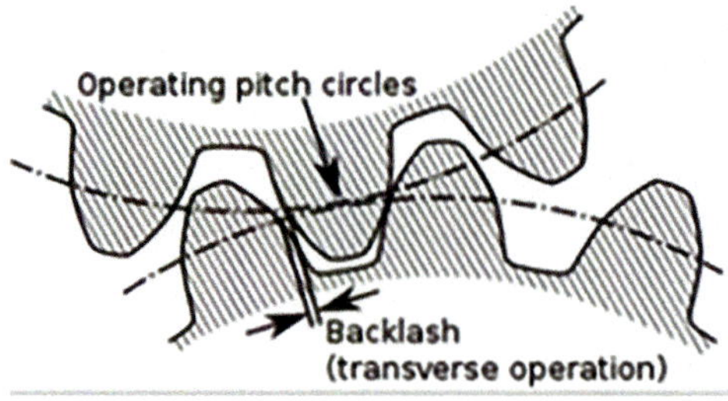

· Back-seat(백 시트) : 선형 밸브에서 처리 액체가 패킹박스 내부로 유입되는 것을 방지하기 위해 스템 또는 플러그 헤드의 일부가 본네트의 바닥부에 시트하도록 허락하는 특별한 설계
· Binding(고착) : 고온/고압 서비스에서 밸브 몸체에서의 열변형으로 인해 부품끼리 달라붙어 고착되는 현상
· Biplane(바이플레인) : 라이트형제가 개발한 초기 비행기에서 위와 아래로 두 개의 날개가 달린 형상으로 그림 3.2와 같은 밸브이다.

· Body(몸체) : 밸브의 주된 압력-포획 구성요소로서 유입 포트와 유출 포트는 물론 폐쇄요소를 내장한다.
· Body subassembly(몸체 조립체) : 몸체, 플랜지와 볼트, 본네트, 패킹박스, 케이지 또는 시트 리테이너(seat retainer), 폐쇄 요소를 포함하는 밸브의 부분
· Bonnet(본네트) : 압력 포획 부분으로 본네트 위체 설치된 top-works 밀봉은 물론 패킹박스와 가이드를 내장한다.
· Bonnet cap(본네트 캡) : 압력 포획 부분으로 밸브 몸체의 top-works를 밀봉하고, 통상적으로 패킹박스는 포함하지 않으며 top cap으로도 알려져 있다.
· Bonnet flange(본네트 플랜지) : 본네트와 몸체를 고정하기 위해 사용되는 플랜지
· Bracket(브라킷트) : 작동기를 설치하기 위한 지지대
· Breakout torque(본네트 토크) : 회전밸브를 개방하기 위해 필요한 토크 크기

· Brinell hardness number(브리넬 경도 수) : 111~745 사이 숫자로서 재료의 상대적인 경도를 나타내며 숫자가 증가하면 재료가 강한 것을 의미한다.
· Bubble-tight : 특정 시간 동안 밸브의 폐쇄 요소를 통한 시트(seat) 누수를 측정할 수 없는 정도의 조건
· Bushing(부싱) : 패킹박스 내 사용되는 가이드의 다른 용어로서 스템 또는 축을 안내하기 위해 사용된다.
· Bypass valve(바이패스 밸브) : 수동밸브로서 대형 밸브(통상적으로 제어밸브)를 우회하는 바이패스배관에 사용된다. 통상적으로 바이패스 배관은 하나 이상의 수동밸브를 사용하며, 주 밸브가 폐쇄된 상태에서 이 수동밸브를 통해 상류측으로부터 하류측으로 유동을 우회시킨다.
· Cage(케이지) : 글로브밸브 몸체의 유동 통로(gallery) 내부에 포함된 실린더로서 플러그를 안내하고 시트 링을 고정하기 위해 사용된다. 높은 유속, 공동현상, 플래싱 또는 높은 소음 수준을 제어하기 위해 유동 특성을 제공하거나 또는 압력저하를 제어하기 위해 케이지 내 특별히 설계된 홀을 사용할 수 있다.
· Cavitation(공동화) : 액체 용도의 경우 압력이 베나 축소부에서 증기압 이하로 떨어진 후 증기압 이상으로 압력이 회복되는 현상. 압력이 베나 축소부에서 증기압 이하로 떨어지면 증기 기포가 형성되고, 이후 압력이 회복되면서 붕괴된다. 증기 기포의 내파(implosion)는 밸브 몸체와 하류측 배관의 금속 표면을 침식시키고 소음을 야기할 수 있다.
· Check valve(체크밸브) : 공정 유체의 역류를 방지하는 밸브. 체크밸브의 폐쇄 요소는 통상적으로 중력, 유체, 스프링 힘을 사용하여 밸브를 폐쇄시키며, 아무런 수동 조작력을 요하지 않는다.
· Choked flow(질식유동) : 하류측 압력을 감소시켜도 유량을 증가시킬 수 없는 조건. 액체의 경우 공동현상 또는 플래싱으로 인해 베나 축소부에서 증기기포가 형성될 때 질식유동이 발생한다. 이 증기기포는 유동 통로를 메워 더 이상 유량 증가를 허락하지 않는다. 가스의 경우 유속이 음속에 도달할 때 그리고 하류측 압력 감소가 더 이상 가스량을 증가시킬 수 없을 때 질식유동이 발생한다.
· Closure element(폐쇄 요소) : 하나의 장치 또는 장치들의 조합으로 밸브의 유동 통로를 폐쇄하기나 개방하기 위해 사용된다. 대표적인 폐쇄 요소는 1/4 회전 플러그와 슬리브, 선형 플러그와 시트 링(seat ring), 버터플라이 디스크와 시트, 볼과 시트 등

· Collar(칼라) : 1/4 회전 수동밸브의 top-works의 한 부분으로서 폐쇄 요소 또는 조작기의 이동을 제한한다.

· Cracking pressure : 체크밸브에서 폐쇄 요소의 개방 개시 및 밸브를 통한 유동을 허락하는 관로 양(+) 압력

· Cylinder(실린더) : 압력 포획장치로서 실린더 작동기 내 공급 동력을 보유하는 것은 물론 작동기 barrier(피스톤)를 내장하기 위해 작동기 내 사용된다.

· Design pressure(설계 압력) : 플랜지, 볼트 토크 및 나사, 벽 두께, 패킹박스 구조, 벨로즈 밀봉 설계 등을 포함한 밸브의 전체적인 설계 기준을 결정하기 위해 사용되는 압력. 설계 압력은 공정라인에서 압력 서지, 수격현상, 다른 예상치 못한 현상을 고려하기 위해 허용오차와 안전계수를 포함한다. 따라서 설계 압력은 항상 실제 운영 압력보다 높다.

· Disk(디스크) : 버터플라이밸브 내 폐쇄 요소로서 유동을 개방, 폐쇄, 교축하기 위해 몸체를 통해 스윙한다.

· Double-acting actuator : 피스톤 또는 다이아프램의 양 측면에 공기를 동시에 공급 및 배기할 수 있는 하나의 작동기

· Drop-tight : bubble-tight 시험으로서 water-under-air 시험을 포함한다.

· Dynamic seal(동적 밀봉) : 서로 작용하면서 물리적으로 이동하는 둘 이상의 요소를 포함하는 밀봉. 통상적으로 이와 같은 밀봉은 폐쇄 요소(플러그와 시트, 버터플라이 디스크와 시트, 볼과 시트 등), 패킹박스(여기서 스템 또는 축은 패킹에 대항하여 이동한다), 또는 작동기(여기서 피스톤은 두 압력 챔버 사이에서 이동)와 관련된 것들을 포함한다.

· Dynamic torque(동적 토크) : 중간 행정에서 밸브를 교축하기 위해 필요한 토크

· Eccentric butterfly valve(편심 버터플라이밸브) : 밸브 중심축으로부터 수직과 수평으로 단차가 있는 버터플라이밸브 디스크

·Elastomer(엘라스토머) : 폴리머로서 유연하고 탄력이 있으며 연결부를 밀봉하거나 또는 이동하는 베리어(moving barrier)를 제공하기 위해 사용된다.

· End-to-end : 밸브에서 한쪽 말단부 연결부터 반대쪽 말단부 연결까지 길이.

· Erosion(침식) : 공정 유체의 유동 운동에 의해 야기된 밸브 또는 관로 내부 재료 마모. 침식 악화는 빈번하게 유체 내 고체가 동반될 때 가속된다.

· Extension bonnet(확장 본네트) : 가혹한 온도의 영향으로부터 작동기와 패킹박스를 보호하기 위해 사용되는 정상적인 본네트보다 길이가 긴 본네트

· Face-to-face(면간거리) : 한쪽 말단부의 면과 연결하고자 하는 반대쪽 면 사이 몸체 길이

· Flange(플랜지) : 밸브 말단 연결부의 평편하고 둥근 부분으로 밸브 허브보다 외경이 크다. 플랜지는 밸브를 배관에 연결하기 위해 여러 개의 볼트 구멍을 갖는다. 몸체와 한 몸인 플랜지를 통합 플랜지(integral flange)라 부른다. 몸체 허브에 걸쳐 슬라이드하고 하프-링(half-ring)에 의해 제자리에 고정되는 플랜지를 분리 플랜지(separable flange)라 부른다.

· Floating ball(플로팅 볼) : 볼이 밸브 몸체에 고정되지 않는 특징을 갖는 볼 또는 체크 밸브 설계이다.

· Floating seat : 밸브 몸체에 고정되지 않은 seat ring. 플로팅 시트는 폐쇄 요소의 형상에 따라 더욱 편리한 위치로 이동하여 양호한 차수를 제공할 수 있다.

· Flow characteristic(유동특성) : 유량계수 C_v와 밸브 개도 0~100% 사이 상관관계. 유동 특성은 고유유동특성(inherent flow characteristic)과 유효유동특성(installed flow characteristic)으로 구별된다. 대표적인 3개 유동특성은 등비, 선형, 급개방 특성이다.

· Flow coefficient(유량계수) : 밸브에 적용되는 유량측정. 공정의 전체 안전성을 제공하는 동시에 요구되는 유량을 통과시키는 최상의 밸브 규격을 결정하기 위해 유량계수를 사용한다.

· Full-bore valve(풀-보어 밸브) : 시트와 같은 폐쇄 요소의 개구부가 유입 포트와 유출 포트의 내경과 동일한 단면적을 갖는 밸브

· Full-port valve(풀-포트 밸브) : 폐쇄 요소(시트 또는 full ball과 같은)의 개도가 유입 및 유출 포트의 내경과 동일한 단면적을 갖는 밸브로서 full-bore 밸브라고도 부른다.

· Galling(갤링) : 짝을 이루는 두 부품의 미세 기공이 상호작용하여 서로 결합할 때 발생하는 손상으로 각 부품은 다른 부품에 대해 이동하여 두 표면을 찢는 결과를 초래한다. 갤링은 통상적으로 동일한 재질의 두 부품을 윤활하지 않고 함께 사용할 때 발생한다. 나사 볼트와 너트 또는 스터드의 경우 갤링은 암나사와 숫나사 모두 파괴할 수 있다. 또한 갤링은 가이드와 스템 또는 축 사이에서 빈번하게 발생하며 이는 부드러운 표면만을 손상시킬 뿐만 아니라 패킹 또는 다른 연한 부품도 파괴시킬 수 있다.

· Gasket(개스킷) : 접합부를 밀봉하기 위해 사용되는 경성 또는 연성 재질이다. 개스킷은 플랜지 접합부, 본네트와 몸체, 몸체와 시트 링(seat ring) 사이에 사용된다.

· Gland bushing(글래드 부싱) : 패킹박스의 상단부에 사용되며 대기로부터 패킹박스를 분리하고 글랜드-플랜지 볼트의 체결력을 패킹으로 전달한다. 패킹 팔로워(packing follower)라고도 불린다.

· Gland flange(글랜드 플랜지) : 가이드, 패킹, 돌출방지 링, 패킹박스 내 패킹 스페이서(spacer)를 고정하고 압축하기 위해 사용되는 밸브 부분. 통상적으로 글랜드 플랜지는 선형 및 1/4 회전 밸브에서는 본네트에, 회전 밸브에서는 몸체에 부착된다.

· Guide(가이드) : 원통형 부분으로서 밸브 스템 또는 축을 폐쇄 요소와 정렬한다. 대부분 가이드는 패킹박스 내 또는 폐쇄 요소 인근에 위치한다. 일부 설계에서는 글랜드-플랜지 볼트의 체결력을 패킹으로 전달하기 위해 상부 가이드(upper guide)를 사용하며 가이드 부싱(guide bushing)이라고도 부른다.

· Half-ring(하프 링) : 하나의 링이 반쪽으로 나누어 진 것으로 밸브 몸체에 분리된 플랜지를 유지하기 위해 사용된다.

· Header(헤더) : 여러 작은 관로로 공급하기 위해 설계되는 대형 배관

· High performance valve(고성능 밸브) : 예외적인 교축 성능을 얻기 위해 특별하게 설계된 밸브

· Incipient cavitation(초기 공동) : 증기 기포가 형성되지 시작하는 점

· Inherent flow characteristic(고유유동특성) : 일정한 압력저하에서 운영되는 밸브의 유량계수. 밸브의 고유유동특성은 관로 또는 펌프와 같은 다른 공정 장비의 영향을 고려하지 않는다.

· Installed flow characteristic(유효유동특성) : 밸브, 펌프, 관로 배열 등의 시스템 영향을 고려하는 밸브의 유동특성

· Integral flange(통합 플랜지) : 말단 연결부로서 밸브 몸체의 일부로서 제작되는 플랜지

· Integral seat(통합 시트) : 몸체 자체 내부에 기계 가공된 시팅 표면. 통상적으로 통합 시트는 임의 밸브 규격의 정상적인 유량보다 큰 유량을 제공하기 위해 과대규격의 폐쇄 요소와 함께 사용된다.

· Isolating valve(분리 밸브) : 패킹박스와 패킹박스로 윤활유의 유동을 제어 또는 정지하기 위해 사용되는 패킹 윤활기 사이에 설치된 밸브

· jacking bolt(잭킹볼브) : 정밀기계 등을 설치할 때 수평을 조정하기 위해 사용하는 볼트

· Limit-stop(리미트 스톱) : 작동기 내 한 장치로서 작동기의 선형 또는 회전운동을 제한한다. 리미트-스톱은 조정 가능하거나 또는 고정될 수 있다.

· Limit switch(리미트 스위치) : 작동기에 부착된 전자·기계 부속품으로서 밸브의 위치(개방, 폐쇄, 중간)를 나타내기 위해 사용된다. 통상적으로 신호는 공정 내 전동기, 펌프, 다른 장비의 운영과 같은 일부 행위를 생성한다.

· Linear flow characteristic(선형유동특성) : 고유유동특성으로서 일정한 압력저하에서 밸브 행정과 유량 변화비가 동일하다.

· Linear-motion valve(선형 이동 밸브) : 슬라이딩 스템으로 설계된 밸브로서 폐쇄 요소 또는 조정 요소를 개방, 폐쇄, 또는 교축하기 위해 선형 이동한다.

· Locking device(시건 장치) : 밸브 또는 작동기에 부착된 기구로서 부주의한 운영 또는 승인되지 않은 사용을 방지한다.

· Lock-up system(고정 시스템) : 정전 등으로 동력이 차단될 경우 작동기를 현 위치에 고정하기 위해 사용되는 시스템

· Lost motion device : 다음 그림은 회전운동의 경우 슬롯 내 하나의 탭을 통한 lost motion을 보여준다. 그림에서 입력(input) 링크는 축에 스플라인 가공되어 축과 함께 회전한다. 탭이 출력(output) 링크와 접촉하면 출력 링크는 회전하기 시작한다. 이와 같이 탭은 회전하지만 출력 링크는 회전하지 않는 동작을 lost motion이라 부르며, 작동기에서는 전동기가 회전하기 시작하여 전체속도에 도달하여 정격토크를 생성할 때까지의 짧은 기간은 밸브를 동작시키지 않는 구간을 의미한다.

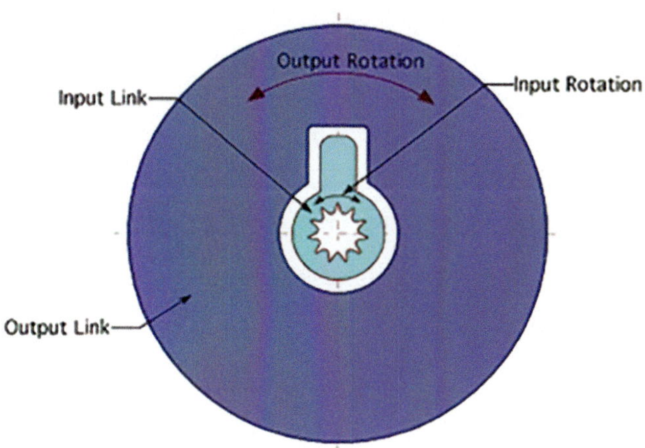

· Lug body(러그 몸체) : 버터플라이밸브에서 배관 플랜지의 홀 패턴과 일치하는 나사 가공된 홀 패턴을 갖는 통합 플랜지를 갖는 몸체

· Manual handwheel(수동 핸드휠) : 작동기와 함께 사용되지 않지만 밸브의 폐쇄 요소를 동작시키기 위한 유일한 수단의 핸드휠 설계

· Manual operator(수동 조작기) : 밸브를 조작하기 위한 에너지를 제공하기 위해 반드시 사람의 관여가 필요한 모든 장비

· Manual valve(수동 밸브) : 핸드휠 또는 핸드레버와 같은 수동 조작기를 통해 운영되는 모든 밸브

· Maximum allowable operating pressure(최대허용운영압력) : 밸브와 같은 압력 보유 용기가 연속적으로 안전하게 유지할 수 있는 최대압력. 최대허용운영업력은 용기 재질, 최대 온도, 압력 등급에 의해 결정된다. 최대허용작업압력(Maximum allowable working pressure)이라고도 불린다.

· Metal seat(메탈 시트) : 폐쇄 요소 내 짝을 이루는 표면 모두 금속으로 제작된 시트 설계. 메탈-메탈 시트는 소프트 시트 보다 누수가 크지만 높은 온도와 압력을 견딜 수 있다.

· Nominal size(공칭 규격) : 공칭 규격은 배관 또는 밸브 유입부와 유출부 내경에 걸쳐 측정된 길이

· Nominal pressure(공칭 압력) : ISO 기준과 함께 사용되는 압력 등급. PN 100과 같이 PN과 더불어 숫자가 표기된다.

· Nonreturn valve(논리턴 밸브) : 공정 유체가 오직 한 방향으로 유동하도록 허락된 밸브. 논리턴 밸브는 유동 또는 압력이 반대 방향으로는 기계적으로 제약되도록 설계된다. 모든 체크밸브는 논리턴 밸브이다.

· Nonrising stem(비상승 스템) : 수동 핸드휠에서 폐쇄 요소가 나사 가공되고 고정된 조작기를 회전하면 폐쇄 요소가 인양 또는 폐쇄된다.

· Open bonnet(개방 본네트) : 안전밸브에서 스프링이 대기에 노출된 본네트로서 통상적으로 내장된 스프링의 강도가 약간 손실되는 고온 용도에서 사용된다.

· Operating pressure(운영 압력) : 일상적인 서비스 동안 운영되는 밸브의 압력으로서 운영압력과 설계압력을 혼돈하면 안된다. 설계 압력은 운영압력에 외부 영향을 더한 것이다.

· O-ring(오-링) : 엘라스토머 링으로서 조인트를 밀봉하기 위해 또는 피스톤 작동기의

경우 두 동적 압력 챔버를 밀봉하기 위해 사용된다.

· Outlet(유출부) : 유체가 밸브를 빠져나가는 포트

· Packing(패킹) : 공정 유체가 밸브의 스템 또는 축 그리고 본네트 보어(bore) 주변으로 누수되는 것을 방지하기 위해 사용된다.

· Packing box(패킹박스) : 패킹, 패킹 스페이서, 랜턴 링(lantern ring), 패킹 스프링, 돌출 링(extrusion ring), 와이퍼 링(wiper-ring), 가이드, 글랜드 플랜지, 활 하중(live loading), 글랜드 플랜지 팔로워 등이 본네트 내 함께 구성된 박스. 패킹박스는 공정 유체가 스템 또는 축으로부터 빠져나오는 것을 방지한다. 글랜드 플랜지는 패킹박스 상단부에 위치하고 축방향 힘을 패킹으로 작용하기 위해 사용된다.

· Packing follower(패킹 팔로워) : 상부 가이드와 외관이 유사하며, 기본적인 목적은 외부 환경으로부터 패킹을 보호하는 것은 물론 글랜드 플랜지로부터 패킹으로 힘을 전달하는 부분. 글랜드 부싱이라고도 불린다.

· Pinion(피니언) : 대형 기어 또는 평면이 랙(flat-tooth rack)과 연계되어 동작하는 작은 기어. 피니언 기어는 통상적으로 작동 시스템에 사용된다.

· Plug(플러그) : 선형 글로브 밸브의 폐쇄 요소로서 시트 내부로 들어가는 부분, 일부 경우 유동 특성을 제공한다.

· Poppet(포핏) : 체크밸브 내 폐쇄 요소로서 (+) 관로 압력이 작용하지 않으면 폐쇄 요소를 폐쇄된 상태로 유지한다.

· Port(포트) : 밸브 몸체 내 단면적이 고정된 구멍으로서 공정 유체가 폐쇄 요소를 통과한 후 포트를 통해 유입 및 유출된다.

· Positioner(포지셔너) : 피드백 장치로서 제어기로부터 신호를 받고 이 신호를 실제 밸브 위치와 비교한다. 만일 밸브 위치와 신호가 동일하지 않으면 포지셔너는 올바른 밸브 위치에 도달할 때까지 공압을 보내거나 배기한다.

· Position indicator(위치 지시계) : 밸브 또는 작동기에 부착된 장치로서 폐쇄 요소의 위치를 나타낸다.

· Position transmitter(위치 전송기) : 통상적으로 작동기에 장착되는 부속품으로서 이는 전기 또는 공압 신호를 사용하여 밸브의 개방, 폐쇄, 중간 위치를 연속적으로 중계한다.

· Potentiometer(전위차계) : 작동기 부속품으로서 하나의 코일과 하나의 출력 와이어를 사용하여 작동기의 위치에 상응하는 가변 전기 출력을 생산한다.

· Pressure class(압력 클래스) : 밸브 벽 두께와 접합부가 고장나지 않고 처리하도록 설계된 압력의 크기

· Pressure drop(압력 저하) : 밸브의 상류측과 하류측 사이 압력 차이

· Pressure recovery(압력 회복) : 베나 축소부에서 압력과 하류측 압력 사이 차이

· Pressure relief valve(압력완화밸브) : 자동 동작하는 밸브로서 상류측 압력이 사전 설정된 압력에 도달하면 큰 개방 위치로 이동하여 관로의 압력을 완화하도록 설계된다. 압력이 사전 설정 수치보다 낮으면 스프링 또는 포핏(poppet)은 폐쇄 요소를 폐쇄된 상태로 유지한다. 압력이 증가하면 스프링 또는 포핏 장력이 극복되어 폐쇄 요소가 개방된다. 액체 용도에서는 완화밸브(relief valve) 그리고 가스 용도에서는 안전밸브(safe valve)라고도 불린다.

· Proximity switch(근접 스위치) : 특별한 리미트 스위치로서 기계적 접촉 없이 밸브 위치를 나타낸다. 근접 스위치는 밸브 위치를 결정하기 위해 자석 또는 전자 센서에 의존한다.

· Rack(랙) : 랙과 피니언 운영기에서 피스톤과 함께 선형적으로 이동하고 피니언을 회전시키는 일련의 선형 이(linear teeth)를 갖는 평판.

· Relief valve(완화밸브) : 액체 용도에서 자동 동작하는 밸브로서 상류측 압력이 사전 설정된 압력에 도달하면 넓은 개방 위치로 이동하여 관로의 압력을 완화하도록 설계된다. 압력이 사전 설정 수치보다 낮으면 스프링 또는 포핏은 폐쇄 요소를 폐쇄된 상태로 유지한다. 압력이 증가하면 스프링 또는 포핏 장력이 극복되어 폐쇄 요소가 개방된다.

· Reseating pressure(리시팅 압력) : 압력완화밸브에서 관로 감압으로 인해 밸브가 폐쇄된 위치로 되돌아오도록 설정된 압력

· Rising stem(상승 스템) : 수동 작동기의 스템이 폐쇄 요소의 개방과 함께 올라가도록 설계된 밸브

· Safety valve(안전밸브) : 가스 또는 스팀 용도에서 과도압력을 감소시키도록 설계된 압력완화밸브. 탱크가 과도하게 가압되는 것을 방지하기 위해 탱크에 사용될 수 있다.

· Seal(밀봉) : 회전밸브 내 폐쇄 요소의 정적 또는 고정된 부분. 통상적으로 밀봉은 1/4 회전 수동 플러그 또는 볼밸브와 관련된다.

· Seal load(밀봉 부하) : 회전 밸브의 폐쇄 요소에 작용하는 정적, 축, 동적 불평형력을 극복하기 위해 작동기가 반드시 생성하여야 할 힘.

· seat(시트) : 밸브 내 폐쇄 요소의 정적 또는 고정된 부분. 통상적으로 시트는 글로브, 게

이트, 버터플라이, 편심 플러그밸브와 관련된다.

· Seat load(시트 부하) : 선형밸브에서 폐쇄 요소에 작용하는 정적, 축, 동적 불평형력을 극복하기 위해 작동기가 생성하여야 할 힘

· Seat retainer : 선형 글로브밸브에서 조여진 본네트로부터 힘을 시트 링으로 전달하는 트림 구성요소. 케이지와는 달리 플러그를 가이드하거나 또는 유동특성을 제공하기 위해 사용된다.

· Seat ring(시트 링) : 선형 글로브밸브에서 차수하기 위해 플러그가 접촉하는 둥근 오리피스. 시트 링은 강성 금속이 될 수 있거나 또는 연성 밀봉 재질을 포함할 수 있다.

· Set point(설정 점) : 최상의 제어장치 위치를 결정하는 입력 수치

· Set pressure(설정 압력) : 압력완화밸브에서 시스템의 압력이 스프링 힘을 극복하여 밸브를 개방하기 시작하는 점.

· Shaft(축) : 회전밸브에서 폐쇄 장치와 작동기에 부착된 구성요소.

· Shutoff(차수) : 밸브의 폐쇄 요소가 폐쇄된 위치에 있고 밸브를 통한 유동을 정지시키는 점.

· Shutoff valve(차수밸브) : 유동을 차단하기 위해 사용되는 밸브. 차수밸브는 통상적으로 비상 정지 상황에서 사용된다.

· Shim : 볼밸브에서 밀봉하기 위해 볼의 처짐을 조정하기 위해 사용하는 아주 얇은 개스킷

· Sleeve(슬리브) : 글로브밸브에서 압력 평형 플러그에게 슬라이딩 밀봉 표면을 제공하는 부분. 1/4 회전 플러그밸브에서는 플러그를 밀봉하고 유지하기 위해 엘라스토머 실린더가 사용된다.

· Sliding gate valve(슬라이딩 게이트밸브) : 관개 또는 수로 용도의 평판, 사각 게이트를 사용하는 게이트밸브로서 슬루스밸브(sluice valve)라고도 알려져 있다.

· Sliding seal(슬라이딩 밀봉) : 회전밸브의 작동기 내에서 사용되며, 작동기 스템이 작동기의 하부 압력 챔버로부터 나오는 곳에 위치한 특별한 밀봉이다. 회전 측 연결(통상적으로 로드 말단부(rod end) 베어링)로 인해 작동기 스템의 동작은 반드시 비선형 형식으로 동작하여 이동 밀봉(moving seal)이 필요하게 된다.

· Sluice valve : 게이트밸브로서 관개 또는 수로 용도에서 평판 사각 게이트를 사용한다. 슬라이딩 게이트밸브로도 알려져 있다.

· Slurry(슬러리) : 용해되지 않는 고형물과 액체의 혼합체 특징을 갖는 공정 유체

· Soft-seat ring : 두 개의 금속 조각으로 제작된 시트 링으로서 이 두 조각 사이에 엘라스토머가 삽입되어 금속 플러그와 함께 사용된다. 소프트 시트는 통상적으로 bubble-tight 차수가 요구될 때 사용되며 탄성 시트(resilient seat)라고도 불린다.

· Static seal(정적 밀봉) : 한 위치에서 자리 잡은 후 이동하지 않는 두 부분 사이에서 발생하는 밀봉. 마찰이 제한되기 때문에 정적 밀봉은 동적 밀봉보다 수명이 길고 신뢰성이 좋다. 공통적인 정적 밀봉은 몸체와 본네트, 몸체와 시트 링, 요크와 작동기 케이싱 등과 같이 접합부를 포함한다.

· Stem(스템) : 작동기 또는 핸드휠에 부착된 폐쇄 또는 조정요소의 막대(rod) 부분. 스템은 패킹 박스로 밀봉되고 작동기의 힘을 폐쇄 또는 조정 요소로 전달한다.

· Stem bearing(스템 베어링) : 축 또는 스템을 정열하고 마찰과 마모를 감소시키기 위해 자기윤활된다.

·Stem retainer(스템 리테이너) : 스템의 이동을 방지하기 위한 장치

· Stroke(행정) : 밸브가 이동할 수 있는 거리. 행정은 통상적으로 선형밸브의 경우 직선거리, 1/4 회전밸브의 경우 0°~90° 사이 각도로 측정된다.

· Stud(스터드) : 한쪽 말단부는 드릴 및 탭 가공된 홀로 나사 조립되고 반대쪽 말단부는 너트로 고정되는 나사 가공된 막대(rod)

· Throttling(교축) : 공정 시스템의 요구조건에 따라 압력 또는 유량을 조정하기 위해 완전개방과 완전폐쇄 위치 사이에서 밸브 위치를 조정

· Throttling valve(교축밸브) : 공정 유량, 온도, 압력을 조정하기 위해 사용되는 고성능 밸브. 교축밸브는 완전 개방 또는 폐쇄될 수 있지만 이 밸브의 주된 목적은 두 점 사이 정확한 요구량을 제공하는 것이다.

· Top cap : 압력-보유 부분으로서 밸브 몸체의 top-works를 밀봉하며 패킹박스를 포함하지 않는다. 본네트 캡으로도 알려져 있다.

· Top-works : 본네트 상부에 장착된 모든 장치 또는 부품. top-works는 설계에 따라 여러 부품을 포함할 수 있지만 통상적으로 조작기, 요크, 포지셔너, 위치 표기시 등을 포함한다.

· Torque(토크) : 축에 전달된 회전력

· Torque switch(토크 스위치) : 특정 크기의 회전력이 축이 작용할 때 개방 또는 폐쇄하는 스위치

· Transducer(변환기) : 전기 신호를 공압 신호로 변환하기 위해 사용되는 포지션너 부

속품
· Trim(트림) : 선형 글로브 밸브에서 폐쇄 요소의 습식 부분 및 관련된 부분을 나타내는 용어. 트림은 통상적으로 케이지(또는 시트 리테이너 또는 카트리지 또는 스택), 플러그, 시트 링(seat ring) 부분을 포함한다.
·Trunnion-mounted ball(트루니언 볼) : 하나의 축을 양쪽에서 지지하는 볼
· Upper guide(상부 가이드) : 폐쇄 요소로부터 가장 먼 곳에 위치한 가이드로서 통상적으로 패킹박스의 유입부에 위치한다. 상부 가이드는 스템 또는 축이 폐쇄 요소와 올바른 정렬을 제공할 뿐만 아니라 글랜드-플랜지 볼트의 체결력을 패킹으로 전달하고 외부 대기로부터 패킹을 보호하기 위해 사용된다.
· Valve capacity(밸브 용량) : 특정 조건에서 밸브 교축 없이 밸브를 통과하는 유량 크기
· Vena contracta(베나 축소부) : 공정 유동이 밸브를 통과하면서 유선 내 가장 좁은 축소부. 작은 오리피스 또는 밸브 시트 또는 밀봉부에 의해 베나 축소부가 발생한다. 이 지점에서 유속은 최대가 되고 압력은 최저가 된다.
· Vent(통기) : 통상적으로 공기와 같은 가스의 공정 유체가 대기로 빠져나가도록 허락되는 관로의 일 부분
· Wire drawing(와이어 드로잉) : 밸브 개도가 작은 경우 좁은 틈새를 흐르는 고속 유체에 의해 밸브 시트면에 침식작용이 일어나 홈이 형성되는 현상
· Wafer body(와이퍼 몸체) : 회전밸브에서 면간거리가 짧아 특별한 길이의 스터드와 너트를 사용하여 두 플랜지 배관 연결부 사이에 삽입될 수 있는 몸체
· Wall thickness(벽 두께) : 압력을 보유하는 배관 또는 밸브 몸체의 외부 벽의 두께
· Weir(위어) : 다이아프램 및 핀치밸브에서 엘라스토머 다이아프램 또는 라이너를 압축하는 것을 돕기 위해 사용되는 금속 몸체의 저부 내부의 통합 바(integral bar)
· Yoke(요크) : 선형밸브의 top-works에 작동기를 지지하고 고정하는 작동기의 부분

부록B 유체특성

온도 (°C)	비중량[b] γ (kN/m^3)	밀도 ρ(kg/m^3)	체적 탄성률[c] K(kPa)	점성계수 μ(Pa·s)	동점성계수 v (m^2/s)	표면장력[d] (N/m)	포화증기압	
							P_v (KPa)	수두(m)
0	9.805	9.998 E+2	1.98 E+6	1.78 E-3	1.79 E-6	0.0765	0.61	0.06
5	9.807	1.000 E+3	2.05 E+6	1.52 E-3	1.52 E-6	0.0749	0.87	0.09
10	9.804	9.997 E+2	2.10 E+6	1.31 E-3	1.31 E-6	0.0742	1.23	0.13
15	9.798	9.991 E+2	2.15 E+6	1.14 E-3	1.14 E-6	0.0735	1.70	0.17
20	9.789	9.982 E+2	2.17 E+6	1,00 E-3	1.00 E-6	0.0726	2.34	0.24
25	9.777	9.970 E+2	2.22 E+6	8.90 E-4	8.93 E-7	0.0720	3.17	0.32
30	9.642	9.957 E+2	2.25 E+6	7.98 E-4	8.00 E-7	0.0712	4.24	0.43
40	9.730	9.992 E+2	2.28 E+6	6.53 E-4	6.58 E-7	0.0696	7,38	0.76
50	9.689	9.880 E+2	2.29 E+6	5.47 E-4	5.53 E-7	0.0679	12.33	1.27
60	9.642	9.832 E+2	2.28 E+6	4.66 E-4	4.74 E-7	0.0662	19.92	2.07
70	9.589	9.778 E+2	2.25 E+6	4.04 E-4	4.13 E-7	0.0644	31.19	3.25
80	9.530	9.718 E+2	2.20 E+6	3.54 E-4	3.64 E-7	0.0626	47.34	4.97
90	9.466	9.653 E+2	2.14 E+6	3.15 E-4	3.26 E-7	0.0608	70.10	7.41
100	9.399	9.584 E+2	2.07 E+6	2.82 E-4	2.94 E-7	0.0589	101.33	10.78

[a] Vennard and Street[1]부터 채택하였다.

[b] 비중량 γ는 단위부피에 작용하는 힘이다. 비중량 γ, 밀도 ρ, 중력 g에 의한 가속도의 관계는 $\gamma = \rho g$ 이고, g값은 표 A.3을 참조하라.

[c] 대기압 상태에서의 수치이다.

[d] 공기와 접촉상태이다. 또한 100 N/m = dynes/cm 이다.

부록 B.1 물의 특성

부록C 배관·피팅 손실계수 자료

주석 : 모든 가능한 조도수치를 포함하는 광범위한 관로 손실수두 곡선을 갖는 최대 및 최소 수치를 얻기 위해표에 기재된 모든 수치는 수정하여야 한다(1.2절 참조).

재질	하젠 - 윌리엄C	매닝 n^c	무디 선도 ϵ mm	무디 선도 ϵ in.
예상되는 계수의 범위				
플라스틱, FRP, & 에폭시[a]				
$\leq$ 400mm (16 in.)	140 ~ 130	0.010 ~ 0.010	Smooth - 0.20	Smooth - 0.008
= 600mm (24 in.)	145 ~ 135	0.009 ~ 0.010	Smooth - 0.20	Smooth - 0.008
$\geq$ 900mm (36 in.)	150 ~ 140	0.009 ~ 0.010	Smooth - 0.20	Smooth - 0.008
시멘트 모르타르 라이닝[a]				
Centrifugally spun				
$\leq$ 400mm (16 in.)	135 ~ 125	0.010 ~ 0.011	0.13 ~ 0.033	0.005 ~ 0.013
= 600mm (24 in.)	140 ~ 130	0.010 ~ 0.010	0.13 ~ 0.033	0.005 ~ 0.013
$\geq$ 900mm (36 in.)	145 ~ 135	0.010 ~ 0.010	0.13 ~ 0.033	0.005 ~ 0.013
Trowled in placea				
$\leq$ 400mm (16 in.)	130 ~ 120	0.010 ~ 0.011	0.20 ~ 0.50	0.008 ~ 0.020
= 600mm (24 in.)	135 ~ 125	0.010 ~ 0.011	0.20 ~ 0.50	0.008 ~ 0.020
$\geq$ 900mm (36 in.)	140 ~ 130	0.010 ~ 0.010	0.20 ~ 0.50	0.008 ~ 0.020
다음 수치는 일반적인 문헌에서 발취한 것임.[b]				
Ten-State 기준[1]				
시멘트 모르타르 또는 플라스틱	120	0.011	0.41	0.016
라이닝이 없는 강관 또는 주철관	100	0.013	1.5	0.060
구관 또는 라이닝한 관을 부식성이 없는 물에서 20년 이상 사용한 경우[b]				
Smooth glass or plastic	135	0.010	0.13	0.005
시멘트 모르타르				
centrifugally spun	130	0.010	0.19	0.0075
toweled	125	0.011	0.28	0.011
석면 시멘트	125	0.011	0.28	0.011
Centrifugally cast CPP	130	0.010	0.19	0.0075
Wood stave	110	0.012	0.89	0.035
Riveted steel	80	0.016	5.6	0.22
콘크리트, formed	80	0.016	5.6	0.22
Clay, not pressurized	100	0.013	1.5	0.060
Wrought iron	100	0.013	1.5	0.060
Glabanized iron	90	0.014	3.0	0.12

[a] 실제 내경을 사용.

[b] 하젠 - 윌리엄 공식의 C는 배관의 공칭 직경을 사용한다. 하젠 - 윌리엄 공식을 사용하여 예측한 손실수두는 유속이 느리거나 직경이 작은 배관의 경우보다 훨씬 작다.

[c] 매닝 공식은 관이 만수가 아닐 경우에는 부정확하다(그림 b.5 참조).

그림 C.1 관리상태가 양호하고 부식성이 없는 물이 관로에 만수하여 흐를 경우의 배관설계시 예상되는 배관 마찰계수

피팅		K	피팅		K
Entrance			Forged or cast 피팅		
Bellmouth		0.05	Return bend, $r=1.4D$		0.40
Rounded		0.25	Tee, line flow		0.30
Sharp-edged		0.5	Tee, branch flow		0.75
Projecting		0.8	Cross, line flow		0.50
Exits All of the above		1.0	Cross, branch flow		0.75
Bends, mitered			Wye, 45°		0.50
$\theta=15°$		0.05			
$\theta=22.5°$		0.075	Increase		
$\theta=30°$		0.10			$h=K\left[1=\left(\frac{D_1}{D_2}\right)^2\right]v_2^2/2g$
$\theta=45°$		0.20	Conical		$K=3.5(\tan\theta)^{1.22}$
$\theta=60°$		0.35			
$\theta=90°$		0.80	Conical (approximate)		$h=0.25(v_1^2-v_2^2)/2g$
90° bend 3×30° = 90° 4×22.5° = 90°		0.30			
Forged or cast fittings			Sudden Reducers		$h=\frac{v^2_{-v^2_{22g1}} - \left[\left(\frac{A_2}{A_1}\right)^2-1\right]\frac{v_2^2}{2g}}{}$
90° elbow, standard		0.25			$h=Kv_2^2/2g$
90° elbow long radius		0.18	Conical		$K=0.03\pm0.01$
45° elbow		0.18	Sudden		$h=\frac{1}{2}\left[1-\left(\frac{D_2}{D_1}\right)^2\right]\frac{v_2^2}{2g}$

$h=Kv^2/2g$, 여기서 v 는 각주가 아닌 피팅에서 최대 유속이다. 직경이 300 mm(12 in.) 이하인 경우 직경 25 mm(1 in.) 감소마다 K 값을 5% 증가시킨다. K 값은 -20%에서 +30% 또는 그 이상 차이가 발생 할 수 있다.

그림 C.2 플랜지 접속 피팅의 추천되는 에너지 손실계수 K

밸브 형식	K
앵글	1.8 ~ 2.9
볼	0.04
버터플라이	
25-1b Class	0.16
75-1b Class	0.27
150-1b Class	0.35
역지변	
Ball	0.9 ~ 1.7 특정한 크기 및 유량에서는 Mfr's 자료 참조할 것.
Center-guided globe style	2.6
Double door	
8 in. or smaller	2.5
10 to 16 in.	1.2
Foot	
Hinged disc	1 ~1.4
Poppet	5 ~ 14
Rubber flapper	
v 〉6 ft/s	2.0
v 〈 6 ft/s	1.1
Slanting discd	0.25 ~ 2.0
Swingd	0.6 ~ 2.2 그림 B·3 참조
Cone	0.04
Diaphragm or pinch	0.2 ~ 0.75
게이트	
Double disc	0.1 ~ 0.2
Resilient seat	0.3
글로브	4.0 ~ 6.0
나이프 게이트	
Metal seat	0.2
Resilient seat	0.3

그림 C.3 밸브 완전 개방시 에너지 손실계수

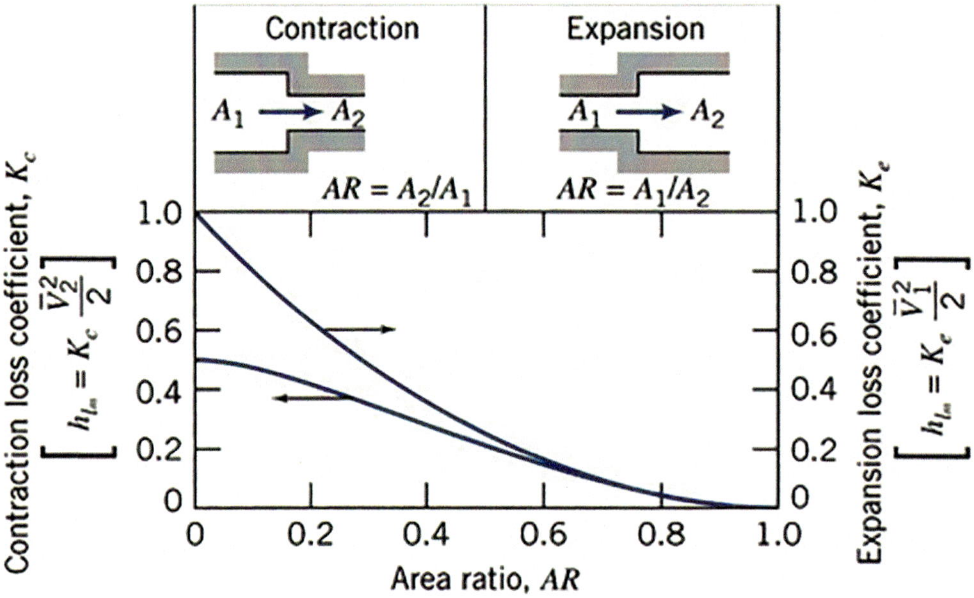

그림 C.4 확대부와 축소부 손실계수

· 확대부 곡선식 : $K_E = -0.5828AR^4 + 0.9499AR^3 + 0.528AR^2 - 1.9002AR + 1.0015$

· 축소부 곡선식 : $K_C = -0.9907AR^4 + 2.6437AR^3 - 2.1358AR^2 + 0.021AR + 0.5005$

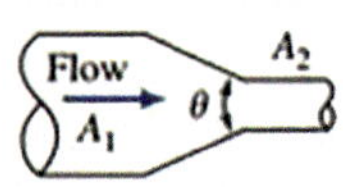

		Included Angle, θ, Degrees						
	A_2/A_1	10	15–40	50–60	90	120	150	180
	0.50	0.05	0.05	0.06	0.12	0.18	0.24	0.26
	0.25	0.05	0.04	0.07	0.17	0.27	0.35	0.41
	0.10	0.05	0.05	0.08	0.19	0.29	0.37	0.43

Note: Coefficients are based on $h_{l_m} = K(\bar{V}_2^2/2)$.
Source: Data from ASHRAE [12].

그림 C.5 점진적 축소부 손실계수

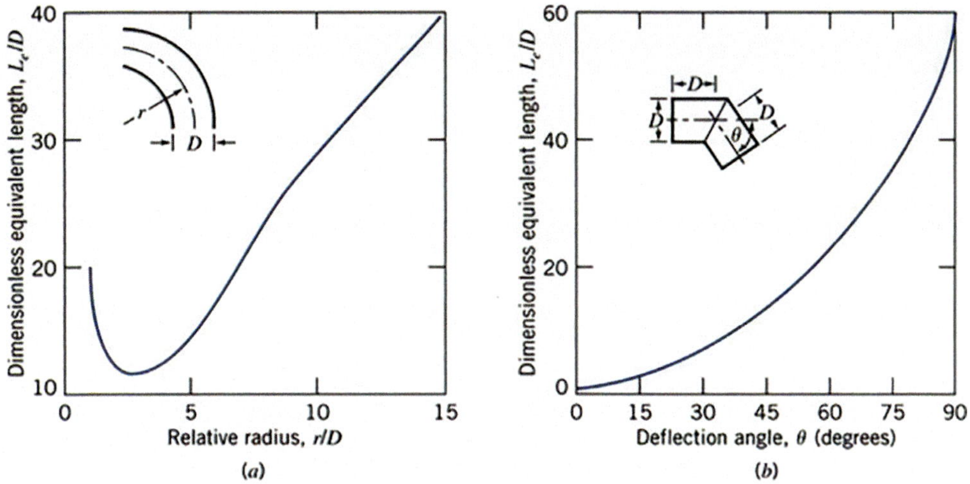

그림 C.6 (a)90도 곡관, (b)Miter 곡관

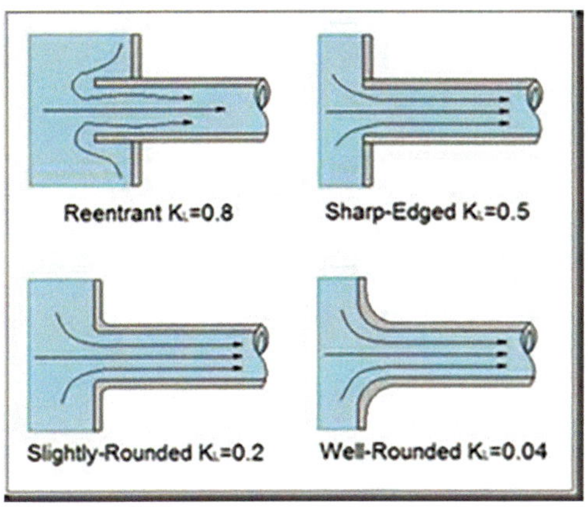

그림 C.7(a) 유입부 손실계수

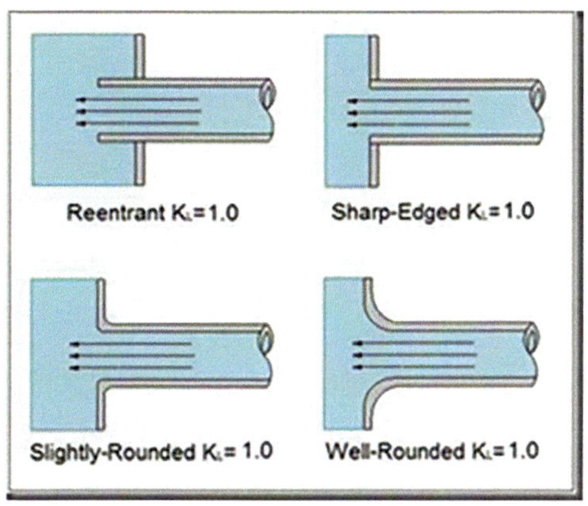

그림 C.7(b) 유출부 손실계수

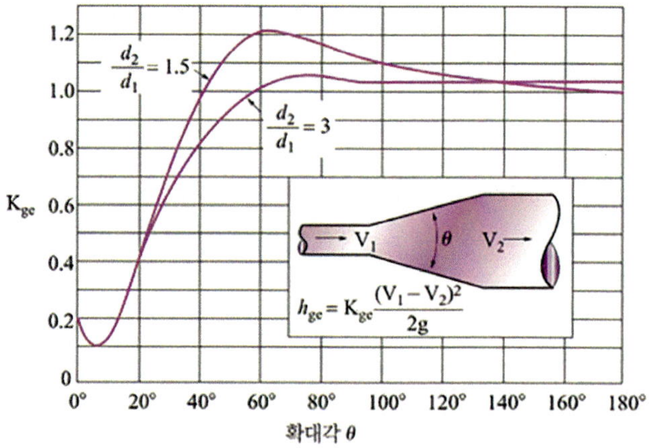

그림 C.8 점확대관 손실계수

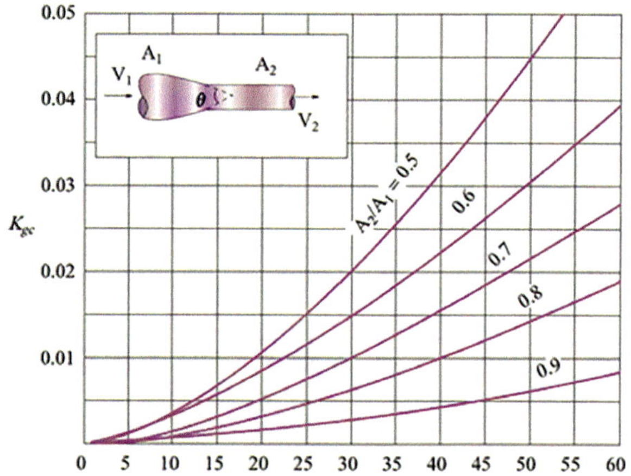

그림 C.9 점축소관 손실계수

Weisbach는 실험결과를 종합하여 단면 점축소 손실계수를 다음과 같이 제안함

$$h_{gc} = K_{gc}\frac{V_2^2}{2g}, \qquad K_{gc} = \frac{0.025}{8sin\frac{\theta}{2}}\left[1-\left(\frac{A_2}{A_1}\right)^2\right]$$

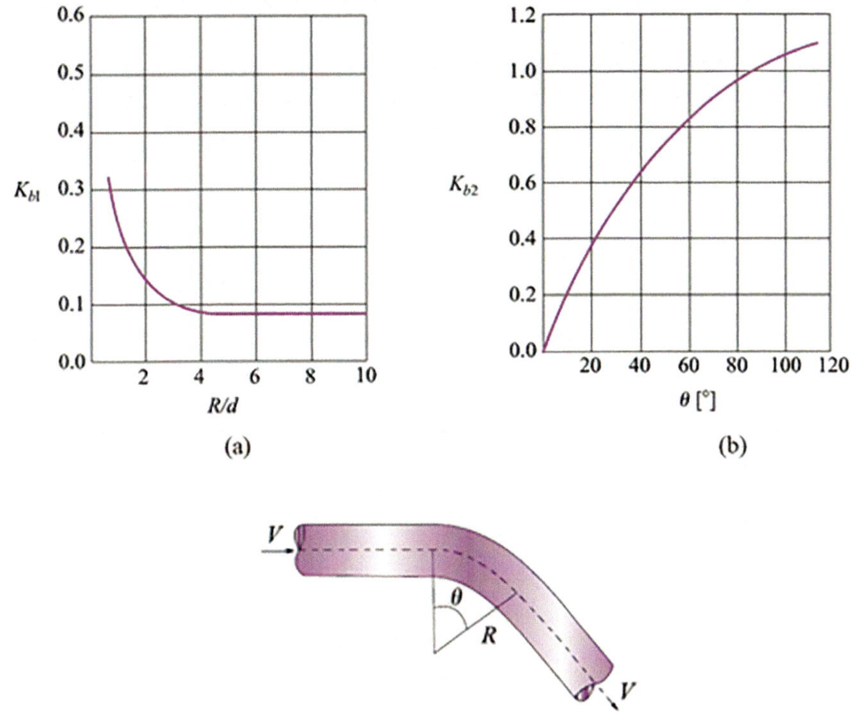

(c) 만곡관

그림 C.10 만곡관 손실계수

만곡관의 경우 2차 흐름에 의해서 수두 손실이 발생하며 만관관에 의한 손실수두 h_b 는 Anderson과 Straub에 의하면 다음과 같다.

$$h_b = K_{b1} K_{b2} \frac{V^2}{2g}$$

- K_{b1} : 만곡관의 중심각이 90°인 경우에 곡률반경 R과 직경 d의 비에 의해 결정되는 손실계수
- K_{b2} : 만곡관의 중심각이 임의각 θ인 경우의 손실과 중심각이 90°인 경우의 손실의 비로서 결정되는 손실계수

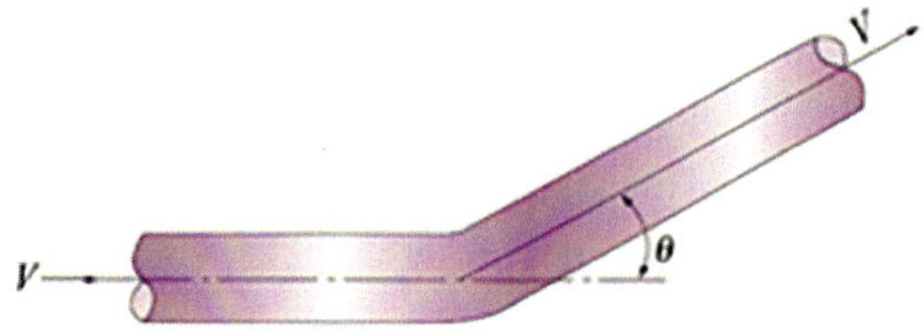

θ°	15	30	45	60	90	120
K_d	0.022	0.073	0.183	0.365	0.99	1.86

그림 C.11 굴절에 의한 손실계수

제수밸브		나비형 밸브		원형밸브(spherical valve)	
개방정도 (s/d)	K_v	개방정도(θ)	K_v	개방정도(θ)	K_v
0	∞	90	∞	80	∞
1/8	97.8	80	∞	65	486
2/8	17.0	70	750	60	206
3/8	5.52	60	118	50	52.6
4/8	2.06	50	32.6	40	17.3
5/8	0.81	40	10.8	30	5.47
6/8	0.26	30	3.91	20	1.56
7/8	0.01	20	1.54	10	0.20
8/8	0	10	0.52	0	0
		0	t/d		

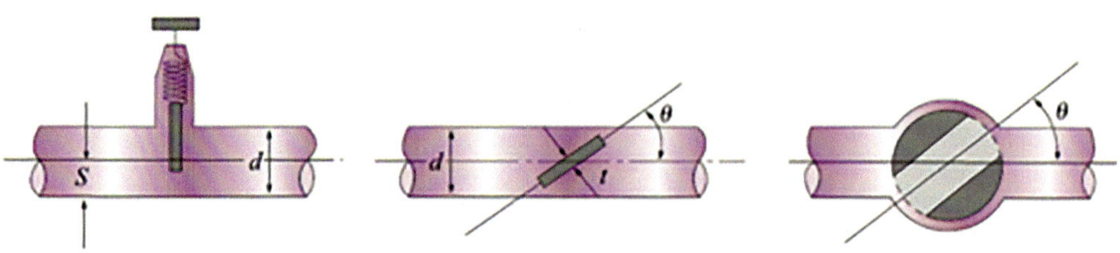

그림 C.12 밸브 개도별 손실계수

a. Elbows	
Regular 90°, flanged	0.3
Regular 90°, threaded	1.5
Long radius 90°, flanged	0.2
Long radius 90°, threaded	0.7
Long radius 45°, flanged	0.2
Regular 45°, threaded	0.4
b. 180° return bends	
180° return bend, flanged	0.2
180° return bend, threaded	1.5
c. Tees	
Line flow, flanged	0.2
Line flow, threaded	0.9
Branch flow, flanged	1.0
Branch flow, threaded	2.0
d. Union, threaded	0.08
***e. Valves**	
Globe, fully open	10
Angle, fully open	2
Gate, fully open	0.15
Gate, $\frac{1}{4}$ closed	0.26
Gate, $\frac{1}{2}$ closed	2.1
Gate, $\frac{3}{4}$ closed	17
Swing check, forward flow	2
Swing check, backward flow	∞
Ball valve, fully open	0.05
Ball valve, $\frac{1}{3}$ closed	5.5
Ball valve, $\frac{2}{3}$ closed	210

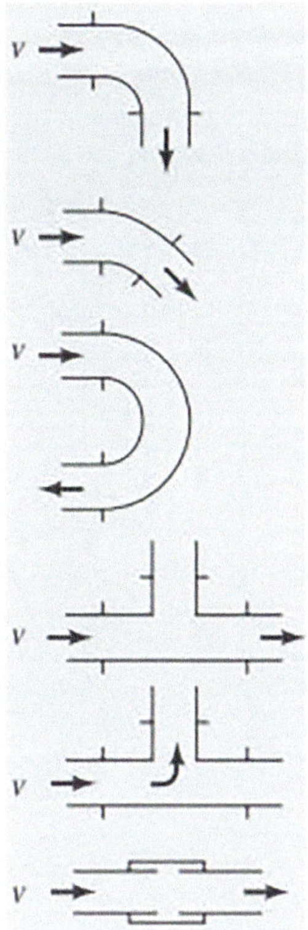

*See Fig. 8.36 for typical valve geometry

그림 C.13 피팅 손실계수

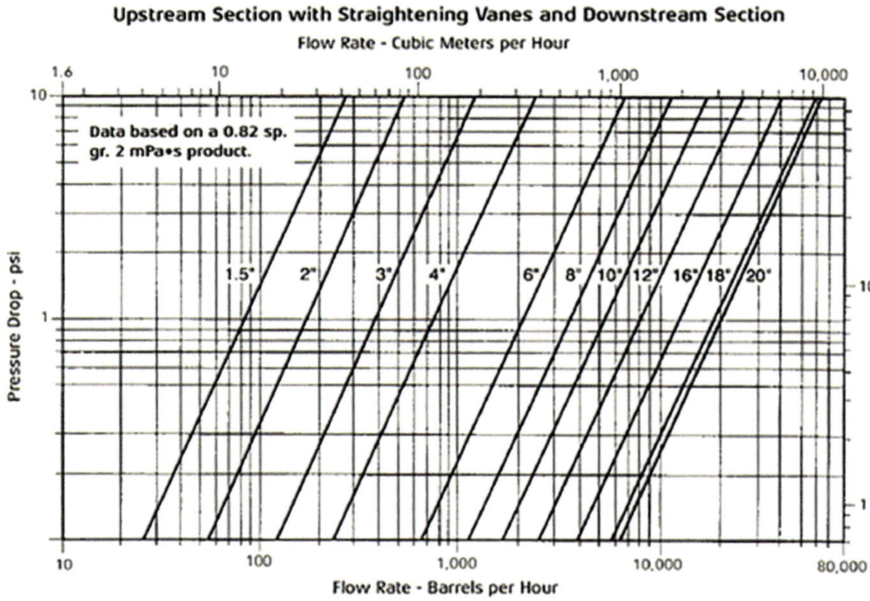

그림 C.14 정류관(straightener) 압력저하

Fitting Type	Equivalent Length,[a] L_e/D
Valves (fully open)	
Gate valve	8
Globe valve	340
Angle valve	150
Ball valve	3
Lift check valve: globe lift	600
angle lift	55
Foot valve with strainer: poppet disk	420
hinged disk	75
Standard elbow: 90°	30
45°	16
Return bend, close pattern	50
Standard tee: flow through run	20
flow through branch	60

[a]Based on $h_{L_m} = f(L_e/D)(\overline{V}^2/2)$.

그림 C.15 밸브와 피팅의 등가배관길이

부록D 엑셀 행렬식 기능

뉴튼법 사용시 반드시 가우스소거법을 사용하여 행렬을 해결하여야 한다. 행렬의 크기가 단순하게 3×3일 때도 많은 시간과 노력이 요구된다. 그러나 배관이 9개로 구성된 단순한 관망에서도 행렬의 크기가 21×21가 되어 이를 수계산으로 해결하는 것이 불가능하다. 그러나 엑셀에서는 이러한 행렬식을 해결하는 기능을 제공하므로 이 사용법을 숙지하면 많은 도움이 된다. 본 부록에서는 다음 3개 선형식을 해결하기 위한 엑셀 행렬식 기능 사용방법에 대해 기술한다.

$$
\begin{aligned}
F_1 &= Q_1 - Q_2 \qquad\qquad - 0.8 = 0 \\
F_2 &= \qquad\quad Q_2 - Q_3 - 1.2 = 0 \\
F_3 &= \qquad\qquad\qquad Q_3 - 0.5 = 0
\end{aligned}
$$

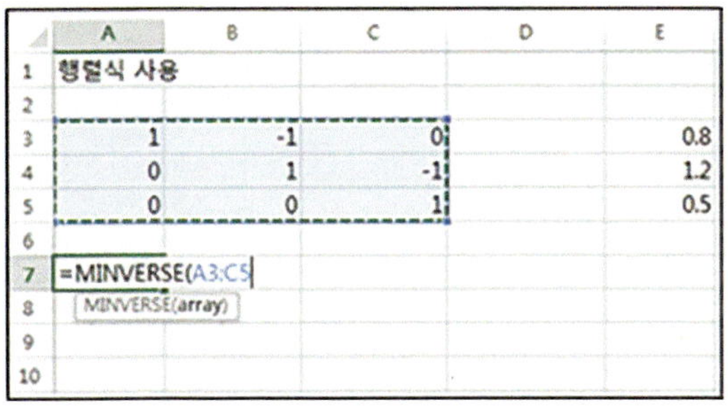

그림 D.1 행렬식 해결 과정 1

그림 D.2 행렬식 해결 과정 2

1. 그림 C.1과 같이 엑셀의 A3~C5 셀과 E3~E5 셀에 계수행렬식의 숫자를 입력한다.
2. A7셀에서 MINVERSE을 입력하거나 함수를 호출하고 범위를 A3~C5 셀을 드래그하여 지정한다.
3. 마지막으로 자판의 Ctrl과 Shift 키를 누른 상태에서 Ender 키를 치면 그림 C.2와 같이 A7셀에 수치가 자동으로 입력된다.
4. 마우스를 드래그하여 A7~C9까지 범위를 지정한 후 상단에 있는 수식 입력창에 마우스를 클릭한 후 자판의 Ctrl과 Shift 키를 누른 상태에서 Ender 키를 치면 그림 C.3과 같이 A7~C9 셀에 수치가 자동으로 입력된다.
5. E7 셀에서 MMULT 기능을 호출한 후 마우스로 A7~C9 셀을 드래그한 후 자판으로 콤마 (,)를 입력하고 마우스로 E3~E5 셀을 드래그한 후 자판의 Ctrl과 Shift 키를 누른 상태에서 Ender 키를 치면 그림 C.4와 같이 E7 셀에 수치가 자동으로 입력된다.

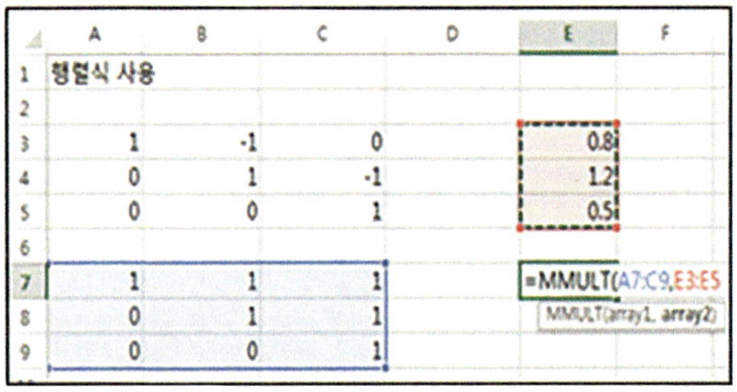

그림 C.3 행렬식 해결 과정 3

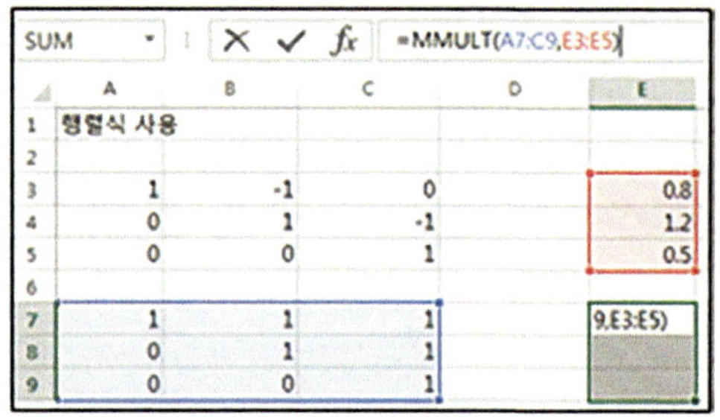

그림 C.4 행렬식 해결 과정 4

7. 마우스를 드래그하여 E7~E9까지 범위를 지정한 후 상단에 있는 수식 입력창에 마우스를 클릭한 후 자판의 Ctrl과 Shift 키를 누른 상태에서 Ender 키를 치면 그림 C.5와 같이 E7~E9 셀에 수치가 자동으로 입력되면서 해가 출력된다.

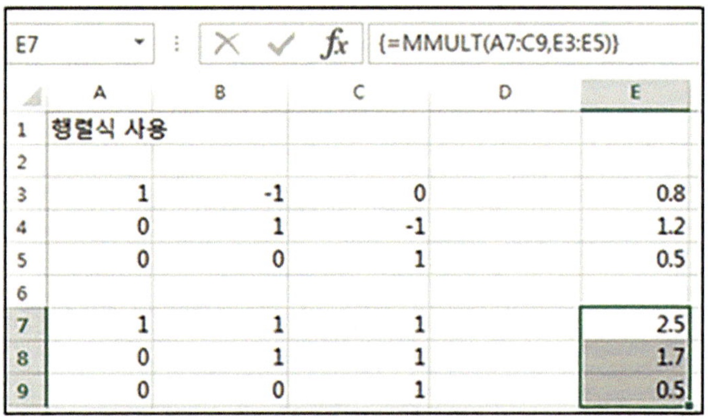

그림 C.5 행렬식 해결 과정 5

참고문헌

1. AWWA;"Rubber-Seated Butterfly Valves, 3 In.(75㎜) through 72 In.(1,800㎜)", Standard C504, 2010a
2. AWWA;"Large-Diameter Rubber-Seated Butterfly Vlaves, Size 78 In.(2,000㎜) and Larger", Standard C516, 2010b
3. AWWA;"Steel Pipe Flanges for Waterworks Service-Sizes 4 In. through 144 In.(100㎜ through 3,600㎜)", Standard C207, 2013.
4. AWWA;"Cylinder and vane Actuators and Controls",Manual M66, 2015.
5. AWWA;"Hydraulic and Pneumatic Cyliner and Vane-Type Actuators for Valve and Slide Gates', Standard C541, 2016.
6. AWWA;"Electric Motor Actuators for Valves and Slide Gates", Standard C542, 2016.
7. Baran, G., Bunea, F.D., Oprina, G.I.;"On Cavitaion and Cavitational Damage at Butterfly Valves", 2nd IAHR International Meeting of the Workgroup on Cavitation and Dynamic Problems in Hydrualic Machinery and Systems, Scientific Bulletin of the "Politehnica" University of Timisoara, 2007.
8. Beichley, G.I.;"Hydraulic Model Studies of an Energy Dissipator for a Fixed Cone Valve at the Ute Dam Outlet Works,"USBR Hydraulic Laboratory Report, REC-ERC-70-11, 1970.
9. Bureau of Reclamation;"Inspection of Spillway and Outlet Works", Training Aids for Dam Safety Module, 1988a.
10. Bureau of Reclamation;"Preparing to Conduct a Dam Safety Inspection", Training Aids for Dam Safety Module, 1988b.
11. Bureau of Reclamation;"Guidelines for Determining Whether Normally Inundated Outlet-Works Features Should be Examined", Engineering and Research Center, Technical Memorandum No. 6, 985.

12. Bureau of Reclamation;"Review/Examination Program for High-and-Significant-Hazard Dams", Directives and Standards FAC 01-07, 2001.
13. Clinton, Frank M;"Test and Evaluation of 12 inch Vertical Inside Sleeve Valve", The Metropolitan Water District of Southern California Report No 880, January 14.
14. 1972, Rev 1973.
15. Colgate, D.;"Hydraulic Model Studies of the River Outlet Works at Oroville Dam," USBR Hydraulic Laboratory Report, HYD 508, 1963.
16. Cooper, C. R.;"White Paper on Outlet Works Inspections", FEMA Outlet Works Workshop, May 25-27, 2004, Denver, Colorado, 2004.
17. DeVries, J.J., Hameed. T., and Cheema, M.N.;"Hydraulic Model Study of the Oroville Dam River Outlet Works," Center for Water and Wildland Resources, University of California, Davis, 1994.
18. Gagerbur, T.L.;"Fixed-Cone Valve Prototype Tests, New Melones Dam, California," Army Engineer Waterway Experiment Station Vicksburg, MS Hydraulics Lab Technical Report HL-83-2, February 1983.
19. Falvey, H.T.;"Air-Water Flow in Hydraulic Structures",Engineering Monograph No. 41, Bureau of Reclamation, December 1980.
20. Falvey, H.T.;"Cavitation in Chutes and Spillways",Engineering Mogograph No. 42, Bureau of Reclamation, April 1990.
21. Falvey, H.T.;"White Paper on Energy Dissipatiors", FEMA Outlet Works Workshop, May 25-27, 2004, Denver, Colorado, 2004.
22. FEMA;"Outlet Works Energy Dissipators-Best Practices for Design, Construction, Problem Identification and Evaluation, Inspection, Maintenance, Renovation, and Repair", Technical Manual, FEMA P-679, June 2010.
23. Gerbig, L.C.;"White Paper on Gates and Valves", FEMA Outlet Works Workshop, May 2527, 2004, Denver, Colorado, 2004.
24. Hartman, Tom, Lindsey, Keith E. PhD;"Development of Constant Velocity, Multijet Sleeve Valves"

25. Hegseth, D.G., Seghal, C.K., and Erpenbeck, D.A.;"South Holston Power 25. Intake Penstock Rehabilitation", Waterpower 1995 Conference, San Francisco, CA, July 1995.
26. Johnson, M.C.;"Performance Testing on a 6-inch Fixd Cone Valve with a Velocity Diffuser and Energy Diffuser for Harman Valve Corporation", Utah State University Research Foundation, Hydraulics Report No. 517, July 2000.
27. Johnson, M.C., Dham, R., Sagar, B.T.A., and Bergquist, J.;"Valves to get out of a fix", International Water Power & Dam Construction, July 2001, pp22-25, 2001.
28. Johnson, Michael C., M.ASCE and Dham, Rajesh, M.;"Innovative Energy Dissipating Hood", Journal of Hydraulic Engineering, ASCE 2006.
29. Kohler, W.H.;"Selection of Outlet Works Gates and valves", ASCE Annual and Environmental Meeting, Chicago, IL, October 13-17, 1969, Meeting Preprint 1057, ASCE, 1969.
30. Lindsey, Keith E. PhD;"Application of Multijet Sleeve valves", Lindsey Fabrication, Inc Valve Div, Azula, CA.
31. Maynord, Stephen;"Fixed-Cone Valve, New melones Dam, California", Army Engineer Waterways Experiment Station Vicksburg, MS Hydraulics Lab Technical Report HL-81-4, January 1981.
32. Mays, L.W.;"Water Resources Engineering", 2nd Edition, John Wiley & Sons, Inc, 2010.
33. Mercer, A.C.;"Vane Failures of Hollow Cone Valves", Proceedings,
34. IAHR, Stockholm, Sweden, 1970.
35. Miller, D.S.;"Internal Flow Systems Design and Performance Prediction", Second Edition, Gulf Publishing Company, 1990.
36. Prettyman, B.J., Johnson, M.C. and Sharp, Z. B.;"Design Considerations for Stationary Hoods Used with Fixed Cone Valves", International Water Power & Dam Construction. Volume 21, No. 6, pp.76-79, 2014.
37. Prettyman, B.J., Johnson, M.C. and Sharp, Z.B.;"Submerged Operation

of a Fixed Cone Valve with Baffled Hood", International Water Power & Dam Construction. Volume 22, No. 4, pp.74-77, 2015.

38. Stephens, D.P, Johnson, M.C. and Sharp, Z.B.;"Design Considerations for Fixed Cone Valve with Baffled Hood", Journal of Hydraulic Engineering, Vol. 138, No. 2, February 2012.
39. Stiver, M.E.;"Design and Selection: Valves, Hydrants, and Fittings, Water and Waste Engineering", Manual of Practices No. 4, Reuben H. Donnelley Corporation, May 1968.
40. Tullis, J.P.;"Performance Tests of Hartman 14"x16" Split Volume Multijet Sleeve Valve", Utah State University Foundation, Hydraulics Report No. 170, June 1987.
41. Tullis, J.P.;"Hydraulics of Pipelines-Pumps, Valves, Cavitation, Transients", John Wiley & Sons, New York, 1989a.
42. Tullis, J.P.;"Report of Hydraulics Testing of Hartman 12" Split Volume Multijet Sleeve valves", Utah State University Goundation, Hydraulics Report No. 241, October 1989b.
43. Tullis, J.P.;"Cavitation guide for control Valves", U.S. Nuclear Regulatory Commission, NUREG/CR-6031, 1993.
44. Watson, W.W.;"Evolution of Multijet Sleeve Valve", Journal of the Hydraulics Division, ASCE, Vol 103, No. HY6, June 1977.
45. Zeng, Scipp K., Herold Heribert, Dreher, Ruark W.P.E., Zhou, Jim P.E.;"Plunger Valve for Energy Dissipation and Flow Control", VAG Valves Ltd. Proceedings of HydroVision 2008 Conference, Sacramento, California, July 2008.
46. 박한영, 양재구, 양철수 "엑셀로 푸는 관망 부정류 해석설계", November 2018.

찾아보기

ㅅ

ㅇ

ㅈ

ㅊ

박한영

- 공학박사/기술사/겸임교수/저자/부산시, 대전시, 경주시 기술심의위원
- Texas Tech University at Lubbok 기계공학석사(1993년)
- University of Wisconsin at Madison 방문연구원(2003년)
- KYPIPE 프로그램 교육자격인증서 취득(Dr. D.J. Wood, University of Kentucky)
- 현재 한국수자원공사 기술계획처 기술위원

저술활동(총 24권)

- 상하수도설비관련 8권

  『펌프핸드북』 2002년, 『밸브핸드북』 2005년, 『펌프장설계』 2007년, 『정수설비핸드북』 2009년, 『배관핸드북』 2010년, 『밸브 · 작동기 A to Z』 2013년, 『최신펌프핸드북』 2018년, 『밸브포켓북』2020년

- 유체역학관련 2권

  『전산유체 따라잡기』 2010년, 『유체기계에서의 공동화현상』 2015년

- 최적화 및 수요예측관련 2권

  『최적화 이론 및 실제』 2011년, 『물수요예측』 2011년

- 수충격해석관련 7권

  『그림으로 푸는 수충격해석』 2004년, 『전산기로 푸는 수충격해석 입문』 2005년, 『전산기로 푸는 수충격해석 완성』 2005년, 『Pipe2008을 이용한 관망해석· 설계』 2008년, 『Pipe2010을 이용한 관망해석 · 설계』 2010년, 『엑셀로 푸는 부정류해석』 2018년, 『부정류일반』 2020년

- 관망해석 및 운영관련 5권

  『상하수도 관망해석 · 설계』 2007년, 『배 · 급수시스템 핸드북』 2011년, 『배 · 급수시스템 최적 설계 · 운영』 2013년, 『물손실제어』 2014년, 『엑셀로 푸는 관망해석 · 설계』 2017년

알기쉽게 풀어쓴 최신 밸브 포켓북

2020년 8월 24일 1판 인쇄
2020년 9월 7일 1판 발행

저 자 : 박한영
발행자 : 이영애
발행처 : 공감북스
주 소 : 02011 서울시 중랑구 중랑천로 256
전 화 : 02-971-9683
팩 스 : 02-972-9683
등 록 : 제 25100-2015-18호
등록일 : 2015년 7월 15일
e-mail : sympathybook@naver.com

ISBN : 979-11-86898-57-4 (93550)
정 가 : 32,000원